Understanding
Global Hotel
Brands

세계 최고 호텔들의 현황 및 전략

글로벌 호텔
브랜드의 이해

권봉헌·노선희 공저

 (주)백산출판사

머리말

본서는 호텔경영학을 공부하는 학생들이 반드시 알아야 하는 전 세계의 글로벌 호텔 브랜드와 국내의 대표적인 호텔 브랜드에 대한 내용을 중심으로 글로벌 호텔의 창업주, 역사 및 연혁, 호텔의 비전 및 철학, 호텔 브랜드계열 및 브랜드에 대한 소개를 중심으로 구성하였다. 이는 호텔산업이 글로벌화되는 현시점에 세계 최고 호텔들의 현황 및 전략 등을 이해하는 데 있어 호텔을 공부하는 학생들뿐만 아니라 호텔 실무자에게도 유용한 내용이라 생각한다.

또한 4차 산업혁명과 더불어 글로벌화, 경쟁화, 차별화되는 현대의 호텔산업에서 글로벌 호텔산업이 어떻게 변화되고 있으며, 어떠한 비전과 철학을 가지고 운영되는지에 대한 이해를 도울 수 있을 것으로 사료된다.

본서는 총 4장과 부록으로 구성하였다. 1장은 브랜드에 대한 기본 개념을 중심으로 다루었으며, 2장은 브랜드 자산을 중심으로 구성하였다. 3장은 브랜드의 핵심 브랜드 구성요소에 대한 내용을 다루었다. 또한 본서의 핵심 내용인 글로벌 호텔 브랜드는 4장에서, 마지막 부록에서는 전 세계 및 국내의 이색호텔을 중심으로 구성하였다.

본서의 공동 저자로 참여해 주신 노선희 교수님께 지면을 통해 감사의 말씀을 드린다.

또한 본서를 출판하는 데 적극적으로 협력해 주신 백산출판사 사장님을 비롯하여 편집을 위해 노고를 아끼지 않으신 편집부장님과 직원분들에게 감사드린다.

차례

CHAPTER 02 브랜드 자산

CHAPTER 03 브랜드의 핵심 구성요소

브랜드의 이해

01

① 브랜드의 유래

브랜드의 유래에는 여러 설이 있는데 그중 몇 가지를 살펴보면, 미국에서 남북전쟁 (1861~1865)이 끝났을 때 텍사스의 목장에만 약 500만 마리의 소가 있었다. 북부 시장에서 소 가격이 오르자, 남부에서 북부로 소떼의 대이동이 시작되었다. 각 목장을 대표하는 카우보이들이 소떼를 몰고 갔다. 목장 주인들은 자기 소를 남의 소와 구분하기 위해 소에 소인(燒印) 표시를 했다. 이게 바로 브랜드의 탄생이다.

브랜드는 원래 '불꽃'이라는 어원을 갖고 있는데, 여기에서 '타고 남은 것'이라는 의미가 파생했고, 그것이 가축 등에 찍는 '소인'으로 확대되었다. 이는 1400년대부터 유럽에서도 이루어졌던 일이지만, 미국의 경우 대량으로 광범위하게 이루어졌다는 점에서 더 큰 의미가 있다. 1890년대 초 와이오밍(Wyoming)주에는 5,000가지, 몬태나(Montana)주에는 1만 2,000가지의 브랜드가 존재했다. 표식이 찍히지 않은 소는 매버릭(maverick)이라 불렸다. 이는 자기 소에 브랜드를 찍지 않은 새뮤얼 A. 매버릭(Samuel Augustus Maverick, 1803~1870)이라는 텍사스 목장 주인의 이름에서 유래했다. 그는 법률가이자 지역 정치인이었지만, 한동안 미국 서부 역사학자들은 그가 이상한 사람이었거나 게으른 사람이었거나 그도 아니면 낙인 찍히지 않은 소는 모조리 자기 것이라고 주장하려는 뻔뻔한 사람이었는지를 두고 오랫동안 논쟁을 벌이기도 했다. 오늘날 매버릭은 '무소속 정치가'나 '독불장군'이란 뜻이 있다. 이 에피소드는 오늘날 '브랜드 열풍'과 관련해 흥미로운 유사점을 보여준다. 브랜드를 무시하는 사람은 '독불장군'이거나 '이상한 사람'으로 취급받는 게 오늘의 현실이기 때문이다. 브랜드에 열광하는 미국인들이 즐겨 쓰는 표현으로 'Brand new(brand-new)'가 있는데, 이는 "아주 새로운, 신품의, 갓 만들어진(들여온)"이란 뜻이다. 이 말을 쓸 땐 아주 자연스럽게 매우 우쭐대거나 거만한 듯한 자세를 취하게 된다는 것에 많은 이들이 공감할 것이다. 이와 유사한 사례로는 고대 이집트에서 벽돌에 이름을 표시해 제조자를 명시해 품질을 보증했던 일이나 일찍이 영국에서 위스키 제조업자들이 나무통에 인두를 이용해 화인(火印)을 찍은 것을 들 수 있다.

사람에게 특정한 표식을 한 경우로 가장 참혹한 사례는 제2차 세계대전 중 독일에서 유대인에 대한 차별과 학살과정에서 나타났다. 당시 독일군이 유대인을 탄압하기 위해 유대인에게 '다비드의 별(Star of David)'이라는 마크를 붙여 다른 독일 국민들과 구별해

학살한 것도 넓게 보아 일종의 브랜드에 속한다고 하겠다. 우리나라에서도 삼국시대부터 기와나 도자기의 안쪽에 생산자의 이름을 표시하는 전통이 이어져 왔다. 통일신라시대에 만들어진 기와의 수막새에 기와를 만든 지역을 의미하는 '東(동)'이라는 글자가 선명하게 새겨져 있다거나, 조선시대에 만들어진 분청사기 대접의 바닥에 '長興庫(장흥고)'라는 글자가 선명하게 새겨진 것으로 보아 이 그릇이 장흥 지방의 도요지에서 만들어진 것임을 분명하게 알 수 있다.

말로써 표현할 수 있는 것을 브랜드명(名), 말로써 표현할 수 없는 기호, 디자인, 레터링 등을 브랜드 마크라고 한다. 또, 브랜드명, 브랜드 마크 가운데서 그 배타적 사용이 법적으로 보증된 것은 상표(商標: Trade Mark)라고 한다. 브랜드는 그것이 제조업자에 속하느냐 유통업자에 속하느냐에 따라 메이커 브랜드(maker brand)와 프라이빗 브랜드(private brand)로 나누어진다. 전자는 메이커가 자사 제품에 대하여 사용하는 것임에 반하여, 후자는 대형 소매점, 도매점 등의 유통업자가 자신들이 판매하는 제품에 대하여 사용하는 것이다. 프라이빗 브랜드 상품의 대부분은 이들 유통업자의 기획 아래 메이커에 위탁 생산되는 것이며, 품질에 비해서 가격이 싼 것이 특징이다. 기업이 자사 제품에 브랜드를 부여하는 것은, 경쟁상대의 제품과 명확히 구별하기 위해서이지만 그것은 소비자의 상표 충성도(brand loyalty)와 무관하지 않다. 브랜드 로열티는 브랜드 선택에 있어 소비자가 어느 특정한 브랜드에 대해 갖는 호의적인 태도, 그에 따른 같은 브랜드의 반복적 구매성향을 보이므로 구매빈도가 높고 그 품질을 사전에 확인할 수 없는 제품일수록 그러한 경향이 높다. 요인으로는 브랜드 이미지와 소비자 기호의 일치, 소비자의 위험 회피적 태도 및 습관형성 성향 등을 들 수 있다. 일반적으로 어떠한 브랜드에 대한 지명도가 높은 시장에서는 그 브랜드와 관련 있는 신제품을 도입할 때 동일한 브랜드를 사용하면 각 제품의 판매촉진활동이 하나의 브랜드 아래에서 상승효과를 노릴 수 있기 때문이다. 브랜드는 제품의 생산자 혹은 판매자가 제품이나 서비스를 경쟁자들의 것과 차별화하기 위해 사용하는 독특한 이름이나 상징물의 결합체다. 현대에는 브랜드가 단지 다른 제품과의 구별뿐만 아니라 제품의 성격과 특징을 쉽게 전달하고 품질에 대한 신뢰를 끌어올려 판매에 영향을 끼치는 사회, 문화적 중요성을 가지는 상징체계가 되었다.

② 브랜드의 정의

"사람은 죽어서 이름을 남기고 제품은 죽어서 브랜드를 남긴다."

동서양을 막론하고 인류는 오래전부터 자신이 소유한 물건이나 자기가 만든 물건에 대해 무언가 표식을 해왔다. 이러한 표식을 통해 자신의 물건을 다른 사람의 것과 구분해 소유관계를 분명하게 했다. 또한 판매상의 경우 여러 제조자의 상품이 섞이는 것을 방지하고 특정 상표의 경우 상품의 품질을 드러내고 보증하는 역할을 해왔다. 이를 정리하면 브랜드에 관한 초기 인식은 제품의 소유와 출처를 나타내는 표식기능을 수행하는 것으로 여겨진 듯하다.

현대적 관점에서 볼 때 브랜드를 이렇게 정의할 경우 우리는 대단히 중요한 한 가지를 놓치게 된다. 즉, 이런 수준의 브랜드 인식은 브랜드를 단순히 구체적이고 물리적인 제품에만 관여하는 속성으로 오해하게 만들 수 있다는 점이다. 현대적 관점에서 브랜드는 이미 제품 그 이상의 가치를 지니고 있다. 결혼을 앞둔 신부가 혼수를 장만할 때 냉장고는 무엇, TV는 어느 브랜드 등으로 특정 브랜드를 고집하고, 특정 브랜드의 의상이나 액세서리를 사기 위해 해외여행을 마다하지 않는 것은 이미 브랜드가 구체적인 제품 이상의 의미가 있음을 보여주는 예이다.

미국이나 우리나라에서 고급 승용차의 대명사로 여겨지는 렉서스(LEXUS)는 본디 일본의 도요타(Toyota)에서 만든 승용차다. 그런데 이 차량을 출시할 당시 도요타는 미국 시장에서 품질이 우수한 차로 대우받지 못했었다. 이런 까닭에 이 회사는 새로이 프리미엄 승용차를 출시하면서 종래의 도요타라는 회사 브랜드를 감추고 전혀 새로운 렉서스 브랜드를 사용해 미국 시장에서 돌풍을 일으킬 수 있었다. 이는 브랜드가 이미 구체적인 상품의 가치를 넘어서는 새로운 이미지를 형성하는 단계로 들어섰음을 의미한다. 현대적 의미에서 브랜드는 어떻게 정의되는가? 세계적으로 유명한 광고인들은 브랜드를 다음과 같이 정의하고 있다.

- 브랜드는 복잡한 상징이다. 그것은 한 제품의 속성, 이름, 포장, 가격, 역사, 그리고 광고 방식을 포괄하는 무형의 집합체다(David Ogilvy).
- 제품은 공장에서 만들어지는 물건이지만, 브랜드는 소비자에 의해 구매되는 어떤 것이다. 제품은 경쟁회사가 복제할 수 있지만, 브랜드는 유일무이하다. 제품은 쉽사리 시대에 뒤떨어질 수 있지만, 성공적인 브랜드는 영원하다(Stephen King).
- 브랜드는 특정 판매자 그룹의 제품이나 서비스를 드러내면서 경쟁 그룹의 제품이나 서비스와 차별화하기 위해 만든 명칭, 용어, 표지, 심벌 또는 디자인이나 그 전체를 배합한 것이다(Philip Kotler).
- 브랜드란 판매자가 자신의 상품이나 서비스를 다른 판매자들의 상품이나 서비스로부터 분명하게 구별 짓기 위한 이름이나 용어, 디자인, 상징 또는 다른 요소들을 말한다(American Marketing Association).
- 기업의 제품이나 서비스를 식별하고 경쟁의 제품과 서비스를 차별화하며, 소비자의 마음속에 가치 있게 느끼게 하는 경험적 상징체계이다(Mega branding).

한국의 상표법은 브랜드, 즉 상표를 다음과 같이 정의하고 있다.

상표란 상품을 생산, 가공, 증명 또는 판매하는 것을 업으로 영위하는 자가 자기의 상품을 타인의 상품과 식별되도록 하기 위해 사용하는 기호, 문자, 도형 또는 이들을 결합한 것을 말한다(상표법 제2조 1항 1호).

결과적으로 브랜드란 판매자 혹은 일단의 판매자들이 상품이나 서비스를 식별시키고 경쟁자들의 것과 차별화하기 위해 사용하는 독특한 이름이나 상징물(로고·등록상표·포장디자인)의 결합체라고 정의할 수 있다. 현대에 와서 브랜드는 단지 다른 상품과 구별하는 것뿐만 아니라 제품의 성격과 특징을 쉽게 전달하고 품질에 대한 신뢰를 끌어올려 상품의 판매에 영향을 끼치는 요소로 자리 잡게 되었다.

1990년대 이후 세계의 모든 기업들은 물론, 경영을 통한 이익 창출과 직접적 관련이 없어 보이는 지방자치단체나 사회단체, 학교 등도 브랜드 경영 전략에 집중하고 있으며 점차 자기의 브랜드를 세계화해 고유 브랜드로 창출하고자 시도하고 있고, 상당부분 성과를 거두고 있기도 하다. 브랜드의 중요성이 더욱 강하게 인식되어 한 브랜드의 가치가 기업의 전체 자산가치를 상회하는 경우도 발생하고 있어 이제 기업의 성공 여부는 브랜드의 성공과 직결된다는 것이 일반 상식이 되었다.

그렇다면 왜 이렇게 브랜드가 중요한 가치를 지니게 되었는가? 이에 대한 해답은 현대사회 기술문명의 발전과 이에 따른 소비행태의 변화에 있다. 현대사회 들어 매우 빠른 속도로 진행된 공산품 제조기술의 놀라운 발달은 제조회사에 따른 제품의 차이를 거의 무시해도 좋을 수준으로 만들었다. 이후 소비자들의 상품 소비는 종래 생존 욕구를 위한 물질의 소비라는 근원적이고 단순한 양상을 벗어나 소비 자체가 하나의 상징성을 갖는 양상으로 바뀌고 있다. 최근의 소비문화는 상품의 주요 기능을 선택 기준으로 삼는 '기능적 소비'에서 상품의 이미지나 상징성을 소비하는 '기호적 소비'로 변하고 있다. 어떤 브랜드의 상품을 구입하는가 하는 점이 그 사람의 사회적 위치를 대변하고 더 나아가 그 사람의 심리와 인격을 나타내주는 시대가 된 것이다.

이렇게 볼 때 브랜드는 단순히 이익 창출을 위한 경영상의 한 수단이나 도구가 아니라 상품의 이미지를 형성하는 도구이며, 그 자체로 사회, 문화적 중요성을 가지는 상징체계가 되었다. 브랜드 네임은 기업의 마케팅 전략에 의해 생성되므로 그에 따라 여러 구조로 형성되는데, 크게 계층적 구조와 스펙트럼적 구조로 나뉜다. 계층적 구조는 기업 브랜드 네임과 공동 브랜드 네임, 개별 브랜드 네임, 확장 브랜드 네임으로 나뉘며, 스펙트럼적 구조는 보통 명칭, 설득적·암시적·임의적·조어적 브랜드 네임으로 나뉜다.

③ 브랜드 네임(Brand Name)의 구조

(1) 계층적 구조

1) 계층적 구조

브랜드 네임의 계층적 구조란 기업의 네임과 기업에서 생산하는 제품 네임의 관계를 말한다. 기업은 제품이나 용역을 생산·판매함으로써 수익을 창출하는 것이 존립 목표이고 제품은 이러한 활동을 위한 구체적인 수단이 된다. 그러므로 제품 네임에는 기업의 이미지가 담겨 있어야 하고 이들은 상호 연관되어야 한다.

네임의 종류에 따른 특성을 살펴보면 다음과 같다.

① 기업 브랜드 네임은 제품을 생산하는 기업의 이름

외국 기업의 경우 업종이 전문화되어 기업 브랜드 네임만으로도 구체적이고 개별적으로 구매하려는 상품의 이미지를 전달할 수 있다. 그러나 한국 기업의 경우 전문적 이미지보다는 기업 그룹의 종합 이미지를 전달하는 경우가 많다.

② 공동 브랜드 네임은 패밀리 브랜드 네임(또는 umbrella brand name)

기업이 생산·판매하는 제품이 세분되고 다양화해 모든 제품에 하나하나의 네이밍이 어려울 경우 유사한 제품들을 하나로 묶어 공통으로 적용하는 브랜드 네임을 말한다. 주로 식음료나 화장품 등 다품종을 소량 생산하는 기업에서 활용하는 방식이다.

③ 개별 브랜드 네임은 개별 상품이나 서비스의 브랜드 네임

개별 브랜드 네임은 상품의 속성이나 성분, 특징 등을 소비자에게 직접 전달해 구매를 촉진하는 역할을 한다. 각 제품이나 제품 라인마다 독자적인 브랜드 네임을 개발하는 전략으로 기존의 다른 제품과 브랜드 연관성이 없을 때 사용한다. 개별 브랜드 각각의 특징을 잘 부각할 수 있고 각 브랜드에 대한 가격정책이 용이하며 기존 제품과의 차별화로 신제품 이미지를 강하게 심을 수 있다. 예를 들어 'CJ제일제당'의 경우 '해찬들', '햇반', '다시다', '백설' 등 모두 30개의 공동 브랜드를 운영하고 있다. 이 가운데 '해찬들' 브랜드는 '해찬들 사계절쌈장', '해찬들 태양초 고추장', '해찬들 남해다시마 진간장' 등 26개의 개별 브랜드를 포함하고 있고, '다시다' 브랜드는 '쇠고기 다시다', '멸치 다시다', '다시다 사골 우거지국' 등 13개의 개별 브랜드를 포함하고 있다.

④ 확장 브랜드 네임은 개별 브랜드 네임의 하위에 붙는 이름

확장 브랜드 네임은 제품의 성분이나 속성을 나타내주기도 하고 기존 제품 간 미세한 차이나 제품의 성능 향상, 시기별 변화 등을 나타낸다. '현대자동차'의 스테디셀러인 쏘나타는 1988년 현재의 네임으로 출시된 이래 현재까지 동일한 네임을 사용하고 있다. 3~5년 주기로 모델을 바꾸면서도 'Sonata'라는 이름은 그대로 두고 뒤에 따르는 코드만 새로 부여해 Sonata → Sonata Ⅱ → Sonata Ⅲ → Sonata EF → Sonata NF → Sonata YF와 같이 바꾸고 있다.

(2) 스펙트럼적 구조

스펙트럼이란 특정 사물이 다양한 범위에 걸친 모습을 나타내는 용어이다. 우리가 무지개의 색깔을 이야기할 때 일반적으로는 빨강, 주황, 노랑, 초록, 파랑, 남색, 보라의 일곱 가지를 말한다. 그러나 프리즘을 통해 빛을 나누어보면 빛은 그 경계를 명확히 설정하기 어려울 만큼 다양한 색깔을 띤다. 우리가 이것을 일곱 가지 색깔로 인식하는 것은 다만 색의 범위를 임의로 분할해 보기 때문이다. 스펙트럼이란 이렇듯 연속선상에 놓여 있는 객관적 현상을 우리의 인식체계에 따라 임의로 분할해 고찰하는 것을 의미한다.

브랜드 네임 스펙트럼은 특정 브랜드 네임이 어떤 특성을 가지고 있는지를 보여주는 관점이다. 즉, 전체 브랜드 네임을 임의의 특징을 기준으로 분할해 특정 브랜드 네임이 전체 브랜드 네임의 체계에서 어떤 위치에 있는지를 살펴보는 것이다. 이를 통해 네임의 언어적 위치를 확인하고 네이밍을 할 때 각 제품군의 특성에 맞는 전략을 수립하도록 도와준다. 아울러 법적 보호를 위한 특허 등록 때 유리한 조건을 찾을 수 있도록 도와주는 역할을 한다.

현재 브랜드 네임 스펙트럼의 대표적인 구조는 미국 상표법이 분류하는 체계를 들수 있다.

① 보통 명칭 브랜드 네임(Generic Brand Names)

상품이나 서비스 자체를 가리키는 일반 명칭으로 브랜드 네임을 만드는 경우다. 예를 들어 시골 작은 마을의 분식집에 단지 '분식'이라고만 간판에 써 놓은 것이나 과일가게에서 다양한 과일 무더기 앞에 '복숭아', '거봉포도', '후지사과' 등이 적힌 팻말을 붙여 놓는 것과 같은 경우이다.

이러한 네임은 상품의 특징을 소비자에게 전달하는 데 새로운 노력을 들이지 않아도 가능하므로 매우 편리하다. 그러나 일반 명칭을 사용하므로 차별성이 확보되지 않고 신선한 이미지 전달이 어렵다. 또 법적으로 상표 등록이 어려우므로 법적 보호가 불가능하다. 그러므로 실제 브랜드 네임으로는 적용하지 않는다.

② 서술적 브랜드 네임(Descriptive Brand Names)

상품의 특성이나 성격, 크기, 냄새, 효능, 원료 등의 속성과 관련된 정보를 전달하는 네임이다. 최근 유제품이나 음료수 등 식음료업계에서 많이 사용하는 방법이다. 예를 들면 '새우깡', '갈아 만든 배', '동그란 두부 치즈', '미녀는 석류를 좋아해', '바나나는 원래 하얗다', '물먹는 하마' 등이 있다.

③ 암시적 브랜드 네임(Suggestive Brand Names)

서비스나 상품에 대한 느낌, 바람직한 아이디어 창출을 위한 명백한 방식으로 비교적 평범한 단어를 사용한다. 그러나 단어 자체의 의미로 상품이나 서비스를 직접 기술하지는 않는다. 상품의 성격이나 특성을 암시적으로 표현해 소비자가 네임과 특성을 연결한다는 점에서 보통 명칭 네임과 다르고, 상품의 특성이나 모양을 직접 기술하지 않는다는 점에서 서술적 네임과 구별된다. 예를 들어 '에쿠스'는 '개선장군이 타는 말'을 의미하므로 이 차의 소유자는 사회적 품격이 있을 것임을 나타낸다거나, '청정원'은 '청정(清淨)'의 이미지를 제품에 전이하고자 하며, '꽃을 든 남자'가 사랑의 향기를 전하는 것과 같은 네임이다.

④ 임의적 브랜드 네임(Arbitrary Brand Names)

상품이나 서비스의 특성과는 전혀 관련 없는 표현을 이용해 만들어진 네임이다. 단어들의 통상적인 의미가 상품과는 전혀 관련성이 없어 네임과 상품의 특성을 연결시켜 소비자들과 커뮤니케이션하기 위해서는 많은 시간과 노력이 필요하다. 그러나 법적 보호 기능은 매우 크다. 자동차와 'SOUL', 휴대전화와 'GALAXY', 인터넷 음악서비스와 'Melon' 등에서 보듯 제품과 전혀 관계없는 어휘들을 이용하는 방법이다.

⑤ 조어적 브랜드 네임(Coined Brand Names)

소비자들의 언어사회에 존재하지 않는 새로운 단어를 창출해 사용하는 네임이다. 의도적으로 생성한 생소한 표현이고 상표의 의미를 이해할 수 없으므로 소비자의 인식체계 속에 자리 잡기에는 많은 시간이 필요하다. 그러나 차별적이고 강력한 이미지를 형성할 수 있고, 특히 상표로 등록하기가 매우 쉬워 가전업계와 의류업계를 중심으로 최근 대표적인 브랜드 네임 구조로 사용되고 있다. '지펠', '디오스', '하우젠', '트롬'이 대표적인 예이다.

그러나 이들 다섯 가지 구조적 유형은 생각하기에 따라서는 다른 유형에 속하는 것으로 판단할 수도 있다. 예를 들어 'SOUL'의 경우 이것이 자동차를 만든 장인의 정신을 의미한다고 해석하면 암시적 차원에서 해석할 수도 있는 따위가 그것이다. 이러한 특성상 이를 스펙트럼적 구조라 부르는 것이다.

④ 브랜드 네임(Brand Name)의 유형

우리 주변에는 다양한 기업과 제품의 숫자만큼 브랜드 네임이 존재한다. 그들의 양상 또한 일률적으로 정의하기 어려울 만큼 다양한 모습을 보인다. 브랜드 네임의 유형이 다양한 이유는 우리가 사용하는 언어 형식의 다양성과 동일하기 때문이다. 여기서 네임의 유형을 소재와 표현 형식에 따라 열 가지로 나누어 살펴보면 다음과 같다.

(1) 지명을 이용한 브랜드 네임

브랜드 개념이 도입되기 이전부터 우리 주위에는 많은 기업과 상점들이 각각의 상호를 걸고 영업을 해왔다. 이들 상호의 대부분은 해당 지역명을 내세워 영업했다. '서울우유', '보성녹차', '진도홍주' 등과 같이 지명을 활용하는 네이밍은 가장 전통적이고 오래된 방법이었다. 그러나 최근에는 타 업소와의 차별적 존재 부각이 어려워지고, 동일 또는 유사 상호에 의한 법적 보호기능의 상실 등이 문제가 되어 차츰 지명을 사용한 네이밍은 줄어드는 추세이다.

- 도드람(경기도 이천의 산 이름)
- 이니스프리(예이츠 시에 나오는 섬 이름)
- 삼다수(제주도)
- 에비앙(알프스 산 이름)

- 로체(히말라야 산 이름)
- K2(세계에서 두 번째로 높은 산)
- 로만손(스위스 공업 도시명)

(2) 인명을 이용한 브랜드 네임

브랜드 네이밍의 출발점은 인명을 이용하는 네임이다. 인명을 강조하는 가장 중요한 이유는 브랜드를 이끄는 사람의 이름을 앞세워 이름에 부끄럽지 않은 제품이나 서비스를 제공하겠다는 의지의 표현이다. 또 특별한 네이밍 작업을 거치지 않고도 쉽게 만들 수 있는 이름이라는 이점도 있다.

그러나 개인의 이름을 브랜드에 사용하는 만큼 브랜드의 관리 및 제품이나 서비스의 질적 우수성 확보에 훨씬 더 많은 노력을 해야 한다. 의류업계나 식음료, 교육업계 등에서 이런 방식을 주로 활용하고 있다.

- 아인슈타인 우유(과학자 이름)
- 메치니코프 유산균(과학자 이름)

(3) 이니셜로 이루어진 브랜드 네임

'KBS(Korean Broadcasting System)', 'SK(선경그룹의 영문약자)', 한화(한국화학의 약어)' 등 이니셜 브랜드 네임은 길고 복잡한 기업의 이름을 단 몇 개의 글자로 줄여서 표현하면서도 강력한 이미지 전달능력을 갖추고 있다.

이니셜 브랜드 네임은 언어의 경제성이라는 측면에서 매우 효율적이다. 브랜드 네임의 전체 단어를 모두 표기할 경우 이를 발음하거나 표기할 경우 그 길이로 인해 기억과 인지에 불편을 초래할 수 있기 때문이다. 이니셜 브랜드 네임은 대부분 영어로 되어 있다. 이는 알파벳이 가지고 있는 풍부한 함축성과 시인성(visibility), 독해성, 그리고 국제성 때문이다. 그리고 이니셜 브랜드 네임의 또 하나의 장점은 환원성이다. 즉, 알파벳 몇 개를 통해서 소비자들이 기업 전체의 이름을 인식할 수 있다는 점이다. 그러나 'NH(농협)', 'SH(수협)'처럼 한국어 발음을 그대로 영어로 옮길 때에는 외국인들이 기업의 전체 이름을 환원하기 어려운 경우도 발생한다.

(4) 고유어를 이용한 브랜드 네임

최근 세계화 추세 속에 외국어를 이용한 브랜드 네임이 수적으로 절대 우세를 보이기는 하지만, 고유어를 이용한 브랜드 네임도 꾸준히 증가하고 있다. 이는 외국어를 사용하는 이름의 경우 소비자들이 그 네임이 의미하는 바를 정확히 알아내기가 어렵고 발음이나 기억 등에도 한계가 있기 때문이다. 그러나 고유어를 이용할 경우 제품의 특성을 잘 반영할 수 있고 부드럽고 편안한 우리말을 통해 쉽게 기억되는 이름을 만들 수 있기 때문이다.

의류업계에서는 주로 한복을 판매하는 곳에서 이러한 경향을 보이는데, 특이하게 '잠뱅이', '옹골진'은 청바지, '쌈지(SSAMZIE)'는 "주머닛돈이 쌈짓돈"이라는 친근한 이미지를 통해 가방 제품의 좋은 브랜드로 자리 잡았다. 같은 패션가죽브랜드인 '가파치(CAPACCI)'는 이름만 봐서는 이태리나 미국 등의 수입브랜드인 것처럼 느껴지지만, 순수 한국 가죽제품으로 조선시대 가죽으로 꽃신을 만들던 사람을 '갓바치'라고 이르던 데서 따온 이름이라고 한다. '딤채'는 조선 중종 때 사용하던 김치의 옛말로 근대의 구개음화를 거쳐 현재의 발음인 '김치'가 되었다고 한다. 이 김치의 옛말을 지켜나가는 의미를 담고 있는 딤채는 김치냉장고 이름으로 브랜드 콘셉트를 확고히 할 수 있었다. 그러나 일반적으로는 외국어 브랜드를 더 고급스러운 것으로 인식하는 사회 분위기에 따라 외국어 브랜드가 점점 더 늘어나고 있다. 이 점이 고유어 브랜드가 가지는 한계다.

- **눈높이교육(학습지)** : 학습자들의 수준별 맞춤형 학습을 한다는 교육 철학을 적절히 표현했다.
- **참존(화장품)** : 우리말로 '참 좋은'을 뜻하며, 영어로는 CHARMZONE, 즉 Charming Zone(매력지대)이라는 의미를 가진다.
- **나랑드 사이다(탄산음료)** : '나랑 드시지요'의 옛말을 변형해 만든 이름(현재는 단종됨)
- **마주앙(포도주)** : 프랑스어 같은 우리말 '마주앉아 즐기다'라는 의미를 가진 우리나라에서 가장 오랜 역사를 자랑하는 와인의 이름이다.
- **마신다(생수)** : 이름이 너무 단순한 듯 보이지만 물이 부족한 아프리카의 '마시나

(Masina)'라는 지역명에서 어원을 가져와 우리가 흔하게 마시는 물 한 모금의 소중함과 고마움의 의미를 담아 만들었다.

- **따옴(과일주스)** : '따옴'은 말 그대로 자연에서 갓 따왔다는 의미의 순우리말이다.
- **바나나는 원래 하얗다(우유, 가공유)** : 당시 바나나맛 우유가 모두 노란색이었던 것에서 바나나는 껍질만 노란색이며 알맹이는 하얀색이라는 점을 부각시켜 타사 제품을 겨냥해 '너는 왜 노랗지?'라며 저격했던 이름이다.
- **'꿈에그린(한화건설)'** : '꿈에 그리던'의 줄임말이면서 소비자들이 꿈에 그리는 주거생활을 현실로 만들겠다는 의지를 담고 있다.
- **'어울림(금호건설)'** : 인간, 자연, 첨단생활이 서로 조화된다는 뜻이다.
- **'하늘채(코오롱건설)'** : '하늘'과 주거공간을 의미하는 '채'의 합성어로 휴식공간을 넘어 주거 이상의 감성과 자부심까지 고려한 삶의 가치에 역점을 둔다는 뜻이다.

(5) 식물명을 이용한 브랜드 네임

식물을 이용하는 브랜드 네임 역시 비교적 널리 사용되는 유형이다. 이는 식물의 특성과 제품의 특성이 상호 연관되어 있을 때 제품의 속성을 잘 반영해 주는 이점이 있다. 즉, 제품의 정보를 소비자에게 정확히 전달하기 위한 목적으로 사용된다. '내 안에 다가온 녹차', '미녀는 석류를 좋아해', '갈아 만든 배', '통째로 갈아 넣은 인삼유 한 뿌리' 등이 이에 해당된다.

그러나 때로는 직접적 연관성보다는 식물의 이미지만을 차용하는 경우도 있다. 제주도 서귀포 지역에 있는 '포도호텔'은 제주의 오름과 초가집을 모티브로 만들어진 26개의 방이 망울망울 연결되어 마치 한 송이 포도 같다고 해서 이름이 지어졌다고 한다. '멜론(Melon)'은 부드럽고 달콤한 맛과 풍부한 과즙처럼 다양하고 풍부한 음악 서비스를 제공하는 네임이다.

(6) 동물명을 이용한 브랜드 네임

동물명을 이용하는 네임의 경우 동물을 제품의 소재로 한 경우보다는 동물의 이미지를 빌린 경우가 많다. 가정용 제습제인 '물먹는 하마'는 수생 동물인 하마의 이미지를 빌렸는데, 제품의 특성과 하마의 속성이 잘 맞아떨어진 명작이다. '물먹는 하마'의 성공에 힘입어 옥시는 '하마'를 패밀리 브랜드로 하여 '냄새먹는 하마', '좀먹는 하마', '하마로이드' 등을 개발했다. 쌍용자동차의 '무쏘'는 '코뿔소'를 뜻하는 순우리말인데 지프형 자동차에서 느껴지는 강력한 힘과 투박한 외관에 잘 어울리는 이름이다.

(7) 한자를 이용한 브랜드 네임

한자는 전통적인 네임에서 가장 선호하는 표기문자였다. 한자는 뜻을 지니고 있으므로 기업이나 단체 등이 자신들이 추구하는 기업정신 또는 제품의 특징을 함축적이고 간결하게 전달할 수 있다. 또 전통적이고 고전적인 이미지를 풍기며 때로 지적이고 우아한 느낌을 주기도 한다. 따라서 고급스러운 취향의 제품에 사용하기도 한다. 그러나 한자를 이용한 브랜드 네임은 이를 해독하지 못하는 소비자에게는 쉽게 다가가기 어려운 측면이 있으므로 목표로 삼는 소비자 계층에 대한 분석이 잘 이루어진 뒤에 사용해야 한다. 한자를 이용하는 브랜드 네임의 가장 대표적인 것으로 '활명수(活命水)'와 '정로환(整露丸)'이 대표적이며, 최근 한자 네임이 빠지지 않는 상품이 화장품이다. 화장품은 상품의 속성상 외래어 네임이 주류를 이루다가 한방성분이나 천연식물 추출물을 바탕으로 하는 제품을 개발하면서 이들 재료의 특성에 맞는 한자식 이름이 등장했다.

- 설화수(雪花秀) : 매화를 뜻하는 설화와 혹독한 추위를 견디고 꽃을 피워내는 생명력, 우아한 자태 등의 아름다움을 담아낸다는 의미로 빼어날 수를 붙였음
- 한율(韓律) : 한국의 율법이라는 뜻. 한국의 자연에서 찾은 지혜를 담는다는 의미
- '후(后)'(정식명칭은 더 히스토리 오브 후) : 임금 후를 사용하여 궁중 의학서적에 기록된 고대 왕실의 비법을 화장품에 담았다고 함
- 수려한(秀麗한) : 빼어날 수(秀), 고울 려(麗)에 옛 한글체인 아래아 '한'의 결합으로 모든 여성의 피부를 수려하고 아름다운 얼굴로 가꾸어준다는 의미를 지님
- 려(呂) : 동양철학에서 땅의 기운을 '려'라고 하여 음(陰), 내면을 의미함. 헤어의 땅을 의미하는 두피를 가꾸는 헤어케어 브랜드 이름임

(8) 숫자를 이용한 브랜드 네임

최근 문자와 숫자를 이용한 브랜드 네임 또는 무의미 조어로 만들어진 비단어 브랜드 명의 수가 증가하고 있다. 이는 특정 언어의 단어를 이용할 경우 다른 언어의 문화권에 전파하는 데 어려움을 겪을 수 있기 때문에, 세계적으로 통용될 수 있는 브랜드를 만들기 위해 숫자를 이용하는 경향이 늘고 있기 때문이다.

우리 주위에서는 '2080 치약', '2% 부족할 때', '비타 500' 등을 대표적으로 꼽을 수 있다. 숫자는 논리성, 정확성, 비교 가능성을 이용해 다른 제품이나 서비스와 차별성을 드러내고 이미지 전달이 빠르고 제품의 특징을 함축적으로 전달할 수 있다. 무엇보다도 숫자에 의미를 부여한 마케팅은 소비자들의 호기심을 자극해 제품을 각인하는 효과가 크고, 숫자를 반복해서 사용할 경우 반복을 통해 기억하기 좋게 한다는 시청각적 효과를 함께 낼 수 있는 장점이 있다.

(9) 제조공법과 원료를 밝힌 브랜드 네임

최근 식품류를 중심으로 서술적인 브랜드 네임이 많이 나타나고 있다. 기존의 제품과 비교해 제조공법이나 원료를 차별화한 새로운 제품을 만들 경우 이를 구체적이고 직접적으로 드러내어 차별화를 시도하는 데 3~4음절 정도의 브랜드 네임으로는 표현능력이 부족할 수밖에 없어 이를 구나 문장의 형태로 표현하는 것이다. '쌀로 만든 과자', '우유 속 진짜 딸기과즙 듬뿍'은 원료를 표시하는 경우고, '기름에 안 튀긴 면', '갓 짜낸 100% 주스'는 제조공법을 밝힌 경우다. '들기름을 섞어 바삭바삭 고소하게 튀겨낸 김', '발아현미 누룽지 끓인 물' 등은 이들을 합한 경우다. 그러나 이들은 의미 전달은 쉽지만 지나치게 이름이 길어 발음과 기억이 어렵다는 단점이 있다.

(10) 낯섦으로 승부한 브랜드 네임

일반적인 네이밍은 목표 소비자의 분석을 통해 그들에게 호감을 줄 수 있는 키워드와 표현을 찾는 것이 원칙이다. 그러나 때로는 이러한 원칙을 무시하고 낯설게 하기 (defamiliarization)를 통해 차별화를 시도하는 경우도 있다. 이는 차별적 이미지로 소비자의 관심을 끌기 위한 전략이다. 그러나 의미 전달이 부정확할 경우 제품의 정체성 파악에 혼선을 빚을 위험성이 있다. 아파트 브랜드 '자이(Xi)'는 발음, 의미 모두 다 소비자를 불편하게 하는 첫인상이지만 독특성과 차별성으로 승부수를 던진 것이다. 또 다른 아파트 브랜드인 '더 샵(#)' 역시 낯설지만 독특한 브랜드로 평가할 수 있다.

⑤ CI(Corporate Identity), BI(Brand Identity)

(1) 기업 정체성(CI)

브랜드의 개념과 의의를 이해하기에 앞서 CI(Corporate Identity)의 개념을 먼저 살펴보자. CI는 브랜드의 모체이기 때문이다. 개인이 사회 속에서 동질성과 차이성을 보유하기 때문에 어떤 특정한 지위를 차지하려 하는 것을 CI의 본질로 이해할 수 있다. '우리 기업은 이런 기업이다'라고 널리 알려 왜곡됨이 없이 인정받고자 하는 행위를 CI의 목적으로 한다. 즉 기업 스스로가 자기가 되겠다는 목표를 설정하고 이를 달성하기 위해 전달하고 싶은 일관된 혹은 통일된 메시지나 특징이라고 할 수 있다.

이미지 구축을 위한 CI의 구성요소는 다음과 같다.

① PI(President Identity/ **최고경영자 이미지 통일화**) : 기업 총수의 명확하고 강력한 본질 및 이미지를 갖게 하는 것이다.

② DI(Domain Identity/ **영역의 통일화**) : 기업의 미래 지향적인 사업 영역의 확장을 의미한다.

③ MI(Mind Identity/ **의식의 통일화**) : 직원에게 기업 총수의 명확한 PI를 전파하는 것이며, Vision, Philosophy, Mission 등으로 세분화되어 한 기업이 어떠한 사업 영역에서 어떠한 경영철학으로 기업의 목적을 이루어갈지 결정하는 것을 말한다.

④ VI(Visual Identity/ **상징체계의 통일화**) : 기업명 및 심벌 변화와 신 디자인 시스템 구축(mirror effect)에 따른 외관의 변화, 즉 시각적 · 디자인적 요소의 통일화를 말한다.

(2) 브랜드 정체성(BI)

브랜드 개념에서 필히 인식되어야 하는 것은 브랜드 정체성(Brand Identity)이다. 브랜드 정체성이란 '특정 브랜드를 그 브랜드답게 하는' 즉 '특정 브랜드를 타 브랜드와 명백하게 구별시켜 주는 확실한 특성'을 의미한다. 즉, 브랜드 정체성은 'something different'와 'something new'를 통한 'something unique'를 의미한다. 기업이 고객들로부터 자사 브랜드에 대해 궁극적으로 갖기를 기대하는 연상들 또는 이미지를 BI라고 할 수 있다. 전략과 전술에는 융통성·다양성이 있어야 하지만, 브랜드 정체성에는 일관성이 있어야 한다.

켈러(Keller)에 의하면, BI는 다음과 같은 4가지 관점으로 체계화된 12개의 범주로 구성된다고 한다.

① **제품으로서의 브랜드** : 제품범위, 제품속성, 품질/가치, 사용 목적, 사용자, 원산지

② **기업으로서의 브랜드** : 기업의 속성, 현지화와 세계화

③ **개인으로서의 브랜드** : 브랜드 개성, 브랜드와 고객 간의 관계

④ **심벌로서의 브랜드** : 시각적 이미지, 은유, 브랜드

6 서비스 브랜드 관리 : 서비스 브랜드, 무엇이 다른가?

(1) 제품 브랜드와 서비스 브랜드의 차이

브랜드는 마케팅에서 주로 언급되며 중요하게 다루어지고 있지만 서비스 마케팅의 분야에서도 매우 중요한 이슈로 떠오르고 있다. 고객들이 서비스를 구매하려 할 때 제품을 구입하려는 경우보다 브랜드 전환(brand switching)이 더 적게 발생한다고 한다. 우선 서비스 브랜드를 전환함에 있어서 소요되는 정보 수집 비용은 제품 브랜드를 전환할 때보다 높다. 예를 들어, 미용실에서 파마를 하려는 고객이 다른 곳을 이용하려 한다면 다른 곳으로 이동해야 하며 무형적인 서비스의 특성상 필요한 정보를 얻기가 쉽지 않기 때문이다. 반면에 헤어드라이어를 사려는 고객은 한 장소에서 다양한 제품을 비교하고

직원에게 객관적인 설명을 들어가며 구매를 할 수 있다. 브랜드 전환에 따르는 실질적인 지출도 큰 경우가 많다. 병원을 바꾸려면 새로 찾아간 병원에서 접수하고 X-ray 촬영이나 혈액검사 등 기초적인 진단을 다시 받아야 한다. 또한, 일반적으로 서비스는 제품보다 위험부담이 크다. 이것 또한 브랜드 전환을 막는 요인으로 작용한다. 구매와 관련해서 인식하는 위험이 클수록 높은 수준의 브랜드 충성도(brand loyalty)를 보이는 경향이 있다. 고객의 브랜드 충성도가 높은 브랜드에는 스타벅스, 애플 등이 있다. 브랜드 충성도가 높은 고객들은 같은 성격의 여러 상품 가운데 지지하는 브랜드만을 추구하며, 가격 인상에도 민감하게 반응하지 않고 구매를 위해 시간과 돈을 투자하는 것도 마다하지 않는다. 마지막으로 고객이 특정 서비스를 계속 이용할 경우 해당 서비스업체가 해당 고객의 욕구를 깊이 있게 파악하는 계기가 될 수 있으며 더 나은 서비스를 제공받는 기회로 작용할 수 있다. 즉, 미용실의 단골고객에 대해서는 좋아하는 스타일, 피하고 싶은 스타일 등을 충분히 알고 있으므로 굳이 많은 설명이 없어도 원하는 모습을 얻을 수 있는 것이다. 최근 기업들은 보유한 빅데이터, 머신러닝 등 최신 IT기술을 활용해 개인화 서비스를 제공하고 있다. 스타벅스에서는 스마트 모바일 앱 주문 시스템인 '사이렌 오더'를 통해 고객 데이터를 수집하고 분석해 개인화 서비스를 제공하고 있다. 이렇게 수집한 빅데이터를 날씨, 로케이션 등 상황 데이터와 조합하여 더욱 나은 고객서비스와 차별화된 경험을 제공할 수 있다.

(2) 서비스 브랜드의 목적과 특성

브랜드의 본질적인 목적은 기업의 제공물을 다른 기업의 것과 구별하기 위한 것이다. 브랜드는 상품의 이름, 슬로건, 심벌 등의 요소로 구성되는데, 고객들은 이것을 특정한 기업이나 상품을 식별하는 메커니즘으로 활용한다. 이처럼 고객들로 하여금 자사의 상품과 경쟁사들의 것을 명확히 구별하게 하는 것은 서비스 마케팅에서 매우 중요하다. 서비스 마케팅에서는 흔히 기업 브랜드(company brand)가 가장 중요한 브랜드이다. 서비스는 제품처럼 외형적 실체를 가지고 있지 않으므로 브랜드가 미치는 영향도 제품과 다르다. 일반적으로 전기에너지와 같은 서비스를 제공하는 경우 개별적인 상품에 브랜드를 도입하기가 매우 어렵다. 따라서 개별상품의 브랜드보다는 기업 자체의 브랜드가 큰 의미를 갖게 된다. 즉, 고객들은 초코파이, 포카칩, 오징어땅콩 등의 제품이 오리온의 것이라는 데 큰 비중을 두거나 굳이 알려고 노력하지는 않는다. 다만 소비자는 포카칩과 포테토칩, 감자깡 등을 구분하려고 할 것이다. 하지만 KFC, 페덱스(Fedex), KEB하나은행, 에버랜드 등의 서비스 선택 시에는 해당 기업 브랜드를 유심히 살펴보고 그 서비스를 선택할 것인지의 여부를 결정한다. 기업 브랜드의 비중도 점차 높아지고 있다. 예를 들어, 오리온이라는 기업 브랜드는 고객에게는 간접적인 영향만을 주지만 오리온의 제품을 취급하는 도·소매상에게는 매우 중요한 역할을 한다. 따라서 기업 브랜드는 도·소매상에게는 매우 큰 영향을 준다. IBM, 삼성 SDS, LG-CNS와 같이 산업재 서비스를 제공하는 기업들에게도 기업 브랜드는 그들의 서비스를 시각화하여 가치를 드러내게 하는 중요한 요소로 인식되고 있다.

(3) 브랜드 관리 전략

　브랜드는 서비스 기업이 상품을 차별화하고 경쟁우위를 획득하기 위해 사용된다. 서비스 기업의 브랜드 관리 전략은 크게 네 가지로 나눌 수 있다.

　첫째, 개별 브랜드는 기업의 대표 브랜드와는 상관없이 각각의 브랜드가 모여서 이뤄지는 브랜드 구조를 말한다. 개별 브랜드 전략을 취하는 대표적인 회사는 프록터 앤드 갬블(P&G)이다. 프록터 앤드 갬블은 비누, 세제, 기타 가정용품을 제조하는 미국 회사로, 생산하는 제품군마다 서로 다른 상표를 사용하여 확고한 개별 브랜드 전략을 고수하는 것으로 유명하다. 통합 브랜드는 기업의 대표 브랜드를 메인으로 비즈니스 영역에 따라 파생되는 서브 브랜드들이 나눠지는 방식이다. 대표적인 예로는 BMW가 있다. BMW에서는 1시리즈, 3시리즈, 5시리즈, X시리즈 등 다양한 종류의 차량을 출시하지만, 모든 차량에는 BMW 대표 로고 하나만 사용된다.

　둘째, 통합 브랜드는 브랜드별 콘셉트를 명확하게 차별화할 수 있는 장점이 있지만 브랜드 운영과 마케팅 비용이 많이 든다는 단점이 있다. 통합 브랜드는 그와 반대로 한 번 통합해 놓으면 지속적으로 관리하기 편하고 브랜드 간의 시너지나 후광효과를 얻을 수 있다는 장점이 있다. 하지만 한 브랜드에서 부정적 사건이 발생하면 다른 브랜드로 확산될 위험이 크다.

　셋째, 서브 브랜드는 기업의 대표 브랜드에 기반하면서도 차별점을 두는 하위 브랜드이다. 아마존은 바코드를 찍고 계산대를 마주하는 과정이 전혀 필요 없는 무인 자동 결제 시스템 매장 아마존 고(Amazon Go)를 오픈했다. 아마존 고는 아마존에 기반하면서도 차별점을 두는 서브 브랜드라고 볼 수 있다. 마지막으로, 보증 브랜드는 강력한 브랜드 파워를 형성한 기업 브랜드가 개별 브랜드와 함께 사용되는 경우를 말한다. 통합 브랜드와 개별 브랜드가 혼합된 한층 발전된 형태의 복합 전략이라고도 볼 수 있다. 예를 들면, LG는 대표 브랜드인 'LG'상표와 '휘센', '그램', '트롬' 등을 함께 사용하고 있다. 또 다른 예를 들자면, 삼성전자가 최초로 스마트폰을 론칭할 때 '삼성', '갤럭시'라는 보증 브랜드 전략을 사용했다. 기업의 제공물을 구분하려는 방법으로 서비스 티어링(tiering), 즉 서비스 등급에 따른 브랜딩을 하기도 한다. 서비스의 품질, 지원 수준 등에 따라 서비스 등급을 구분하는 것으로 〈표 1-1〉에 정리된 것과 같이 호텔, 항공, 자동차 공유 서비스, 컴퓨터 하드웨어 및 소프트웨어 산업 등에서 주로 활용된다.

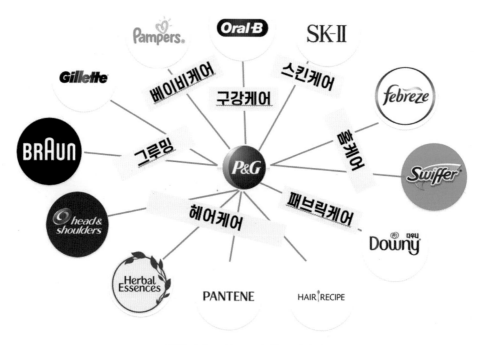

출처 : https://pg.co.kr/brands/

[그림 1-1] P&G Korea 제품 브랜드 구성

〈표 1-1〉 서비스 티어링 예시

산업	서비스 티어(Tier)	주요 서비스 속성 및 물리적 요소
호텔	별 순위(1-5)	• 인테리어, 룸 사이즈, 가구, 데코레이션 • 레스토랑 시설 및 메뉴 • 룸 서비스 이용시간 • 편의서비스 및 시설 • 인력규모, 직원 서비스 수준 및 태도
항공	이코노미, 비즈니스, 퍼스트 클래스	• 좌석 간 거리(앞뒤, 옆), 등받이 수준 • 식사 및 음료 서비스 • 고객당 직원비율 • 체크인 속도 • 출입국 전용 라운지 • 수하물 회수 속도
자동차 공유 서비스	자동차 클래스	• 차량 크기(소형~대형) • 고급 수준 • 특수 차량(미니밴, SUV, 컨버터블, 휠체어리프트 차량)
컴퓨터 하드웨어/ 소프트웨어	지원 수준	• 서비스 일수 및 시간 • 응답속도 • 부품 교체속도 • 기술자 제공 서비스 vs. 셀프서비스 지원 • 부가서비스 여부

(4) 서비스 브랜드의 요소와 영향

서비스 기업은 현재 고객, 가망고객(prospect), 직원, 기타의 사람들에게 다양한 매체를 이용하여 브랜드를 알린다. 여기에 사용되는 매체로 서비스 기업의 설비, 간판, 인쇄나 방송 광고, 운송용 차량, 직원 유니폼, 홈페이지 등이 포함된다. 여기서 제시되는 브랜드의 핵심은 기업의 이름이지만 이에 수반되는 심벌(symbols)과 시각적 제공물도 역시 중요한 역할을 한다. KFC의 할아버지상, 맥도날드의 황금색 아치, 디즈니의 미키마우스 등은 대표적인 심벌들로 브랜드의 차별화와 인지도 제고에 중요한 역할을 한다. KFC로고는 푸근하고 친근한 미소를 띤 커넬 샌더스 할아버지 이미지를 통해 고

출처 : KFC, 맥도날드 홈페이지

[그림 1-2] KFC와 맥도날드 로고

객을 환영하는 따뜻한 마음, 청결한 고품질의 식사, 가족들의 맛있는 식사와 휴식공간 제공의 의지를 담고 있다([그림 1-2] 참고). 에어비앤비의 로고에는 이니셜 'A'와 사람(people), 장소(place), 사랑(love)의 의미가 담겨 있다. 또한, 형태적인 특징으로 하늘 높이 날아오르는 비행기 날개의 의미가 있어 기업의 정체성을 잘 나타내고 있다([그림 1-3] 참고). 일반적으로 시각적 이미지가 단어보다 더 기억하기 쉬우므로 브랜드명과 관련된 심벌이나 시각적 요소가 큰 도움이 된다.

출처 : https://www.dgtlnk.com/blog/airbnb-logo/

[그림 1-3] 에어비앤비 로고

⑦ 브랜드 의미(Brand Meaning)

브랜드 의미(brand meaning)는 기업에 대해 고객이 갖는 이미지를 생성하고 기업을 식별할 수 있도록 도와주는 것이다. 구체적으로 싱가포르 항공과 사우스웨스트 항공의 브랜드는 이용고객들에게 단순히 글자상의 차이를 주는 것이 아니라 그들의 선호에 영향을 미친다. 즉, 싱가포르 항공은 개별화되고 고급스러운 서비스를 제공하는 이미지를 고객에게 전달하고, 사우스웨스트 항공은 지정 좌석도 없고, 음료수나 음식이 제공되지 않지만 저렴한 항공이라는 이미지를 준다. 브랜드 의미는 서비스 콘셉트, 품질, 가치에 의해 결정된다.

트립어드바이저는 고객들이 여행경험에 대해 솔직하게 얘기하는 정보들을 한곳에 모아보자는 창립 취지를 로고를 통해 잘 나타내고 있다. 부엉이는 지식과 지혜, 쌍안경은 검색의 툴, 녹색과 빨간색은 좋은 리뷰와 나쁜 리뷰 모두를 의미한다. 트립어드바이저의 로고는 고객

출처 : 트립어드바이저 홈페이지

[그림 1-4] 트립어드바이저 로고

들에게 정직한 리뷰를 제공하여 지식을 얻을 수 있도록 돕는 플랫폼이라는 의미를 담고 있다. 기업이 제공하는 서비스와 그 서비스의 가치는 제시된 브랜드에 대한 고객의 해석에 영향을 미친다. 기업은 그들 스스로 고객 경험에 개입하여 기업의 브랜드를 특정하게 인식되게 만들 수는 없다. 기업이 할 수 있는 것은 의도된 브랜드 이미지를 강화할 수 있는 서비스를 만드는 데 주력하는 것이다.

효과적인 브랜드는 다음과 같은 상황에서 마케팅 이점을 얻을 수 있게 해준다.
- 고객들이 한 기업의 서비스 콘셉트, 품질, 가치를 경쟁사의 것과 유사하다고 느끼는 경우
- 고객들이 가장 강력한 브랜드에만 반응하는 경우
- 기업이 관련된 서비스 카테고리로 진입하고자 할 때나 새로운 카테고리로 브랜드를 확장하고자 하는 경우
- 기업이 혁신적인 신상품을 도입하려 하는 경우
- 기업이 마케팅 전략을 변화시키고 기업의 신경향을 알리기 위해 새로운 브랜드를 사용하려는 경우

강력한 서비스 브랜드는 고객이 무형의 서비스를 시각화하고 이해하며 믿게 한다. 서비스는 구매 전에는 평가하기 어려운 특성이 있다. 따라서 기업들은 브랜드를 이용하여 고객들이 느끼는 금전적·사회적 위험을 감소시킬 수 있다.

⑧ 서비스 브랜드의 핵심 : 브랜드명

브랜드명은 SK텔레콤과 같은 기업 수준으로부터 T world, 5G와 같은 서비스 상품 수준에 걸쳐 사용된다. 또한, 일반적인 상품에서부터 영화 제목, 책 제목, 식품 등에 이르기까지 사용된다. 예를 들어, 고객가치에 관한 책의 제목을 '고객가치를 경영하라'라고 한 경우 독자의 느낌이 다를 것이다. 새로운 시장을 창출하는 데도 브랜드명이 중요하다. 동서식품은 2011년 원두커피를 믹스커피의 형식으로 담은 제품을 출시하면서 타 먹는 원두커피만의 새로운 카테고리를 창출하기 위해 심플하면서도 임팩트 있는 '카누'라는

브랜드명을 지었다. 소비자는 카누를 믹스커피 중 하나로 인식하지 않고 새로운 커피 카테고리로 받아들였다. 이후 비슷한 브랜드들이 출시됐지만, 아직도 카누의 시장점유율은 무려 80%가 넘는다. 따라서 파워 있는 브랜드명을 사용하는 것이 중요하다. 그러면 어떻게 브랜드파워를 평가할 수 있을까? 브랜드파워를 평가하는 방법으로 다음의 4가지를 들 수 있다.

〈표 1-2〉 브랜드 파워 평가의 4요소

평가요소	기준
독특성(Distinctiveness)	경쟁사와 명백히 구분되어야 한다.
연관성(Relevance)	서비스의 속성이나 효익을 가지고 있어야 한다.
기억용이성(Memorability)	쉽게 이해하고 사용할 수 있으며 회상할 수 있어야 한다.
유연성(Flexibility)	기업의 전략 변화에 대응할 수 있어야 한다.

(1) 독특성(Distinctiveness)

독특성을 가진 브랜드를 갖는 방법에는 세 가지가 있다.

① 구체적이며 기업 특성을 잘 드러내는 표현이 들어가야 한다

미국의 금융기관에서 가장 흔하게 사용되는 단어는 '제일(First)', '국립(National)', '상업(Commerce)' 등이다. 이런 일반적인 단어가 들어간 브랜드를 사용하면 경쟁이 증가해서 영역을 확장하려 하면 그들 특유의 개성을 가지지 못하고 경쟁에서 뒤처지게 된다. 미국의 버지니아주에는 '국립 버지니아 은행(Virginia National Bank)', '버지니아 제일 은행(First Virginia Bank)', '버지니아 은행(Bank of Virginia)', '버지니아 연합 은행(United Virginia Bank)' 등의 대형 은행 4개가 있었다. 초창기에는 이러한 이름의 사용으로 인한 폐해가 적었으나 은행 간 경쟁이 치열해지면서 소비자들이 혼동하기 시작했다. 따라서 각 은행은 자신만의 독특한 포지셔닝으로 고객에게 다가가기 위해 독창적인 이름을 사용하였고 각기 특색을 가진 은행으로 자리매김했다. 우리나라의 은행도 예전에는 딱딱하고 권위적인 이름을 주로 사용했으나 최근에는 부르기 쉽고 기억하기 쉬운 이름을 사용하여 고객에게 친밀감을 주고 개성을 잘 나타내고 있다. 지금까지 딱딱하고 권위적이던 병원 이름도 바뀌고 있다. '고운 세상'은 피부과, '밝은 세상'은 안과, '마음과 마음'은 정신과, '고른 이'는 치과의 이름이다. 병원이 많아지면서 환자 유치를 위한 경쟁이 치열해지자 톡톡 튀면서도 부드러운 이름을 사용하게 된 것이다.

② 해당 서비스 카테고리에서 일반적으로 사용하지 않는 단어를 활용한다

세계적으로 유명한 투자자문회사인 J.P. 모건(J.P. Morgan), 패스트푸드의 대명사 맥도날드(McDonald)에서 보이듯이 창업자의 이름 등을 사용하는 것이 그 예이다.

③ 가공의 단어(Fabricated Words)를 사용한다

현실에서 독특한 이름을 찾아내기가 쉽지 않으므로 이 방법도 각광받는 추세이다. 그러나 이것을 사용할 때도 에어비앤비나 씨티은행(Citybank)처럼 기업의 서비스 특성을 잘 드러내는 것을 사용해야 한다.

(2) 연관성(Relevance)

서비스의 성격과 혜택을 잘 드러내도록 이름이 지어진다면 고객은 기업을 잘 이해할 수 있을 것이다. 예를 들어, 샌드위치 브랜드 '써브웨이(Subway)'는 '잠수함(submarine)'에서 따온 이름이다. 써브웨이는 기다란 빵을 반으로 가른 후 다양한 재료를 채워 샌드위치를 파는데, 둥글고 긴 빵 모양이 잠수함을 닮아 붙여진 이름으로 기업의 성격을 잘 나타내고 있다. '비자(visa)'카드는 해외출입국 시에 사용되는 '비자(visa)'를 이용한 이름으로 신용카드 서비스가 전 세계적으로 통용되며 신뢰감을 준다는 것을 효과적으로 알려주고 있다. '소비에스키(Sovieski)' 보드카는 실제로 폴란드에서 만들어지는 보드카지만 브랜드명을 러시아식으로 표기하여 러시아산 오리지널 보드카 브랜드라는 이미지를 차용하고 있다. 신세계는 '위드미(With me)' 편의점을 인수한 후 브랜드명을 '이마트24(emart24)'로 변경했다. 이마트의 24년 성공 노하우를 그대로 편의점에 반영한다는 의미를 담은 브랜드명을 선택함으로써 서비스와 브랜드 두 가지 모두를 쉽고 효과적으로 전달하고 있다. 대명 홍천 콘도도 과거 스키장 중심에서 골프장, 워터파크, 등산로 개발 등을 통해 사계절 즐길 수 있는 복합 리조트로 바뀌면서 '비발디 파크'라는 새로운 이름을 채택한 바 있다. 연관성(Relevance)은 단순히 서비스를 묘사해 놓은 것을 의미하는 것은 아니다. 서비스를 설명하듯 브랜드명을 장황하게 표현하는 것은 이름만 길게 하고, 특유성을 감소시키기 때문에 불리할 수 있다. '오버나이트 메일 서비스(Overnight Mail Service)'라는 회사는 적절하게 기업의 특성을 표현한 이름이지만 '페데럴 익스프레스(Federal Express: Fedex)'만큼 강한 느낌을 주지는 못한다. 이때 특히 중요한 것은 고객 관점에서의 연관성이다. 즉, 서비스의 기능이나 혜택은 고객의 관점에서 이해하기 쉽게 해야 할 것이다.

(3) 기억용이성(Memorability)

브랜드명의 기억용이성(Memorability)에 도움을 주는 요소들은 독특함(distinctiveness), 간결성(brevity), 단순성(simplicity) 등이다. '우버'처럼 발음하기 쉬운 것은 오래 기억하도록 돕는다. 간결성과 단순성은 로고를 제작할 때 효과적으로 그래픽을 만들게 해준다. '럭키 금성(Lucky Goldstar)'이나 'Minnesota Mining & Manufacturing Company'처럼 긴 영어이름을 가진 경우에 'LG'나 '3M'으로 축약해 성공했다. 특히 LG그룹은 영어의 이니셜을 효과적으로 도안하여 '미래의 얼굴'을 형상화함으로써 미래지향적이며 친근한 인간의 모습을 잘 나타내고 있다. '프록터 앤드 갬블(Proctor and Gamble)'사나 'International Business Machine'사도 풀 네임을 사용하기보다 축약해서 'P&G'나 'IBM'으로 표현해 기억에 도움을 준다. 또한, 철자를 특이하게 사용함으로써 기억하기 쉽게 할 수 있다. 이탈리아 명품 브랜드인 '불가리(BVLGARI)'는 고대 알파벳 표기법을 따라 'U' 대신 'V'를 사용하는 방식으로 역사가 깊은 명품 브랜드라는 것을 강조한다.

(4) 유연성(Flexibility)

한 기업이 제공하는 서비스의 속성과 영역이 변화하는 것은 불가피하기 때문에 효과적인 서비스 브랜드 프로그램으로 유연성(flexibility) 있게 적응해 나가야 한다. 장기적인 안목으로 브랜드를 설정해야 하고 주기적으로 평가를 시행해야 한다. 웰빙 열풍으로 조미료에 대한 부정적인 인식이 커지자 '미원'은 1997년 과감하게 회사 이름을 '대상'으로 바꾸고, 패밀리 브랜드 '청정원'을 중심으로 대규모 브랜드 리뉴얼을 진행했다. 로고도 새롭게 디자인해 자연 친화적이고 깨끗한 이미지를 강조했다. 글로벌 도넛 체인 '던킨도너츠(DUNKIN' DONUTS)' 미국 본사는 2018년 9월(한국 던킨도너츠는 2020년 1월) 브랜드명을 '던킨(DUNKIN')'으로 변경했다. 도넛 가게라는 한정적인 이미지에서 벗어나 커피와 샌드위치, 간편식 등 다양한 메뉴를 제공하는 곳이라는 브랜드 확장을 위한 노력으로 볼 수 있다.

출처 : https://news.dunkindonuts.com/news/releases−20180925

[그림 1−5] 던킨도너츠의 공식로고(BI) 변경 사례

지명을 인용하여 브랜드를 만드는 것도 때론 조심해야 한다. 항공사의 경우 신항로 개척에 대한 규제가 풀리면서 지역을 근거해 만든 이름들이 고객에게 적절하게 어필하지 못하고 있는 것이 그 예이다. 미국의 앨러게이니(Allegheny) 항공의 경우 앨러게이니 산맥 주위 지역을 중심으로 활동하였는데, 미국 전역으로 그 활동범위를 넓히면서 유에스 항공(USAir)으로 개칭하였다. 미국 외의 지역으로도 적극적으로 활동하는 지금은 유에스 항공이라는 이름도 바꿀 필요가 있다. 기업이 주는 인상을 제한적으로 표현하는 이름도 삼가야 할 이름 중의 하나이다. 예를 들어, 회사의 활동영역은 이미 종합 운송회사로 확장되었는데 여전히 XX트랙, 00레일 등의 명칭을 갖고 있다면 문제가 있다. 자연농원을 에버랜드로 바꾼 것도 국제형 테마파크로의 변화에 대응하기 위한 노력으로 볼 수 있다. 안양 C.C를 '안양 베네스트'로 동래 C.C를 '동래 베네스트'로 바꾼 것은 세련된 이미지와 이미지 통합을 위한 조치였다. 또한, 세계화 시대에 걸맞지 않은 이름으로 다른 나라에 좋지 않은 인상을 주는 이름이 아닌가를 다시 한번 고려해 봐야 한다. '선경(SUNKYUNG)'그룹의 경우 영어로 읽으면 '가라앉은 젊은이'를 뜻하는 'Sunk Young'으로 발음된다. 따라서 젊고 창의적인 기업으로 거듭나고 싶은 선경은 고민 끝에 그룹명을 'SK'로 바꾸었다. '한국화약'도 영어로 'Korea Explosive'로 표현되어 테러단체인 것처럼 오해받는 경우도 있어 '한화(HANHWA)'로 명칭을 바꾸었다. 세계적인 석유회사인 엑손(Exxon)사의 전신인 스탠더드 오일(Standard Oil)은 1972년 회사 이름을 바꾸기로 했다. 여러 이름 중에서 유력한 최종 후보로 오른 이름이 엔코(Enco)였다. 그러나 마지막 결정

과정에서 '엔코'가 일본어로 '휘발유가 떨어졌다. 자동차가 고장 났다'라는 의미인 '엥코'와 비슷하다는 사실이 밝혀지면서 막판에 엑손으로 바뀌었다. 이처럼 전 세계를 대상으로 하는 다국적기업의 경우에는 각 나라의 언어나 문화를 고려해 브랜드명을 선정해야 할 것이다. 이처럼 유연성 있는 브랜드는 기업의 현재 사업뿐만 아니라 향후의 사업방향, 세계화의 추세까지도 고려해야 한다.

⑨ 차별화된 브랜드, 어떻게 만드나?

오늘날 기업들은 심화된 경쟁구도 속에서, 경쟁자들의 넘치는 마케팅 활동 속에서 고객에게 경쟁우위를 갖춘 차별화된 브랜드를 제공하기 위해 고군분투하고 있다. 차별화를 위해 기존 서비스에 추가적인 가치를 더하거나(추가적 확장) 소비자들의 다양한 욕구를 반영하여 선택의 폭을 넓히기 위한 확장을 한다(중심적 확장). 즉, 지속적으로 그리고 반복적으로 더 좋은 브랜드로 다듬는 것이다. 그러나 무분별한 확장은 결국 소비자들을 기업들의 노력과 투자에 더욱 무감각하게 만든다. 가령, 모든 항공사가 똑같이 마일리지 프로그램을 시행하고 있다는 사실을 알았을 때, 모든 브랜드의 보증기간이 2년으로 늘어났다는 사실을 깨달았을 때, 소비자는 특정 브랜드를 선택해야만 하는 이유를 잃어버리게 된다. 그런데도 기업들은 지속적으로 확장을 통해 차별화된 브랜드를 만들고자 노력한다. 그 미묘한 차이들은 지나치게 과대평가한 나머지 끊임없이 차별화를 추구하고 있다는 착각에 빠져 있는 것이다. 진정한 차별화를 달성하기 위한 몇 가지 방안을 알아보자.

(1) 거대한 흐름에 맞서라 : 역브랜드

차별화된 브랜드는 틀을 깨는 독창적인 가치에서 출발한다. 핵심에서 벗어난 부가적인 가치를 덧붙이는 관성적인 경쟁에서 과감하게 뛰쳐나와 소비자들이 기대하지 못했던 방향으로 기발하게 결합하여 차별화된 입지를 마련하는 것이다. 이를 역브랜드, 역포지셔닝 브랜드(reverse-positioned brand)라고 한다. 대표적인 사례로 '더 많이'가 아닌 '더 적게'를 통해 차별화를 달성한 구글(Google)이 있다. 구글은 기존의 포털들이 반드시 필요하다고 생각하던 요소들을 과감하게 삭제하고 사용자들이 일반적으로 기대하는 바에서 벗어나더라도 핵심적인 가치에 주력하여 오늘날의 입지를 다지게 되었다. 즉, 구글은 기존의 포털 사이트들이 기본적으로 제공하던 뉴스, 날씨, 주식, 쇼핑, 사진 등의 항목을 첫 화면에서 아예 배제하고 로고와 검색 창을 제외한 모든 항목을 텅 빈 공간으로 구성했다. 홈페이지를 고급스럽게 만들려는 어떠한 시도도 없었다. 야후 같은 대형 포털들이 최대한 풍성하게, 화려하게 첫 화면을 가꿀 때 구글은 정반대의 길을 택한 것이다. 이는 인터넷 사용자들에게 예전에 느끼지 못했던 새로운 자유를 주었다. 페이지를 수놓은 어지러운 배너 광고에서 해방된 것이다. 더 나아가 인터페이스를 단순화함으로써 더 빠른 검색 서비스를 제공할 수 있었기 때문에 구글 사용자들은 검색 서비스가 적절하고 합리적인 수준에서 이루어진다며 만족할 수 있게 되었다. 구글은 업계의 관행에서 과감하게 벗어나, 사용자들에게 단순함의 미학을 제시함으로써 더욱 강력하게 차별화된 브랜드로 거듭난 것이다.

(2) 고객의 심리를 변화시켜라 : 일탈 브랜드

고객들의 고정관념을 타파함으로써 차별화를 달성할 수 있었다. 즉, 브랜드의 일탈은 기존 카테고리에 대한 인식과 기대에서 완전히 벗어나 카테고리의 한계에 도전함으로써 철저히 다른 카테고리로 정의되도록 한다. 일탈 브랜드는 고객에게 강한 인상을 남기고 새로운 가치를 제시함으로써 경쟁자들에게 압박을 가하여 시장을 바꾸어 나갈 수 있다. 에어비앤비는 자신의 집을 숙박시설로 등록하고 필요에 따라 이용할 수 있도록 하는 전 세계 숙박공유 서비스 기업으로 현재 전 세계적으로 492만 개의 숙박공간을 제공하고 있다. 회사소유 숙박시설 없이 공유경제의 아이콘으로 떠오른 에어비앤비는 현재 세계 1등 호텔 체인인 힐튼보다 더 큰 가치를 인정받고 있다. 에어비앤비는 숙박은 호텔에서만 가능하다는 고정관념을 타파함으로써 고객에게 새로운 가치를 제시해 기존의 숙박업을 바꾸고 있다. 또 다른 대표적인 사례로 1984년 캐나다 퀘벡의 작은 마을에서 12명의 길거리 공연자들로 시작하여 1,200명 정도의 공연자들을 포함 5천 명에 이르는 세계 최대 규모의 글로벌 회사로 성장한 태양의 서커스단(Cirque de Soleil)이 있다. 태양의 서커스는 기존 서커스와는 완전히 다른 형태의 공연으로 차별화에 성공했다. 태양의 서커스에는 사람들이 연상하는 화려한 동물, 링을 던지는 사람, 그리고 음식물로 뒤덮인 지저분한 바닥이 없다. 대신, 전통적 서커스 요소와 함께 무용, 정교한 세트, 오페라, 음악, 코미디 등이 혼합되어 한층 진화된 새로운 공연이 있다. 단순한 서커스 쇼가 아니라 독창적인 음악과 음향 효과, 스토리, 그리고 안무가 더해진 서사적인 진행으로 구성되어 있고, 기존의 쇼에서는 상상할 수도 없는 주제를 다룬다. 가령, 캐나다 국영방송 CBC가 주요 장면들을 모아 제작한 Solstrom이라는 프로그램에는 사막, 우주, 과거 등 매우 자유로운 공간 배경 속에서 외계 생명체, 흡혈귀 등 상상 속의 인물들이 등장한다. '서커스 재창조(Le Cirque Revente)', '새로운 경험(Nouvelle Experience)'과 같은 공연 명칭 또한 일탈 브랜드의 면모를 나타내고 있다.

 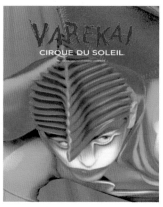

출처 : http://image.kmib.co.kr/online_image/2018/1122/201811220600_13120924036538_1.jpg;
https://i.pinimg.com/originals/b5/d3/f0/b5d3f0e20a91be9d3fd60d172443ca0e.png

[그림 1-6] 태양의 서커스단

(3) 고객을 문전박대하라 : 적대 브랜드

고객들에게 냉소적이며 적대적인 태도를 취하는 것이 때로는 강력한 차별화 수단이 될 수 있다. 즉, 단점을 거리낌 없이 이야기하고 판매활동에도 적극적이지 않으며, 심지어 고객들이 테스트를 통과해야 상품을 살 수 있도록 하는 등 고객들로부터 외면받을 수 있다는 위험에 겁내지 않는다. 이러한 적대 브랜드들에 대한 고객들의 태도는 극명하게 갈리지만, 고객의 관심을 끌어당기는 매력으로써 강력하게 작용하기도 한다. "우리는 우리의 터전, 지구를 되살리기 위해 사업을 합니다.(We're in business to save our home planet)" 미국 아웃도어 브랜드 파타고니아(Patagonia)가 내세우는 사명이다. 파타고니아는 기업의 사회적 책임(CSR)이 기업의 이윤추구보다 우선이라고 내세우며 필요 없는 옷은 사지 말아달라고 고객들에게 당부하고 매년 매출의 1%를 환경보호를 위해 기부한다. 오히려 낡은 옷을 수선해 입으라는 취지로 최소한의 비용만 받는 수선 서비스를 제공한다. 심지어 "이 재킷을 사지 마세요(Don't buy this jacket)" 광고를 뉴욕타임스(NYT)에 실은 적도 있다. 옷을 만들 때마다 환경이 파괴되니 이 재킷이 정말 필요한지 생각해 달라는 진정성을 담은 문구였다. 이 광고가 실린 이후 파타고니아의 매출은 40% 급성장했다. 여기서 한 걸음 더 나아가 파타고니아는 친환경적이지 않은 기업엔 조끼를 팔지 않겠다고 공지하며 인기가 더 높아졌다. 파타고니아는 이와 같은 적대적인 태도를 통해 환경보호 기업이라는 정체성을 더욱 강화하고 있다.

출처 : https://cphoto.asiae.co.kr/listimglink/6/20190424151733379480_1556086653.png

[그림 1-7] 파타고니아 재킷 광고

또 하나의 대표적인 사례로 뻔뻔하고 도도한 마케팅을 펼친 미니 쿠퍼 자동차가 있다. 미니 쿠퍼는 처음부터 작은 사이즈를 노골적으로 강조했다. 2002년 미국에서 론칭 당시 건물 옥상과 인쇄매체의 광고문구에는 XXL, XL, L, M, S, MINI가 전부였다. 두 번째 광고는 미국산 대형 SUV 위에 미니를 올려놓고 아래 'SUV에 비해 꼬마 같다고요? 직접 확인해 보세요!'라는 발칙하고 뻔뻔한 문구를 담았다. 자동차 크기에 대한 고객의 걱정을 달래고 설득하기보다는, 미니 쿠퍼는 단점을 더 강조하며 고객의 외면을 두려워하지 않았다. 이는 접근성을 어렵게 함으로써 그 매력을 한층 더 높일 수 있다는 역심리학(reverse psychology)의 개념으로 이해할 수 있다. 이는 미국인들의 감성을 자극하여 오히려 미니 쿠퍼의 매력을 극대화하고 차별화된 가치를 효과적으로 전달할 수 있게 하였다.

01	02	03	04	05
(Apple)	amazon	Microsoft	Google	SAMSUNG
+38% 322,999 $m	+60% 200,667 $m	+53% 166,001 $m	-1% 165,444 $m	+2% 62,289 $m
06	**07**	**08**	**09**	**10**
Coca-Cola	TOYOTA	(Mercedes)	(McDonald's)	DISNEP
-10% 56,894 $m	-8% 51,595 $m	-3% 49,268 $m	-6% 42,816 $m	-8% 40,773 $m
11	**12**	**13**	**14**	**15**
BMW	intel.	FACEBOOK	IBM	(Nike)
-4% 39,756 $m	-8% 36,971 $m	-12% 35,178 $m	-14% 34,885 $m	+6% 34,388 $m
16	**17**	**18**	**19**	**20**
CISCO	LOUIS VUITTON	SAP	(Instagram)	HONDA
-4% 34,119 $m	-2% 31,720 $m	+12% 28,011 $m	New 26,060 $m	-11% 21,694 $m
21	**22**	**23**	**24**	**25**
CHANEL	J.P.Morgan	AMERICAN EXPRESS	UPS	IKEA
-4% 21,203 $m	+6% 20,220 $m	-10% 19,458 $m	+6% 19,161 $m	+3% 18,870 $m

(단위 : 백만 달러)   출처 : 인터브랜드 www.interbrand.com

[그림 1-8] 세계 Top 25 브랜드자산의 가치(2020년)

브랜드 자산

CHAPTER 02

① 브랜드 자산의 개념

1980년대에 이르러 브랜드 자산은 중요한 마케팅 개념으로 인식되기 시작했다. 브랜드 자산에 대하여 Aaker는 "상호나 심벌과 연계되어 기업 및 고객을 위한 제품이나 서비스가 부가된 브랜드 자산과 부채의 총합"이라 설명하고 있으며, Srivastava는 브랜드 강점과 브랜드 가치로, Smith와 Schulman은 거래상의 측정 가능한 재무적 가치로 설명하고 있다. 브랜드 자산은 Brand Equity, 혹은 Brand Asset으로 표현한다. 전자는 브랜드의 재무적 가치를, 후자는 경쟁 우위의 원천을 의미할 때 주로 사용한다. 브랜드 자산과 유사한 개념으로 브랜드 파워라는 용어가 있다. 브랜드 파워란 영향력, 시장 점유율 등의 브랜드 지배력을 의미하는 용어로서 브랜드의 확장성, 브랜드 점유율, 브랜드 충성도 등의 개념을 포함하고 있다. Red Bull이 세계 1위 에너지 음료로 부상하자, Red Bull의 원조인 Thailand의 Krating Daeng이 Thai Red Bull로 상호를 바꿨다. Red Bull의 브랜드 파워(영향 및 시장 지배력)를 보여주는 사례다.

② 브랜드 자산의 구성요소

브랜드 자산의 원칙은 소비자의 브랜드에 대한 인지도, 친근성, 호의성(perception) 등이며, 특히 제품 및 서비스군에 있는 경쟁 브랜드들 사이에서의 차별성(feature)이라고 할 수 있다. 브랜드 인지도는 보조 인지도(aided awareness : x라는 상호에 대해 들어본 적 있습니까?), 혹은 비보조 인지도(unaided awareness : 어떤 브랜드들을 알고 계십니까?) 등의 두 가지 설문방법으로 측정할 수 있다. 또한, 브랜드 이미지와 관련된 브랜드 연상의 개념이 포함된다. 24시간 배송 서비스 업체인 FedEx에 대한 '빠름', '믿을 만함', '편리함', McDonald's의 'Ronald McDolald', '어린이를 위함', '편리함', Coca-Cola의 '상쾌한 맛', '편리한 구입', '합리적인 가격' 등이 그것이다. 브랜드 연상은 브랜드 개성(Brand Personality)을 창조해 낸다. Keller는 "브랜드 개성은 브랜드가 무엇인가 혹은 어떠한 기능을 하는가보다는 사람들이 브랜드에 대해 어떻게 느끼는가"를 의미한다고 한다. Siguaw 등의 연구에 의하면, 브랜드 개성은 모든 브랜드 요소 중 호텔 선택 시 가장 중요한 역할을 한다고 한다.

(1) 브랜드의 가치 평가

브랜드의 가치 평가는 다양한 방법에 따라 수행된다. 그중 대표적인 4가지를 소개하면 다음과 같다.

1) Asker의 브랜드 자산(equity)모델

데이비드 아커(David Aaker)는 브랜드 자산(equity)이 브랜드 충성도, 브랜드 인지도, 지각된 품질, 브랜드 연상 이미지, 기타 독점적인 브랜드 자산(경쟁적 우위요소)이라는 5가지 요소로 구성된다고 하였다. Aaker는 브랜드 가치에 대하여 최초로 포괄적이며 심도 있는 분석을 했다는 데 의의가 있다. 그러나 브랜드 자산 구성요소를 나열만 하였을 뿐 가중치를 부여하지도 않았고, 총점을 산출하기 위해 위의 속성들을 결합하지도 않는 등 인과관계를 설명하지 않았다는 한계점을 가지고 있다.

2) Moram의 브랜드 자산 인덱스

Moram은 다음과 같은 공식을 제시했다.

> 브랜드 자산 인덱스 = 유효 시장점유율(%) × 상대가격 × 지속성

- 유효 시장점유율 : 해당 브랜드가 경쟁하고 있는 모든 세분시장의 시장점유율을 각각 그 브랜드의 총매출에서 각 세분시간이 차지하는 비중으로 곱하여 얻은 숫자를 더함
- 상대가격 : 특정 브랜드의 제품 가격을 해당 시장 비교 대상 제품들의 가격 평균으로 나눈 값
- 지속성 : 고객 유지율, 혹은 충성도 측정값

3) Young and Rudy Cam의 평가지표

마케팅 커뮤니케이션 에이전시인 Young and Rudy Cam은 브랜드의 ① 차별성, ② 적합성, ③ 호감도, ④ 인지도 등 4개의 평가지표를 제시했다. 성장하는 브랜드는 1,2,3,4

의 순으로, 강력한 브랜드는 4영역 모두, 약한 브랜드는 반대, 쇠퇴하는 브랜드는 4,3,2,1 의 순으로 평가지표가 높다고 한다.

4) Interbrand의 평가모델

브랜드 전략 기업인 Interbrand는 재무 성과와 예측을 그 지표로 제시하고 있다. 전체 수익에서 유형 자산(자본, 제품, 포장 등)에 의하지 않은 나머지 부분을 브랜드의 가치로 산정하며, 그 다음으로 브랜드의 역량과 위험에 따라 미래의 수입을 예측하고 할인한다. Interbrand는 브랜드 강도(brand strength), 브랜드 이익(brand earning)으로 브랜드의 가 치 평가를 한다. 브랜드 강도는 리더십, 안정성, 시장성, 국제성, 트렌드, 자원능력, 법률 적 보호성 등 7개의 시장 영업 이익 관련 재무적 변수로 구성된다. Interbrand의 이 방법 은 장단점이 있으나, 현재까지 사용하고 있다. Interbrand의 브랜드 강도 측정항목은 〈표 2-1〉과 같다.

〈표 2-1〉 Interbrand의 브랜드 강도 측정항목

구분	내용
1. 신념(commitment)	브랜드에 대한 내부적 신념, 브랜드의 중요성에 대한 믿음, 브랜드를 위한 시각적, 금전적, 인적 자원 정도
2. 보호(protection)	법적 보호, 등록된 재료/제품 및 디자인, 브랜드 보호 정도
3. 명확성(clarity)	브랜드의 가치, 포지셔닝, 제안의 이해와 전달 정도, 명확한 표적시장, 고객 인사이트, 구매요인에 대한 이해도
4. 대응력(responsiveness)	시장 변화, 위기, 기회의 대응 정도, 내부적 리더십, 진화와 변화에 대한 의 지와 능력
5. 진정성(authenticity)	기업 내부의 진정성과 능력, 브랜드의 전통과 역사, 핵심 가치, 고객들의 기 대 충족 여부
6. 연관성(relevance)	전 세계 및 각 시장별 고객의 특성, 요구, 선택 기준에 브랜드가 얼마만큼 부합하고 있는가
7. 이해도(understanding)	브랜드의 특징과 성격에 대한 소비자들의 이해 정도, 브랜드가 속해 있는 기업체에 대한 소비자들의 이해 정도
8. 일관성(consistency)	모든 접점, 형식에 있어 동일한 경험을 제공하는 정도
9. 존재감(presence)	브랜드 편재 정도, 다양한 매체를 통해 브랜드가 긍정적으로 거론되는 정도
10. 차별성(differentiation)	타 경쟁사 대비 포지셔닝의 차별화 정도

출처 : AIBOInterbrand 홈페이지, 2015

〈표 2-2〉 국가 브랜드 가치 평가순위(Top 20)

순위	국가	가치 평가$	순위	국가	가치 평가$
1	미국	20조 5,740억	11	네덜란드	1조 1,210억
2	중국	7조 870억	12	스위스	9,980억
3	독일	3조 823억	13	스페인	9,660억
4	일본	3조 20억	14	멕시코	9,150억
5	영국	2조 9,420억	15	브라질	8,200억
6	프랑스	2조 3,390억	16	스웨덴	7,420억
7	인도	2조 660억	17	러시아	7,360억
8	캐나다	1조 8,100억	18	인도네시아	6,300억
9	이탈리아	1조 5,210억	19	벨기에	5,320억
10	호주	1조 3,050억	20	폴란드	5,160억

자료 : Brand Finance, Nation Brand Report(2016.10)

〈표 2-3〉 국가 브랜드 가치 평가순위(Top 10)

순위	순위변동	국가	가치 평가$(2020년)	가치 평가$(2019년)
1	–	미국	23조 7,380억	27조 7,510억
2	–	중국	18조 7,640억	19조 4,860억
3	+1	일본	4조 2,610억	4조 5,330억
4	-1	독일	3조 8,130억	3조 8,550억
5	–	영국	3조 3,150억	3조 8,510억
6	–	프랑스	2조 6,990억	3조 970억
7	–	인도	2조 280억	2조 5,620억
8	–	캐나다	1조 9,000억	2조 1,830억
9	+1	이탈리아	1조 7,760억	2조 1,100억
10	-1	대한민국	1조 6,950억	2조 1,350억

자료 : Brand Finance, Nation Brand Report(2020.11)

〈표 2-4〉 국내 주요 프랜차이즈 브랜드 가치순위(레스토랑, 카페, 제과, 패스트푸드)

순위	브랜드	브랜드 가치 평가 점수(1,000점)
1	BBQ치킨	883.95
2	파리바게뜨	853.96
3	스타벅스	839.80
4	롯데리아	825.30
5	맥도날드	806.57
6	교촌치킨	796.85
7	이디야	796.79
8	던킨도너츠	790.99
9	베스킨라빈스	790.84
10	T.G.I Friday's	789.78
11	미스터피자	783.43
12	BHC치킨	782.07
13	엔젤리너스	779.89
14	아웃백스테이크하우스	775.98
15	뚜레쥬르	774.08
16	비비고	769.74
17	피자헛	766.62
18	VIPS	764.92
19	놀부	755.42
20	커피빈	751.8
21	카페베네	750.71
22	도미노피자	748.46
23	나뚜르	726.92
24	애슐리	721.97
25	버거킹	720.24

자료 : brandstock.co.kr(2021.4.16)

브랜드의
핵심 구성요소

CHAPTER 03

① 브랜드 연상과 브랜드 이미지

브랜드 이미지의 구성요소는 무수하다. Herzog는 브랜드 이미지란 '소비자의 기억 속에 심어진 브랜드 연상에 의하여 표현된 브랜드에 대한 인식'이라고 정의하고 있다. 따라서 여기에서는 브랜드 연상에 근간을 두고, 브랜드 이미지를 설명하고자 한다.

(1) 브랜드 연상

브랜드 연상은 다음과 같은 여러 유형으로부터 생성될 수 있다.

1) 속성

속성에는 제품 관련 속성과 사용(자) 이미지, 경험과 느낌, 브랜드 개성 등의 비제품 관련 속성이 있다. 비제품 관련 속성은 제품 성능에 직접적인 영향을 주지는 못하며, 마케팅 믹스와 판매 방법으로부터 파생된다. 사용(자) 이미지는 소비자 자신의 경험과 타 브랜드 사용자들과의 접촉을 통하여 직접적으로 형성될 수 있거나, 브랜드 광고나 그 외 다른 정보원(예 : 구전 커뮤니케이션)에 의하여 간접적으로 형성될 수 있다. 생산직 노동자와 Budweiser, 교양 있는 일반 근로자와 Miller, 여성적 이미지의 Coors(미국 맥주회사로 세계에서 3번째로 규모가 큰 맥주회사)가 사용(자) 이미지의 예가 된다. 경험과 느낌은 소비자의 감성과 연결된다. Duck대학의 Edell&Moore는 TV 광고를 보는 동안 경험할 수 있는 느낌을 ① 즐거운, ② 따듯한, ③ 냉담한, ④ 불안한 느낌으로 분류한 바 있다. 브랜드도 사람과 유사한 개성을 가질 수 있다. 미국의 인스턴트 커피 브랜드 멕스웰 하우스(Maxwell House)는 소비자들에게 믿을 수 있고, 정직한 브랜드로, 폴저스(Folgers)는 오래 지속된 광고 캠페인 때문에 내싱장(mountain-growth)한 브랜드로 인식된다. 두 브랜드 모두 호의적으로 인식되었음에도 Folgers의 시장점유율이 상대적으로 크게 성장했다. 조사에 의하면, '호감은 가지만 다소 지루한' Maxwell House는 소비자들에게 믿을 수 있고, 정직한 브랜드로 인식된다. 하지만 '신나고 똑똑해 보이는' Folgers의 브랜드 개성이 비교 우위적 강점을 보인 것으로 나타났다. 그 결과 폴저스(Folgers)는 1990년대 초반부터 미국에서 가장 많이 팔리는 원두커피(위키백과)가 되었다.

2) 혜택

혜택 역시 브랜드 연상의 핵심요인이다. Motel6, Ivory 등은 고객의 문제 해결과 관련된 기능적(functional) 혜택, Four Seasons, Mercedes Benz 등은 사회적 인정이나 외적인 면에 치중된 자기 과시와 관련된 상징적(symbolic) 요소, Disney, Mountain Dew 등은 감각적 즐거움, 다양성, 인지된 자극과 관련된 경험적(experiential) 혜택과 관련되어 있다.

3) 태도

가장 추상적이고 가장 높은 수준의 브랜드 연상 유형은 태도다. 브랜드 태도는 소비자들이 브랜드와 관련하여 취하는 행동이나 조치, 즉 브랜드 선택의 기준이 되기 때문에 중요하다. Fishbein & Ajzen에 의하면, 소비자들은 특정 브랜드가 자신들의 욕구를 충족시켜 주고(실용적 기능), 자기 개성을 표현할 수 있게 해주며(가치표현 기능), 자신이 알고 있는 자신의 약점을 보완해 주거나(자기방어 기능), 의사결정 과정을 단순화시켜 주기(지식 기능) 때문에 브랜드를 선호하고, 사용한다고 한다.

태도적 브랜드 연상의 사례는 〈표 3-1〉과 같다.

〈표 3-1〉 태도적 브랜드 연상의 사례

브랜드	내용
Burger King	fast food, Whooper 불에 굽는(broil), 'Have it Your Way', 지방질의 질척한 버거
Budweiser	맥주, 'King of beers', Scotland의 말, 블루칼라, 싼, 싱거운, 미국인
Campbell	캔에 든 soup, 영양가 높은/건강한 음식, 빨갛고 하얀 캔, 비 오는 추운 날씨, 추운 날씨, 소금기 있는, 유년 시절, 어린 아이, 기분좋은
KFC	일상적인, 할아버지, 캠핑, 두꺼운 천, 주부
Holiday Inn	친숙한, 여행, 트럭운전기사
AT&T	장거리 전화, 오래된, 보수적, 장기간, 전통적, 고품질, 안정적, 믿음직, 신뢰적, 유용한, 다정한, 배려하는, 세계적인, 힘센
BMW	Germany 자동차, 고품질, 고성능, 비싼, 부유층, 상류층, 고급, 품위있는, 여피족, 스포티한, 빠른

(2) 브랜드 이미지

브랜드 이미지는 도입, 정교화(elaboration), 강화(fortification)의 단계를 거쳐 형성된다. 브랜드 이미지 유형은 다음과 같다.

1) 기능적(functional) 브랜드 이미지

기능적 브랜드 이미지는 제품의 성능 및 품질과 관련되며, 제품의 속성으로부터 발생한다. 즉 Gillette, Marriott, 삼성, Apple, MS, P&G, Unilever와 같은 브랜드가 대표적인 기능적 브랜드라고 할 수 있다. 많은 경우에 있어서 기능적 브랜드들은 모 브랜드의 성능과 품질을 이용해 브랜드 확장 전략을 추구한다. 환대산업에서의 메리어트(Marriott)가 그러하며, 바셀린(Vaseline)은 기존의 다목적 약용 크림이라는 성능을 화상 치료, 화장을 지우는 클렌징, 입술 트는 것을 방지하는 Lip-Balm 등으로 브랜드를 확장시켰다.

2) 상징적(symbolic) 브랜드 이미지

브랜드 이미지란 제품의 성능이나 품질과 직접적 관련은 없어도, 소비자에게 상징적으로 차별적 이미지를 심어주는 브랜드 이미지를 의미한다. 250년이 넘는 역사를 자랑하는 대표 프리미엄 맥주 기네스(Guinness)는 'Island의 걸작'이라 불리는데, 흑맥주로서 검정의 불투명한 맥주 색과 선명하게 대조되는 하얀 거품층(cream head)이 상징적 역할을 하고 있다. 또한, 파리바게뜨는 로고에 프랑스 에펠타워(Eiffel Tower)를 형상화시켜 패션, 예술, 요리의 최고 파리(Paris)의 상징성을 강조해 왔던 바 있으나 2018년 말 BI(Brand Identity)를 교체하면서 에펠타워 이미지를 빼고 더욱 단순하고 깔끔한 이미지를 강조하는 방향으로 변경하기도 하였다.

[그림 3-1] 기네스맥주와 파리바게뜨의 상징적 브랜드 이미지

상징적 이미지 브랜드는 제품 기능이 상대적으로 차별화돼 있지 않거나, 품질 평가가 어려운 제품들, 패션 의류 등 남을 의식하는 소위 사회적인 제품군에서 많이 찾아볼 수 있다. 기업들은 상징적 이미지 형성을 위해 대개 다음과 같은 세 가지 전술을 사용한다.

① 제품 범주(product category)에서 NO. 1이 주는 상징성

The Body Shop은 화장품 기업 중 가장 친환경적이며, 가장 책임감 있는 착한 기업의 상징성을 강조하고 있다. The Body Shop은 동물 실험 반대 캠페인과 함께 동물 실험을 거친 제품만 수입하는 거대 중국 시장을 포기하면서도, 착한 기업의 상징성을 유지해 나가고 있다. 1999년 Sony가 출시한 AIBO는 세계 최초의 가정용 애완 로봇이다. 그러나 Sony는 최첨단 인공지능(AI)을 강조하는 대신, 생명체와 가까운 감성적 존재임을 부각하며 상징성을 부여했다.

출처 : The Body Shop(https://www.thebodyshop.com/en-us)

[그림 3-2] 동물실험을 반대한다는 내용을 강조하는 The Body Shop

출처 : AIBO(https://us.aibo.com)

[그림 3-3] 인간의 삶과 가까운 존재임을 부각하는 AIBO

② 성적 소구(sex appeal)를 이용한 상징성

성적 코드는 모든 동물과 인간의 가장 중요한 본성이다. 전 세계 최고의 성인 미디어 브랜드를 구축한 바니걸 캐릭터로 알려진 플레이보이(Playboy), '혼란한 세상에 남자들에게 피난처를 제공한다'는 모토로 큰 가슴, 꽉 끼는 민소매 셔츠, 오렌지색 핫팬츠, 스니커즈(sneakers) 유니폼의 웨이트리스를 통해 서비스하는 후터스(Hooters), '악마는 Prada를 입는다'라는 모토로 아름다워지고 싶고, 과시하고 싶은 여성들에게 상징성을 부여한 프라다(PRADA), 아시아 여성의 슬림 이미지로 대변되는 'Singapore Girl'의 시그니처인 사롱 케바야(Sarong Kebaya)를 입은 모습의 상징성을 부각시키고 있는 싱가포르 에어라인(Singapore Airliens) 등이 대표적인 사례들이다.

출처 : 각 회사 홈페이지 및 위키백과

[그림 3-4] 성적 소구를 이용한 상징성 브랜드 사례

③ 스타를 활용한 상징성

1980년에 개봉했던 '아메리칸 지골로(American Gigolo)'(국내에서는 1985년 '아메리칸 플레이보이'라는 이름으로 개봉됨)라는 영화에서 리차드 기어(Richard Gere)는 아르마니(Armani)의상을 대폭 협찬받았다. 때문에 Richard Gere의 Armani 패션쇼였다는 평가까지 받았는데, 영화 종료 시 제작진의 이름이 스크린에 오른 후, 마지막으로 조르지오 아르마니(Giorgio Armani) 브랜드 이름이 스크린에 올랐다. 그 후 Giorgio Armani는 명품을 상징하는 브랜드가 됐다. Giorgio Armani는 메인 브랜드인 조르지오 아르마니 외 여러 자매 브랜드(엠포리오 아르마니, 아르마니 익스체인지 등), 의상, 화장품, 향수, 시계, 런던(London)과 밀라노(Milano)의 카페, 피렌체(Firenze)의 레스토랑, 가구, 꽃가게, 호텔에 이르기까지 브랜드를 확장하고 있다.

[그림 3-5] 아르마니의 다양한 제품들

출처 : 아르마니 홈페이지

[그림 3-6] 아르마니 호텔 두바이(좌), 밀라노(우)

3) 경험적(experiential) 브랜드 이미지

경험적 브랜드 이미지는 어떤 점이 강조되는가에 따라 상징적 브랜드 이미지와 차이를 보인다. 상징적 이미지는 제품이 무엇을 나타내는가의 상징성에 초점을 맞추지만, 경험적 이미지는 소비자가 브랜드와의 상호작용에서 어떻게 느끼는가에 초점을 맞춘다. 21세기의 체험경제(experience economy)시대에 맞는, 시대정신에 맞는 브랜드 이미지다. '백문이 불여일견'의 사상을 기초로 하는 경험적 브랜드 이미지는 소비자가 브랜드에 대한 특별 경험을 함으로써 형성되는 것이다. 대표적인 사례는 체험 쇼핑의 대표 매장인 미국의 배스프로샵(Bass Pro Shops)이다. 1972년 John Morris에 의해 설립된 Bass Pro Shops에서는 고객들이 커다란 수족관에 있는 물고기를 보면서 낚시 도구를 사고, 사격 게임을 하며, 사냥 도구를 산다. Bass Pro shop에는 얼음낚시 무료 강좌 등의 다양한 이벤트도 진행한다. 2001년에 개관한 대한민국 제주도 서귀포시의 포도호텔(PODO Hotel)도 비슷한 사례이다. 포도호텔은 상공에서 본 모습인 포도송이 형태를 시각화하여 표현함으로써 자연친화적 감성을 건축미에 담은 이색적인 호텔이다.

출처 : 각 회사 홈페이지

[그림 3-7] 경험적 브랜드 사례(미국 Bass Pro Shops와 제주도 포도호텔)

브랜드의 요소(Elements)

(1) 상호(Brand Name)

Interbrand는 사람들 ① 일상생활의 한 부분이 될 수 있도록, ② 명백히(overtly), 혹은 잠재의식적(subconsciously)으로 커뮤니케이션을 할 수 있도록, ③ 보통의 상표(legal device)로써 이용되어 가치 있는 자산이 될 수 있도록 상호를 창조할 것을 권유하고 있다. '사람은 죽어서 이름을 남긴다'라는 속담과 같이 사람의 이름은 그 사람의 가장 대표적인 속성이다(〈표 3-2〉 참조). 마찬가지로 제품에서 상호 또한 대표적인 속성 중 하나다.

〈표 3-2〉 한, 일, 중의 10대 성씨

순위	국가		
	한국	일본	중국
1	김(金)	사토(佐藤)	리(李, Li)
2	이(李)	스즈키(鈴木)	왕(王, Wang)
3	박(朴)	타카하시(高橋)	장(張, Zhang)
4	최(崔)	타나카(田中)	류(劉, Liu)
5	정(鄭)	이토(伊藤)	천(陈, Chen)
6	강(姜)	와타나베(渡辺)	양(楊, Yang)
7	조(趙)	야마모토(山本)	자오(赵, Zhao)
8	윤(尹)	나카무라(中村)	황(黃, Huang)
9	장(張)	코바야시(小林)	저우(周, Zhou)
10	임(林)	가토(加藤)	우(吳, Wu)

출처 : 위키백과, 나무위키, 중국중앙인민정부문호망참(http://www.gov.cn)

상호는 본질적으로 가장 중요한 요소다. 브랜드파워는 상표보다 상호로부터 기인된다. 상호를 창조한다는 것은 매우 어려운 작업이며 많은 비용이 든다. Stanford MBA 출신 Philip H. Knight의 '나이키(Nike)'도 1964년 창업해서 8년 후 'Nike'로 상호를 확정하기까지 '블루 리본 스포츠(Blue Ribbon Sports)'에서, '오니츠카 타이거(Onitsuka Tiger: 일본의 신발상표)', '아식스(Asics)' 등의 시행착오를 거쳤다. '아서 앤더슨(Athur Andersen)'의 상호를 '엑센츄어(Accenture)'로 변경하는 데 1억 5천만 달러의 비용이 들었으며, '벨

아틀란틱(Bell Atlantic)'의 상호를 '버라이존(Verizon)'으로 바꾸는 데 1억 4천만 달러의 비용이 들었다. 유명 브랜드 컨설턴트인 배크러치(Bachrach)에 의하면, 영어 어휘 14만 단어 중 미국인은 2만 단어를 인지하며, 그의 기업 Name Lab은 대부분 TV 프로그램과 광고 어휘들을 구성하는 7천 단어를 고수하고 있다고 한다.

상호를 창조할 때는 다음과 같은 여러 가지 지침을 기억해야 한다.

1) 브랜드 인지

① 발음하기 쉽고 사용하기 쉬운 상호

사람들은 태어나서 소리로 먼저 말을 배운다. 브랜드 인지는 귀로 먼저 인식되어야 한다. Chevrolet는 Chevy로, Budweiser는 Bud으로, Coca-Cola는 Coke로, Federal Express 는 FedEx로, Mercedes-Benz는 Merc로, Harley-Davidson은 Harley, HOGS(Harley Owners Group)로 알려져 있듯이 상호는 발음하기 쉽고 읽기 쉬우며, 간단한 것이 바람직하다. Sony도 라틴어 소리(sonus)라는 어원으로부터 부르기 쉽게 상호를 바꾼 것이다. Apple 의 모든 제품은 i로 시작된다. I는 나(I)를 의미하는데, 단순하고 기억하기 쉽도록 i를 선택했다고 한다. 발음의 용이성과 상기 가능성을 향상시키기 위하여 마케터들은 상호에 알맞은 운율과 유쾌한 발음을 도입하고 있다. 이러한 운율은 언어학에서 처리 유창성 (processing fluency)이라고 한다. 예를 들어 유운(모음 반복 : Ramada Inn)과 두운(자음 반복 : Coca-Cola, Rolls-Royce, Bacardi Breezer), 의성어(Sizzler Steak House, Golf Clubs) 등의 발음이 이에 해당된다. 기억 용이성(memorability) 또한 여기에 해당된다. 기억 용 이성의 요소는 독특함(distinctiveness), 간결함(brevity), 단순성(simplicity) 등이다. LG, 3M, P&G, IBM 등의 상호가 대표적인 예다. 이니셜을 사용하는 경우도 많다. 진로에서 2008년에 출시되었던 제품 'J'는 Jinro, junior, joy, join 등의 의미를 함축하고 있으며, Hite에서 2007년에 출시되었던 'S' 맥주는 s-line, stylish, smooth, special 등의 의미를 내 포하고 있다. W(호텔)는 witty, warm, wonderful, welcome 등의 의미와 함께 'whatever you want, whenever you want'의 서비스 개념을 함축하고 있다.

② 친숙하고 의미 있는 상호

Google의 제1 사명은 Google이었다. Google이란 미국 수학자 애드워드 캐스너 (Edward Kasner)가 만들어낸 단어로 10의 100제곱이 되는 수를 의미하는데, Google은

'인터넷의 모든 뜻을 담겠다'는 의미로 Google을 선택했다고 한다. 한국콘도, 서울 신라호텔, American Airlines, Mr. Pizza 등은 한 번 들으면 기억하기 쉬운 상호들이다. Taco Bell은 자유의 종을 사용하여 상호 기억을 유도하고 있다. 맥심(Maxim)에 대항해서 네슬레(Nestle)가 냉동건조 커피 브랜드 네스카페(Nescafé : Nestle + Cafe의 합성어)를 출시했을 때 Taster's Choice라는 제품 이름은 대한민국 등 일부 국가에서 병행 판매되었던 커피명이었다. 이는 커피 애호가들의 선택이라는 의미를 부여하면서, 구매자들에게 진정으로 의미 있는 커피선택이라는 의미부여를 했던 의미 있는 상호였다. 외국어로 번역될 때에도 쉬운 용어를 사용하는 것이 바람직하다. 상호는 아니지만, 국내에서 인기있는 제품 짜장면이 표준어가 됐다. 국내에서 1986년 전까지는 두 명칭이 혼용돼 사용됐지만, 1986년부터는 외래어 표기법이 제정되며 자장면이 표준어가 됐다가 다시 혼용된 것이다. TNS Korea의 조사 결과는 응답자의 91.8%가 짜장면으로, 불과 7.9%만이 자장면으로 발음하는 것으로 나타났다. 이후에 설명되겠지만, Burger King은 법적인 이유로 Australia에서는 Hungry Jack's이라는 상호를 사용한다(사용할 수밖에 없다). 이 상호는 배고픈 'Hungry'의 의미와 대중적 이름인 'Jack'이 합해져 대중들이 배고플 때 즐기는 대중적인 음식이라는 의미를 가지면서 매우 친숙하고 의미 있는 상호라고 생각한다. 즉 외국어뿐만 아니라 표준어는 아니더라도 이처럼 친숙하고 의미 있는 상호를 사용하는 것이 바람직하다.

출처 : 헝그리잭스 홈페이지(https://www.hungryjacks.com.au/)

[그림 3-8] 호주의 헝그리잭스와 미국의 버거킹

2012년부터 호텔신라 서울은 '메리미', '프로포즈' 등 외국어로 명명되었던 상품명을 한글로 바꿨다. 신혼부부를 위한 상품을 연리지로, 어린이날 '와이너리 패키지'를 어린이의 꿈으로 '피크닉 엣 더 신라'를 봄의 노래, 봄의 추억으로, 캐리비언베이의 '서머라이즈'를 여름을 꿈꾸다로 개명한 것들이 그 예이다. CJ 제일제당의 오버&오버 에너지 음료는 2014년 싸이의 'hang over' 뮤직비디오 출시에 맞춰 브랜드를 소개하며, 별다른 마케팅 없이 4일 만에 한정판 686세트를 전량 판매한 바 있다. VISA는 전 세계에서 사용된다는 의미로 카드업계에서 성공을 거두고 있는 이름이다. 통신 브랜드명인 alleh KT의 올레(alleh)는 다음의 4가지 의미를 담고 있다. 첫째, 'hello를 뒤집은 것'으로 '역발상 경영'을 의미하면서 기존의 익숙한 일상에서 벗어나 창의적 역발상을 의미하며 둘째, '올來 : 미래가 온다는 뜻으로 새로운 가치(미래 경영)' 셋째, 'Ole : 환호와 탄성을 자아내는 감탄사로 KT와 만날 때 혁신적 서비스가 주는 기쁨과 감동(고객감동경영)', '감탄사 alleh!'의 의미 넷째, 제주 방언으로 '올레 : 작고 아담한 길, 좋은 길'의 의미로 고객의 일상 가까이에서 친숙하게 소통하는 통신사, KT로 올래?라는 뜻을 지니는(소통경영) 성공적 브랜드명의 사례라고 할 수 있다. 크리스피 크림(Krispy Kreme)은 도넛의 바삭한 부분(crispy)과 말랑한 도넛 속(cream)을 결합하여 첫소리(두음)를 K로 바꿔서 만들어진 상호다. 많은 다이어트 음료수의 상호는 실패작들이다. 청량, 탄산음료를 찾는 고객의 근본적 욕구는 무엇일까? 청량음료 본연의 단맛이 사라진다면 차라리 물이 낫지 않을까? 의미 있는 상호의 차원에서 살펴볼 때도 마찬가지다. 필자의 견해로는 Diet Coke보다는 Tab이 바람직한 상호 선택으로 여겨진다. Tab은 The coca-cola company에서 만들고 생산한 최초의

다이어트 콜라 청량음료로 1963년에 새롭게 판매를 시작한 제품의 이름이다. Tab은 다이어트 콜라라는 표현을 직접적으로 사용하여 콜라보다 열등한 제품으로 인식되도록 하지 않고 독립적인 'Tab'이라는 이름을 사용함으로써 구매자들에게 콜라에서 핵심이 빠진 음료가 아니라 전혀 새로운 개념의 음료라는 이미지를 주었다는 점에서 좋은 상호였다. 이후 Diet Coke가 출시되기 전까지 6가지 이상의 다양한 맛을 선보이며 1960년대~

출처 : https://www.coca-colajourney.co.kr/stories/
Coke-Zero-History

[그림 3-9] 코카콜라의 3대 다이어트 탄산음료

1980년대 초까지 많은 인기를 끌면서 다이어트 탄산음료 시장을 주도했다. Tab이 2020

년에 단종될 때까지 무려 57년간 생산, 판매되었다는 것은 이 상호의 우수성을 보여주는 사례다.

　비슷한 예로 Toyota, Honda, Nisan 등 일본의 3대 자동차 기업들이 대형 승용차를 출시할 때, 기업명을 **빼고** 각각 Lexus, Accord, Infiniti라는 완전히 새로운 상호를 사용했다. 만약 기업명을 사용했다면 소형 자동차로 인식된 고객의 마음속에 Mercedes Benz, BMW, Lincoln Continental, Cadillac 등과 비교되어 열등제품으로 간주되었을 것이다.

버거킹이 호주에서는 헝그리잭스가 된 이유?

　글로벌기업 '버거킹(Burger King)'은 유독 오스트레일리아(호주)에서만 버거킹이 아닌 '헝그리잭스(Hungry Jack's) : Hungry 배고픈 + Jack 대중적인 이름, 대중 = 대중적인 음식'이라는 이름으로 영업을 하고 있다. 그 이유는 상표권과 관련한 법적 문제 때문이다.

　1971년 호주에 버거킹 프랜차이즈가 잭 코윈(Jack Cowin)이라는 사람에 의해 들어오게 되었는데, 당시 이미 'Burger King'이라는 상호가 호주에서 사용 중인 것을 알고 미국 버거킹 본사에 요청하여 대체 브랜드를 추천해 달라고 하게 된다. 이에 미국 본사 측에서 몇 가지 대체 가능한 후보 이름들을 보내주었는데 그중에서 버거킹 관계사인 필스베리(Phillsbury)사의 팬케이크 브랜드 'Hungry Jack'을 골라 이름이 똑같으면 안 되기 때문에 Jack 뒤에 기호 "s(어퍼스트로피 apostrophe) 에스'를 붙여 현재의 'Hungry Jack's' 상표를 만들어 영업을 시작했으며 사업이 확장되었다.

　호주의 헝그리잭스 프랜차이즈 사업이 번창하고 있던 1990년대 중반 미국 버거킹 본사와 코윈이 대주주로 있던 호주의 헝그리잭스社(Hungry Jack's Pty Ltd.)는 프랜차이즈 계약과 관련하여 법적 소송을 진행하게 된다. 그즈음 기존에 'Burger King' 상표를 사용하던 업체가 등록했던 상표권이 소멸되게 되었고 이 기회를 틈타 미국 버거킹 본사는 주유소 사업자 '쉘(Shell)'과 손잡고 쉘 주유소들을 중심으로 'Burger King' 체인을 열기 시작하였다.

　이렇게 호주에서는 동일한 메뉴, 동일한 로고를 사용한 210개의 헝그리잭스 체인과 81개의 버거킹 체인이 2003년까지 공존하게 되는 묘한 상황이 벌어지게 된다. 이러던 중 미국 버거킹 본사와 코윈의 소송전에서 코윈이 승리하게 되고, 이후 코윈의 헝그리잭스사는 기존 81개의 버거킹 체인을 모두 인수함으로써 호주에서 버거킹이라는 이름은 역사 속으로 완전히 자취를 감추게 되었다.

　그래서 현재도 호주는 전 세계에서 유일하게 버거킹을 버거킹이라 부르지 못하고 헝그리잭스라고 부르는 곳이 된다.

-한호일보, 2016.10.6일자, 김현태 변호사 지적재산권 칼럼 중에서-

③ 독특한 상호

차별적이며, 개성 있고, 독특한 상호가 여기에 해당된다. T.G.I.F(Thanks God It's Friday!), HYATT(Help Yourself And Team Learning), 국내의 돈텔마마 나이트클럽 등의 상호는 독특하면서도 일단 그 의미를 알게 되면 기억에 오래 남게 된다. Rolls-Royce, Barcadi Breezer, Yahoo!, Apple, Kodack, Mustang, FedEx의 Kinho's 등 많은 사례가 있다. 독특한 상호 창출의 한 가지 기법은 실제로는 그렇지 않은 경우다. 예를 들어 Matsui는 일본어 같지만, 영국의 가전제품 상호며, Haagen-Dazs는 유럽 같지만, 미국 사람이 그 소유주다.

2) 브랜드 연상

기억이 잘되는 상호를 선택하는 것도 중요하나, 소비자에게 브랜드가 제품군보다 넓은 의미를 갖도록 만드는 것 또한 중요하다. 설명적인 상호는 속성 및 혜택의 강화를 보다 용이하게 만들 수 있다.

① 제품의 혜택 및 품질 제시

Pizza Hut, Burger King, Mr. Steak, Embassy, British Airways의 Airbus, IBM, GE 등은 상품 그 자체를 직설적으로 나타내고 있으며, Econo Lodge, Comfort Inn, Courtyard, Paradise Beach, Hard Rock Café, Planet Hollywood, Intel Inside 등은 주요 혜택을 제시해 주고 있다. 기능성 등산의류 전문 브랜드인 The North Face는 가장 오르기 힘든 산의 방향이 보통 북쪽임에 착안해 상호를 정했다고 한다. 1962년 $6.00의 가격으로 시장에 진출한 Motel6, 이후의 Motel8 등은 염가의 추구 혜택을 상호와 연결하고 있다. 유사한 사례로 La Quinta Inn은 스페인어로 5배라는 의미를 지니는 상호로서, 같은 저렴한 가격대의 호텔 중 가격과 품질이 내우 높다는(5배) 추구 혜택을 브랜드 이미지와 연결하고 있다.

국내 음료업계에서는 〈표 3-3〉과 같이 상호에 TPO(Taste, Place, Occasion)를 접목하는 사례가 증가하고 있다.

〈표 3-3〉 TPO를 반영한 상호

TPO	사례
T(taste) '색다른 맛'	쟈뎅의 '워터 커피'(연한 맛), CJ제일제당의 '쁘리첼 스퀴즈 오렌지'(생오렌지즙), 동아오츠카의 '그린타임'(두 번째 우려낸 녹차만 담음)
P(place) '원산지'	한국코카콜라의 '조지아 에메랄드 마운틴 블랜드'(Colombia 원두커피의 산지), 롯데칠성의 '롯데 제주 감귤', 농심의 '제주 삼다수', 해태의 '강원 평창수'
O(Occasion) '상황'	쟈뎅의 '모히또 파티'(파티, 피크닉, 야외활동 시 가볍게 즐기는 무알코올 음료), CJ제일제당의 '팻다운 아웃도어'(운동이나 야외활동 시 물 대신 마시며 다이어트 효과를 얻을 수 있는 저칼로리 음료), 한국 코카콜라의 '번 인텐스'(강렬하게 타오르는 내 안의 에너지 드링크)

국내에서 유명한 맥주 브랜드인 CASS는 'Cold filtered, Advanced technology, Smooth taste, Satisfying feeling'의 앞글자를 상호에 반영하여 열을 가하지 않은, 최신 기술의 부드러운 맛과 만족할 만한 느낌이라는 혜택을 제시하고 있다. 1990년대에 Quality Inns International에서 Choice Hotels International로 상호를 바꾼 이 호텔 기업은, 같은 저가 호텔 계층 내에서도 고객들의 취향에 맞게 다양한 형태의 상품을 갖고 있다는 가치를 상호에 반영한 것이다. 반면 Red Lobster는 중저가 레스토랑이면서도 가치와 상호를 잘 연결하지 못함으로써, 시장 진입 초기에 큰 손실을 보기도 했다.

Evian 상호의 유래 및 전략

생수 시장의 선도자 Evian의 원천은 알프스(Alps)산맥의 눈, 비가 약 15년에 걸쳐 내려오고 정화되어 미네랄을 함유한 Evian 마을의 지하수다. 이 사실이 한 번 알려지자 상업화는 일사천리로 이뤄졌다. 사실 Evian이 판매되기 전만 하여도 '물을 판다'는 개념이 없을 때였다. 그러나 Evian의 지하수가 나오는 샘의 땅 주인은 '카샤(Evian의 한 취수원 이름)의 물'이란 상호로 이 샘물을 팔기 시작했다. 이후 판매권은 몇몇 기업으로 전전하다, 1859년 현 기업의 전신인 Evian 광천수에 양도됐다. 1878년에는 France 정부로부터 공식 판매 허가를 받아 세계 최초의 상업용 생수로 기록되었다.

Evian은 이후 그 의학적 효과를 철저히 광고하는 전략을 채택했다. 이뇨 치료를 위해서 하루 2.5t에서 4t의 물을 마시면 된다는 것이 한 예다. 미국에서도 Evian에 대해 철저한 프리미엄 브랜드 작전을 펼쳤다. 유럽에서부터 오는 물이기에 가격이 높은 것은 당연했지만, 그만큼 마실 가치가 있는 특별한 브랜드라는 인식을 심어주는 전략이었다. 그 후 새로운 pet 병으로 환경친화적인 이미지 제고에 나섰다. '쉽게 구겨지는 병'으로 환경친화적인 이미지를 내세운 것이다. Evian의 성공은 물론 최상의 가치를 제공하고 있다는 브랜드 전략 때문이다.

② 브랜드 인성화

Wiliam E. Boeing, Marriott, Hilton, Ritz-Carlton, IKEA(Ingvar Kamprad Elmtaryd Agunnaryd), Ralph Lauren, Heinz, Yamaha 등은 창시자의 이름을, Kentucky Fried Chicken 은 정신적 지주 Harold Sanders의 고향인 Kentucky주를 상호로 하고 있다. 이처럼 사람과 연관된 것을 브랜드와 연결하는 기법을 브랜드의 인성화라고 한다. Henri Nestle는 자신의 이름을 '새들과 둥지, 보금자리'로 상징화하여 안전, 모성애, 애정, 자연, 가족 등의 의미를 상호와 상표로 전달하고 있다. 그 후 Nescafe, Taster's Choice, Coffee-mate, Nesquik 등 커피 관련 제품뿐 아니라 초콜릿, 음료, 소스, 냉동식품, 아이스크림, 제약, 화장품에 이르기까지 브랜드 인성화로 사업 영역을 넓히고 있다. 그러나 인성화는 아니지만, 기업의 상호가 브랜드의 상호로 같이 사용되는 경우도 많다. 세븐업(7Up : 탄산음료), 엑손모빌 (ExxonMobil : 석유), 사브(SAAB : 자동차) 등이 그 예다.

③ 브랜드 조립 · 은유

최근의 추세로 조립된 상호 및 은유를 많이 사용하고 있다. 엑손모빌(ExxonMobil), 페덱스(FedEX), 제록스(Xerox) 등이 여기에 해당된다. 2000년도에 Arthur Andersen 회계 기업으로부터 분리된 Andersen Consulting은 미래에 대한 강조(accent on the future) 란 의미의 엑센츄어(Accenture)라는 새로운 상호를 개발했는데, 하루아침에 모든 것을 새로운 로고에 변화시킨 역사상 빠르고 값비싼 리브랜딩(rebranding)으로 알려져 있다. IBM, NEC, DEC 등의 컴퓨터 기업들과 대조되도록 'byte into an apple'의 의미로서 Apple이라는 상호가 창조된 것이 또 다른 예이다. 세계적 장난감 기업인 레고(Lego)는 덴마크어인 'leg godt'("재미있게 놀자")의 약자다. 이것은 라틴어로 '조립한다'라는 의미 라고 한다. 기가 막힌 우연이 아닐 수 없다. 삼성전자의 '스마트 에어컨 Q(question)', Kcllogg's의 Special K(군살 없는 잘록한 허리를 상징하는 k), G마켓, 하이트진로의 드라이피니시d(날렵한 소문자 d로 깔끔한 뒷맛 표현) 등은 '브랜드 이니셜 마케팅'의 대표적인 성공 사례들이다.

④ 부적절한 상호의 개명

더 나은 인생을 위해 개명을 하는 사람들이 있다. 운명은 100% 자기 스스로 개척하는 것이라고 믿는 필자는 개명을 전혀 신봉하지 않는다. 그러나 제품의 경우는 다르다. 다음의 예를 살펴보자.

1912년 4월 14일 빙하와 부딪혀 3시간 만에 2,206명의 승객 가운데 1,500명을 익사시켰던 영국 여객선 타이타닉(Titanic)은 그리스(Greece) 신화에서 제우스(Zeus)에 패해 실패한 거인 신 타이탄(Titan : 여성은 Tianess)으로부터 유래된 것이다. 미국 동부 해안을 운행했던 키위 국제항공사(Kiwi International Airlines)는 출범 후 4년 만에 비행할 수 없게 되었다. Kiwi는 New Zealand의 날지 못하는 새 이름이다. 매일 하늘을 날아야 하는 항공사로서는 전혀 납득할 수 없는 상호이다. 미국의 에이즈(Ayds)라는 다이어트 사탕은 AIDs(Acquired Immune Deficiency Syndrome : 후천성면역결핍증)라는 치명적인 질병이 등장하자 발음이 같다는 이유로 부정적인 이미지가 생겨 매출이 급격히 감소한 바 있다. 리복(Reebok)은 여성을 위한 운동화 잉큐버스(Incubus)를 출시한 바 있다. Incubus란 여러 신화와 전설상에 등장하는 악마로서, 잠들어 있는 사람, 특히 '여성과 성교하는 남자의 모습을 한 악마'라는 뜻이다. Incubus라는 상호는 곧 사라졌다. 보스턴 마켓(Boston Market)도 부적절한 상호가 적용된 경우라고 볼 수 있다. 레스토랑은 시장(market)에서 판매하는 음식보다 완성도 높은 음식이라고 할 수 있다. 그런데도 시장(market)이라는 상호를 왜 레스토랑에 썼는지 상식적으로 잘 이해되지 않는 부분이다. 현대(Hyundai)도 최소한 미국 시장에서는 바람직한 브랜드가 아니다. 1차 세계대전에 미국 병사들이 외치던 "hun(헌) die(다이)(독일군 죽어라)"와 유사한 발음이다. 반면, 의류업체 갭(Gap)은 '세대 차이'를, 리미티드(Limited)는 '제한된 여성에게만'이라는 브랜드의 명확한 정체성을 제시하고 있는 사례라고 볼 수 있다. Fortune에서 항상 최상위권을 유지하는 정유기업 엑손(Exxon)은 전신 Standard Oil에서 1972년 엔코(Enco)로 상호를 변경하려 했으나, Enco가 일본어로 '기름이 떨어졌다 혹은 차가 고장났다'는 의미의 '엥코'와 발음이 유사하다는 것을 파악하고 Exxon으로 개명했다. 얼리저니 항공사(Allegheny Airlines)는 고객들이 별명을 'Agony Airlines'[에고니(Agony)는 고뇌, 심한 고통, 괴로운 일 등을 의미하는 단어로 부르며 매출이 정체되자 사명을 US Air로 개명한 바 있다. 헬로이드(Haloid : '할로겐의'라는 뜻)는 제록스(Xerox)로, 랄프 립시츠(Ralph Lipchitz)는 랄프 로렌(Ralph Lauren)으로, OB는 라거(Lager)로 개명하며 성공적 매출 신장을 이뤄냈다. 과거 미국 신용카드의 1위는 마스터 차지(Master Charge)였고, 2위는 뱅크오브 아메리카(Bank of America)였다. 그러나 1997년 3월 Bank of America는 Visa로 개명한 후 업계 1위로 등극했으며, 이후로 1위 자리를 뺏긴 적이 없다. 뒤늦게 Master

Charge는 MasterCard로 개명했지만, 현재 Visa는 MasterCard보다 약 두 배의 시장 점유율을 가지고 있다.

잘못된 상호는 언제라도 빨리 개명돼야 한다.

(2) 로고(Logo)

로고는 역사적 기원, 소유권, 혹은 연상을 나타내는 수단으로 오랜 역사를 지니고 있다. 실제로 시각적 이미지는 매우 중요하다, Crawford Dunn(미국의 그래픽과 기업 커뮤니케이션 전문 디자이너)은 〈표 3-4〉와 같이 그래픽 커뮤니케이션 신호를 세 가지로 분류했다.

〈표 3-4〉 그래픽 커뮤니케이션 신호

신호의 종류	내용	예시
alpha signal	커뮤니케이션상의 고유 정보 혹은 1차적인 사실과 수치	거리의 stop 표지판
para signal	alpha signal을 강화, 보완하기 위해 가공된 신호형태	횡단보도 보행신호의 빨강, 파랑 등
infra signal	메시지에 내재해 있는, 혹은 깔린 정보로 정보 제공자가 의도하지 않은(못한, 즉 잘못된) 신호	smoke free 표지판에 대한 외국인의 오해

기업의 로고는 'alpha signal'을 기호로 'para signal'을 부가해서 만들어진다. 물론 그 결과물은 'infra signal'이 되지 않아야 한다. 기호(alpha)는 다른 대상을 대신 나타내거나, 상징하는 표시 혹은 언어 단위를 말한다. 기호의 기본 영역은 〈표 3-5〉와 같다.

〈표 3-5〉 기호의 4가지 영역

기호의 유형	내용
Icon	그 무엇을 나타내는 대상과 닮은 꼴 도안, 사진, 건물의 모델 하우스, 별자리표 등
Index	대상과 논리적인 혹은 인과적인 연결 촉촉하게 젖은 거리(비가 왔음), 연기(화재), 둥지(새 연상), 컵 둘레의 하얀 종이(세척) 등
Symbol	상징물과 피상징물 사이에 임의적인 관계 형성 Coca-Cola의 서체, Mercedes Benz의 삼각별 등 무수히 많음(임의적)
Meta-symbol	symbol이 단순 명료한 1대 1 관계를 초월하여 의미를 지니는 상징 역사, 문화, 전통 등을 완전히 자유로운, 추상적인 형태로 표현

　말보로(Marlboro)의 카우보이와 말, 메르세데스 벤츠(Mercedes-Benz)의 삼각별, 나이
키(Nike)의 낫 모양, 마이크로소프트(Microsoft)의 창 모양, 코카콜라(Coca-Cola)의 유선
형 유리병, 하이네켄(Heineken)의 초록색 등은 우리의 마음속에 인상 깊이 새겨진 이미
지들이다. 서로 다른 이미지를 조합해서 새로운 구성을 만들기도 한다. 이것을 몽타주
(montage)라고 한다. 몽타주는 디자이너들에게 복잡한 개념을 순간적으로 표출할 수 있
는 극적인 통로를 제공했다.

[그림 3-10] 몽타주를 형성하고 있는 대표적인 기업의 로고들

(3) 캐릭터(Character)

　캐릭터는 특별한 유형의 심벌(symbol)이다. 말보로(Marlboro)의 카우보이, 로널드 맥
도날드(Ronald McDonald : 미국 패스트푸드점 맥도날드의 마스코트인 광대 캐릭터)와

같은 생생한 움직임의 인물에 이르기까지 캐릭터 역시 여러 유형으로 제시되고 있다. 현대에 이르러 캐릭터는 과자, 식품, 음료, 완구, 의류 등의 제품에 투입된 애니메이션, 특수 마크 등 완구, 인형처럼 입체화된 형태나, 제품 일부에 눈에 띄도록 프린트 된 형태, 제품 자체가 아닌 패키지에 사용된 형태 등 사용 범위가 확대되고 있다. 캐릭터는 상표가 갖는 기능보다는 인간의 정서나 유형 감각에 직접 소구하는 제품의 부가 가치요소로 확대되고 있다. 또한, 상표와 같이 캐릭터는 창조적으로 사용한 것에 한하여 저작권을 보호받고 있다. 가상사회에서 자신의 분신을 의미하는 시각적 이미지인 아바타(avatar)는 분신을 뜻하는 산스크리트어(Sanskrit)어 'avataara'에서 유래된 용어로, 인터넷 채팅, 쇼핑몰, 온라인 게임 등에서 사용자의 역할을 대신하는 특수한 형태의 캐릭터다. 세계 최대 캐릭터 기업은 단연 월트 디즈니(Walt Disney)이다. Walt Disney는 경쟁 기업 마블 코믹스(Marvel Comics)까지 40억 달러에 인수했고, 2012년에는 루카스필름(Lucasfilm : 미국의 영화 & TV 제작사)을 인수하여 그 규모와 매출 측면에서 워너 브러더스(Warner Brothers Pictures Inc. : Warner Bros.), 니켈로디언(Nickelodeon : 미국 케이블 및 위성 텔레비전 채널) 등 경쟁기업들을 크게 앞서고 있다.

호텔 브랜드의
이해

CHAPTER **04**

① Marriott International

(1) 탄생 및 역사

메리어트 인터내셔널은 전 세계에서 가장 큰 호 텔 체인으로 134개 국가에 30개 브랜드, 7,200여 개 의 호텔을 소유하거나 체인으로 두고 있다. 호텔
비즈니스는 1957년 Arlington, Virginia에 첫 번째 호텔, The 365-room Twin Bridges Marriott Motor Hotel을 오픈하면서 시작하였고 창업주 J. Willard Marriott가 1985년 사 망한 후 장남 JW Bill Marriott JR.가 Chairman of the Board로 선출됐고 이후 차남인 Richard Edwin과 회사를 분할하게 되었다. 따라서 장남은 Marriott International을 운영 하고 차남은 숙박 전문 부동산 리츠 업체 Host Marriott Corporation으로 분할된 Marriott 를 각각 운영했다.

J.W. Marriott 주니어는 1987년에 Fairfield Inn과 Marriott Suites를 오픈하고, Residence Inn을 인수하는 것을 시작으로 다양한 브랜드를 새로 론칭해서 오픈하거나 인수를 통해 사세를 불려갔다. 1998년엔 Ritz-Carlton을 인수했으며 2004년엔 Bulgari Hotel & Resorts

브랜드의 첫 호텔을 Milano, Italy에 오 픈하면서 Boutique Hotel에 대한 확장 을 시작했다. 2011년에는 Autograph Collection을 론칭하고 첫 호텔을 오픈 하면서 Upscale & Luxury 카테고리 를 만들었고 2016년 Starwood Hotels & Resort Worldwide를 인수하여 세 계 1위 호텔 체인으로 거듭났다.

출처 : Marriott.com

메리어트 창시자 J. Willard & Alice Marriott(1950년)

☐ **Marriott의 연혁**

:::: 1927~1956 ::::

출처 : Marriott.com

메리어트 그룹의 시작은 A & W 루트비어 스탠드에서였다. 설립자 J. Willard Marriott 와 그의 아내 앨리스(Alice Sheets)는 워싱턴 DC의 덥고 무더운 여름에 사람들의 갈증을 해소시킬 수 있는 사업을 시작했다. 공정한 가격의 좋은 음식과 좋은 서비스는 Hot Shoppes 레스토랑과 Marriott International의 기본 원칙이 되었다.

1927년

J. Willard와 Alice S. Marriott는 비즈니스 파트너인 Hugh Colton과 함께 워싱턴 DC에서 최초의 A & W 루트 맥주 프랜차이즈를 시작함

1927년

Marriott는 A & W 프랜차이즈 최초로 뜨거운 음식을 메뉴에 추가하고 "Hot shoppes"라고 이름 붙임

1928년

Marriott는 East Coast 최초의 드라이브인 레스토랑을 포함하여 2개의 Hot Shoppes 를 추가 오픈

1937년

Hot Shoppes가 워싱턴 DC 남부의 후버 공항에서 승객에게 도시락 배달을 시작 하면서 기내 항공사 케이터링 시작

1953년

Hot Shoppes, Inc. 주식이 주당 $10.25에 상장되어 2시간 거래 후 매진되는 기록 을 세움

1957~1985

Marriott는 1957년 세계 최초의 모터 호텔을 J. Willard Marriott의 아들 Bill의 관리하 에 버지니아주 알링턴에 열게 되면서 호텔산업의 역사적 변화를 가져오게 된다. 이후 25년 동안 Marriott는 글로벌 기업이 되었고 Bill Marriott는 리더십 있고 비전 있는 CEO 가 되었다.

출처 : Marriott.com

1959년

Key Bridge Marriott 개관식. 두 살 된 Debbie Marriott(Bill과 Donna의 딸)가 리본커팅에 참여함

1969년

멕시코 아카풀코에 첫 번째 국제 호텔 개관

1972년

Sun Line과 제휴하여 숙박회사로는 최초로 크루즈사업에 진출

1972년

JW Marriott, Jr.가 아버지를 이어 Marriott의 CEO로 임명됨

1983년

첫 번째 코트야드 호텔(비즈니스여행객을 위한 숙박시설)을 선보임

1984년

설립자 J. Willard Marriott의 이름을 따서 명명된 최초의 JW Marriott가 워싱턴 DC 시내에 개관함

1986~2011

1986년

메리어트는 1980년대 한 회사가 많은 브랜드를 보유하는 혁신적 비즈니스 모델을 구축하기 시작했다. 장기 체류 사업 개척, 출장객을 위한 차별화된 브랜드 출시, 해외 진출에 이르기까지 Marriott International은 세계 1위의 환대기업이 되기 위해 새로운 지평을 열었다.

출처 : Marriott.com

1987년

최초의 Fairfield Inn 및 Marriott Suites
호텔개관
Marriott는 숙박업 최초로 브랜드 포트폴
리오를 제공하는 회사가 됨

1987년

Residence Inn을 인수하고 장기 체류
숙박사업을 개척

1995년

The Ritz-Carlton Hotel Company의 지분
49%를 획득하며 리츠칼튼 브랜드를 메리
어트 브랜드 포트폴리오에 추가

1997년

르네상스 호텔그룹을 인수하여
메리어트의 해외 입지를 두 배로 늘림

1997년

TownePlace Suites 브랜드 출시

1998년

SpringHill Suites by Marriott 브랜드
출시

1999년

ExecuStay 기업 주택 회사를 인수

2004년

최초의 불가리 호텔 & 리조트 이탈리아
밀라노에 오픈

2008년

Bill Marriott와 Ian Schrager가 EDITION 브랜드를 공식 발표

2009년

고급스러운 독립 호텔의 새로운 브랜드인 Autograph Collection이 출시됨

2011년

AC Hotels by Marriott 브랜드가 공식적 으로 출시됨

2012년 이후

출처 : Marriott.com

2012년

Gaylord Hotels Brand를 인수하여 5개의 호텔 약
2백만 평방피트의 회의 및 이벤트 공간을 추가함

2013년

MOXY HOTELS 브랜드 추가함

2013년

디자인 중심의 AC Hotels by Marriott 브랜드 수입

2014년

Protea Hotels의 브랜드 인수를 통해 아프리카에서 23,000개
이상의 객실을 보유하게 되어 이전보다 보유객실 수를 2배
가까이 늘림

2015년

Delta Hotels and Resorts를 인수하여 캐나다에 가장 큰 풀 서비스(Full
service) 호텔이 됨

2016년

Starwood Hotels & Resorts를 인수하여 110
개 이상의 국가에서 30개 브랜드에 110만
개 이상의 객실을 제공하는 5,700개 이상의
호텔을 보유한 세계 최대 호텔 회사를 설립

2021년

Tony Capuano(좌), CEO
Stepahnie Linnartz(우), Marriott
International의 사장

(2) 호텔 분포현황 및 발전

2016년 9월 23일, 메리어트 인터내셔널(Marriott International)이 스타우드 호텔 & 리
조트(Starwood Hotels & Resort Worldwide, Inc.)와의 인수합병을 완료했다. 이로써 메
리어트는 힐튼 월드와이드 홀딩(Hilton Worldwide Holdings)을 큰 차이로 따돌리며 전
세계 110여 국가에 30개 브랜드의 5,700개 호텔, 110만 객실을 가진 초대형 호텔그룹으
로 거듭났다. 메리어트는 라이프스타일, 럭셔리 브랜드와 선택적 서비스를 제공하는 호
텔, 컨벤션과 리조트 분야까지 가장 포괄적인 브랜드 포트폴리오를 구축하게 됐다. 더불
어 리츠칼튼 리워즈를 포함한 메리어트 리워즈와 스타우드 프리퍼드 게스트(SPG) 회원
들은 계정 연결을 통해 최종 탄생한 멤버십인 메리어트 본보이(Marriott BONVoY)를 통
해 합병 이전보다 훨씬 더 많은 다양한 호텔에서 회원으로서의 다양한 혜택을 누릴 수
있게 되었다.

출처 : 호텔앤레스토랑, 2016.12.30일자

[그림 4-1] 메리어트 · 스타우드 인수합병

　　2021년도 현재 메리어트 인터내셔널은 전 세계적으로 총 30개 브랜드 138개 국가 및 영토에 7,700개 이상의 호텔을 운영하고, 1억 5천만 명의 회원을 보유하고 있다(2021년도 8월 기준). 상세한 대륙별 분포현황은 [그림 4-2]를 참고하기 바란다.

US & CANADA	EUROPE	MIDDLE EAST AND AFRICA	ASIA PACIFIC	CARIBBEAN AND LATIN AMERICA
5,670 Properties	645 Properties	303 Properties	882 Properties	297 Properties
2 Countries & Territories	46 Countries & Territories	30 Countries & Territories	24 Countries & Territories	36 Countries & Territories
View	View	View	View	View

출처 : https://hotel-development.marriott.com/

[그림 4-2] Marriott International 전 세계 호텔 분포현황(2021년 8월 기준)

□ 호텔 발전역사

● 제1기 : 수요집중 지역의 호텔사업(1957~1960년)

　　이 시기는 자동차 Twin Bridges 호텔의 개장과 공항 및 Convention 도시 부근에 집중하는 전략을 펼침으로써 고객의 유동성을 감안하여 고객의 수요가 집중되는 곳으로부터 호텔사업을 시작하였다.

● 제2기 : 숙박사업역량개발 및 구축기(1960년~)

메리어트의 주사업이었던 식음사업 중심이 아니라, 호텔사업을 주산업으로 인식하고 이에 대해 시스템적인 지식경영을 도입하게 된다. 경영팀을 확장하고 또한 다른 Hilton 과 Sheraton 등과 같은 호텔로부터 전문 경영인을 채용하며 이제 메리어트호텔 사업의 틀을 만들어나가게 되는 시기이다. 이러한 지식경영은 앞으로의 모든 성장기에 계속해서 적용, 발전되고 있다.

● 제3기 : 시장확대 진출 및 시장세분화기(1969~1980년)

메리어트는 1969년 멕시코를 시장으로 처음 해외시장에 진입하였다. 그러나 이러한 멕시코시장의 진입은 제4기의 본격적 해외 진출 시기와는 구분되는 성격을 가진다. 당시 메리어트의 글로벌화는 어떤 의식을 가지고 적극적으로 이루어졌다기보다는 멕시코와 같은 지리적으로 인접한 곳에 미국 시장에서 좀 더 범위를 넓혀나간다는 단순 확대 전략으로 보는 것이 더 적합하다고 볼 수 있다. 또한, 이 시기에는 이러한 확대 진출뿐 아니라 Courtyard by Marriott와 같은 중저가 호텔 등을 통해 다양한 고객층을 더욱 확보하려고 노력하게 된다.

● 제4기 : 핵심역량을 이용(브랜딩)한 본격 해외 진출기(1990년~)

메리어트는 자신의 "핵심역량=브랜드"라는 인식을 바탕으로 무형자산인 브랜드의 이전 용이성을 이용하여 프랜차이즈, 위탁경영 등을 통해 사업 영역을 전 세계로 빠르게 확대하기 시작한다. 이 시기에 확대한 호텔은 약 2,000여 곳으로 제3기의 500여 곳과 비교했을 때, 이 시기에 해외 진출이 활발하고 양적인 성장이 두드러졌음을 보여준다.

● 제5기 : 비관련사업매각을 통한 호텔사업으로의 집중기(2003년~)

2003년 메리어트는 3대 사업부에서 호텔사업을 제외한 실버사업, 유통사업을 매각하게 된다. 이제 메리어트는 호텔사업 분야의 "선택과 집중" 전략을 택함으로써 호텔사업 분야의 전문성과 핵심역량을 구축하기 위해 더욱 노력할 것으로 보인다.

(3) 메리어트의 경영철학

1) 핵심가치와 유산(Core Values & Heritage)

메리어트는 사람이 중심입니다.(Put People First)
메리어트는 최고를 추구합니다.(Pursue Excellence)
메리어트는 변화를 수용합니다.(Embrace Change)
메리어트는 성실하게 행동합니다.(Act with Integrity)
메리어트는 세계, 지역사회에 기여합니다.(Serve Our World)

출처 : https://hotel-development.marriott.com/our-story/

2) 다양성과 포용성

메리어트는 1927년 첫 설립 이래 다양성과 포용성을 중요시해 왔다. 차이점을 포용하는 태도는 메리어트가 전 세계에서 비즈니스를 수행하는 방식 중 하나이며 메리어트가 글로벌 호스피탤리티 기업의 선두주자로 성공을 거두는 데 필수적인 요소이기도 하다. 다양성과 포용성은 메리어트의 핵심가치 및 전략적 비즈니스 목표와 긴밀하게 연관되어 있으며 이 두 가지는 메리어트 비즈니스의 모든 측면과도 결합되는 경영의 중요한 핵심요소이기도 하다.

메리어트의 핵심 강점은 차이점을 포용하고 모든 직원, 고객, 소유주 및 프랜차이즈, 공급업체를 위한 기회를 만들어내는 능력에 있다. 메리어트의 다양성과 포용성 방침은 이사회급 조직인 우수성 위원회(Committee of Excellence)에서 지원하는 전사적 우선순위에 있는 경영의 핵심사항이다.

3) 메리어트 경영의 파워엔진(Powerful Engines)

혁신기반의 메리어트 글로벌 플랫폼은 수익창출요소와 비용절감요소로 구분할 수 있다. 수익창출요소(Revenue Generation Engines)에는 4가지가 있는데 그것은, 고객충성도 프로그램(Loyalty Programs), 판매(Sales), 예약(Reservations), 수익관리(Revenue Management)이다. 비용절감요소(Cost Savings Generators)에도 4가지가 있으며 그것은 공유서비스(Shared Services), 파트너 요금(Partner Rates), 신용률(Credit Rates), OTA비즈니스 약관(OTA Business Terms)이다.

4) 수익창출요소(Revenue Generation Engines)

① 고객 충성도 프로그램(Loyalty Programs)

Marriott Bonvoy는 1억 5천만 명 이상의 회원을 보
유한 세계 최대의 여행 로열티 프로그램이다. 메리어
트의 혁신적인 로열티 프로그램은 인지도를 높여주며

전체 객실매출의 절반이 회원들에게서 나올 만큼 높은 매출을 유도하고 있다. 로열티
프로그램으로 인해 고객들은 더 자주 숙박하고 비용이 저렴한 채널을 통해 예약하도록
해준다.

② 판매(Sales)

Marriott 호텔들은 전 세계 어떤 호텔 체인보다도 가장 큰 회의시설과 연회장시설을
갖추고 있다. 글로벌, 지역 및 호텔기반 판매사원은 심층적인
시장지식과 계획도구를 사용해서 그러한 공간을 매출로 채워
나간다. 메리어트 팀은 전 세계적, 지역적으로 모든 면에서 고
객을 참여시키며 전체 판매처 관리전략은 고객과 회의기획자
에게 단일 연락창구를 제공해서 비즈니스를 성장시키는 장기
적 관계구축을 해나가고 있다.

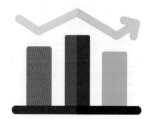

③ 예약(Reservations)

Marriott는 예약 시스템의 폭과 기능 면에서 업계를 선도하고
있다. 메리어트의 강력한 플랫폼은 수익 관리, 전자 상거래, 자
산 관리 시스템 및 글로벌 유통 시스템과 완전히 통합되어 있
다. 많은 경쟁업체와 달리 메리어트의 예약은 100% 중앙에서
처리되므로 거래당 비용이 가장 저렴하다.

④ 수익관리(Revenue Management)

Marriott의 수익관리팀은 메리어트의 경쟁력을 강화하고 시장 점유율을 높이며, 호텔 수익 극대화를 위해 수요예측도구와 일치하는 가격전략 및 재고관리를 실행하기 위해 정교한 시스템을 활용한다.

5) 비용절감요소(Cost Savings Generators)

메리어트는 메리어트의 규모를 통해 공유서비스(Shared Services), 중개 파트너와의 강력한 협상요금(Partner Rates) 및 유리한 신용카드 교환요금(Credit Rates)을 통해 비용을 공유하고 시장 효율성을 활용할 수 있다.

세계 최대 여행사로서의 메리어트의 위치 덕분에 온라인 여행사(OTA) 및 제휴 파트너와 요금을 협상할 수 있어 업계에서 가장 유리한 OTA 수수료(OTA Business Terms)를 소유주에게 제공할 수 있다.

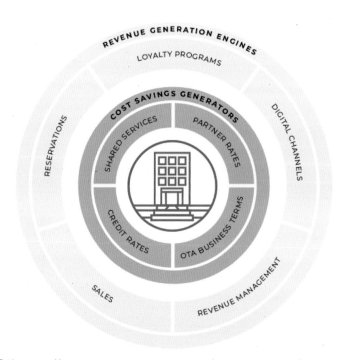

출처 : https://hotel-development.marriott.com/powerful-engines/#section-2

[그림 4-3] Marriott's Powerful Engines

메리어트의 포괄적인 조달 전략은 가능한 한 가장 낮은 가격으로 고품질 제품을 제공하고 절감액은 소유주와 가맹점에게 되돌려주는 것이다. 협상된 가격 외에도 상당한 양과 강력한 공급업체 관계를 활용하여 추가비용 효율성을 창출한다.

(4) 메리어트 마케팅 전략(Marriott Bonvoy)

2016년 메리어트와 스타우드의 합병 이후 최대의 문제로 떠오른 것이 바로 멤버십 프로그램의 통합문제였다. 그동안 각자 호텔 수준 및 특징에 맞는 멤버십제도를 운영하고 있었는데 이를 어떻게 조합하고 합할 것인가는 결코 가벼운 문제가 아니었다. 따라서 약 2년간의 고민 끝에 2018년 8월 메리어트는 SPG(Starwood Preferred Guest), Marriott Rewards, The Ritz-Carlton Rewards 3개 리워즈의 통합 로열티 프로그램을 공개하였다. 이후 2019년 2월 13일 새로운 통합 로열티 프로그램의 이름을 "메리어트 본보이(Marriott Bonvoy)"로 공개 발표하면서 공식 론칭하였다. 이는 'Bon Voyage(본보야쥐)'의 약자인 'Bonvoy', 프랑스어로 '좋은 여행', '여행 잘 다녀오세요'라는 뜻이다. 메리어트 본보이를 통해 메리어트 고객들은 다양한 럭셔리 호텔에서부터 라이프스타일 호텔까지 다양한 메리어트 인터내셔널의 브랜드 포트폴리오를 손쉽게 예약하고 포인트를 적립하면서 이용할 수 있게 되었다.

1) 멤버십 가입방법

출처 : www.marriott.co.kr

2) 호텔 멤버십은 호텔 홈페이지를 통해서 무료로 가입이 가능하다.

3) 회원가입을 하면 기본적으로 멤버 등급이고, 전 세계 131개국에 있는 메리어트 호텔 브랜드 중 7,000개 이상의 호텔, 리조트에서 여러 혜택을 받을 수 있다.

메리어트 호텔 멤버십 등급 / 숙박일 / 혜택 정리

한층 더 품격 있는 투숙

멤버 등급

연 0-9박 투숙

혜택 보기 >

실버 엘리트

연 10박 투숙

혜택 보기 >

골드 엘리트

연 25박 투숙

혜택 보기 >

플래티넘 엘리트

연간 50박 투숙

티타늄 엘리트

연 75박 투숙

앰배서더 엘리트

연 100박 투숙 + 연간 정규 이용액 20,000달러

출처 : www.marriott.co.kr

4) 메리어트 본보이 등급은 크게 6개로 나뉘어 있다.

① 멤버

연 0~9박 투숙

② 실버 엘리트

연 10일 투숙: 숙박으로 포인트 10% 추가 적립, 체크아웃 시간 연장 우대

③ 골드 엘리트

연 25일 투숙: 숙박으로 포인트 25% 추가 적립, 객실 업그레이드, 오후 2시 체크아웃 연장

④ 플래티넘 엘리트

연 50박 투숙: 투숙당 50% 보너스 포인트, 일부 스위트를 포함한 객실 업그레이드, 웰컴 기프트(호텔에 도착한 후 브랜드별로 제공되는 포인트, 조식 또는 욕실용품 중에서 선택 가능), 라운지가 있는 호텔의 경우 라운지 이용과 무료 조식, 오후 4시 체크아웃 가능. 그리고 50박 정규 숙박회원을 위한 연간 기프트 초이스로 5박의 스위트 나이트 어워드, 실버 엘리트 등급 기프트 제공, 선호 매트리스 40% 할인, 5박의 엘리트 숙박 크레딧 또는 100달러 자선단체 기부 중에서 선택 가능

⑤ 티타늄 엘리트

연 75박 투숙: 투숙당 75% 보너스 포인트, 일부 스위트를 포함한 객실 업그레이드, 웰컴 기프트, 라운지가 있는 호텔의 경우 라운지 이용과 무료 조식, 오후 4시 체크아웃 가능하며, 연간 기프트 초이스 선택(5박 스위트 나이트 어워드, 1박 무료 숙박 어워드, 골드 엘리트 등급 선물 제공, 선호 매트리스 40% 할인, 5박 엘리트 숙박 크레딧, 100달러 자선단체 기부)

⑥ 앰버서더 엘리트

2021년 기준 100일 숙박을 채우고, 유효 사용금액 1,4000달러: 투숙당 75% 보너스

포인트, 웰컴 기프트 선택, 객실 업그레이드, 라운지 무료 이용, 4시 체크아웃 그리고 24시간 머무를 수 있는 체크인 / 체크아웃 시간 선택 가능

★ 연 50박 투숙의 플래티넘 엘리트 등급이 되면, 객실 업그레이드, 라운지 이용과 조식 무료, 레이트 체크아웃 혜택이 있음

호텔과 제휴사(여행 등), 포인트 구매 등을 통해 포인트를 적립할 수 있다.

예를 들어 JW메리어트 호텔에서 250달러를 결제하면, 1달러당 10점의 포인트가 쌓여 2,500포인트가 적립이 된다(등급에 따라 추가 적립이 가능함).

(5) 메리어트 브랜드의 마케팅 전략

브랜드 이름 / 브랜드 프로필 / 위치 / 브랜드 세그먼트

1) LUXURY : 맞춤형 및 우수한 편의시설 및 서비스

THE RITZ-CARLTON	완벽한 서비스를 제공하는 The Ritz-Carlton은 전 세계 럭셔리 환대 분야의 표준을 설정한다. 호텔과 리조트는 전 세계의 바람직한 목적지에서 자신만의 독특한 이야기를 전한다. 각 호텔에서 고급스러움은 손님의 여정이 분주한 도심 호텔로 이동하든 고급스럽고 아늑한 리조트로 향하든 지역 특유의 느낌과 함께 제공된다. The Ritz-Carlton은 위치와 설정에서 영감을 받은 미슐랭 스타를 받은 콘셉트 중심의 레스토랑뿐만 아니라 맞춤형 컨시어지 서비스와 일일 음식 프레젠테이션을 제공하는 클럽 라운지도 갖추고 있다.	30개 이상의 국가 및 지역에 거의 100개의 호텔과 50개의 주거용 호텔	럭셔리
EDITION	Ian Schrager와 Marriott International과의 파트너십인 EDITION Hotels는 라이프스타일 호텔 이야기의 다음 장을 열었다. 이 브랜드는 섬세하고 균형 잡힌 행동은 훌륭한 디자인과 진정한 혁신뿐만 아니라 개인적이고 친근하며 현대적인 서비스와 독특하고 독특한 음식, 음료 및 엔터테인먼트 제공을 포함한다. 전 세계의 관문 도시와 독특한 목적지에 위치한 호텔은 그 순간에 더 좋은 곳이 없기 때문에 현지인과 팔꿈치를 문지르는 손님을 만날 수 있는 호텔이다.	6개국 9개 호텔	럭셔리

로고	설명	규모	등급
W HOTELS WORLDWIDE	뉴욕시의 화려한 분위기와 연중무휴 24시간 문화에서 탄생한 W Hotels는 거의 20년 동안 접객 서비스 분야를 혁신하고 재정의했다. 전 세계를 휩쓸고 있는 W는 2025년까지 100개의 호텔에 도달할 예정이며, 상징적인 W 표지판이 있는 곳이면 어디에서나 전통적인 럭셔리의 규범을 깨고 있다. W는 최고의 음악, 패션, 디자인 및 연료를 전 세계의 멋진 목적지에 제공한다.	25개 이상의 국가 및 지역에 있는 55개 호텔	럭셔리
THE LUXURY COLLECTION	럭셔리 컬렉션 호텔 & 리조트는 오래도록 소중한 추억을 불러일으키는 독특하고 진정한 경험을 약속한다. 35개국에 있는 110개 호텔을 능가하는 The Luxury Collection은 포트폴리오 내에서 정통 토착 호텔과 리조트를 축하하고 홍보함으로써 세계 최대의 럭셔리 호텔 브랜드가 되었다. 각 호텔과 리조트 목적지의 고유한 매력과 보물에 대한 통로이다. 웅장한 장식, 멋진 설정, 완벽한 서비스 및 최신 현대 편의시설이 결합되어 독특하고 풍요로운 경험을 제공한다.	약 35개 국가 및 지역에 110개 이상의 호텔과 리조트	럭셔리
ST REGIS HOTELS & RESORTS	고전적인 세련미와 현대적인 감성을 결합한 St. Regis는 전 세계 최고의 도시에 있는 40개 이상의 고급 호텔과 리조트에서 탁월한 경험을 제공하기 위해 최선을 다하고 있다. 1세기 전 John Jacob Astor IV가 뉴욕에 첫 번째 St. Regis 호텔을 개장한 이래 모든 고객 맞춤 서비스와 예상 서비스를 제공하기 위해 최선을 다하고 있다. St. Regis는 현대적인 매력과 세련미를 우수성에 대한 헌신서비스와 함께 최고의 럭셔리 라이프스타일 환대 브랜드로 정의한다.	20개 국가 및 지역에 있는 40개 이상의 호텔	럭셔리
JW MARRIOTT	JW Marriott는 메리어트 브랜드 중 가장 품격 있고 고급스러운 시설을 완비한 특1급 호텔 브랜드이다. 메리어트 인터내셔널의 전신인 메리어트 코퍼레이션 창립자 J. Willard Marrriott를 기리기 위해 그의 이니셜 JW를 붙여 전 세계 주요 비즈니스 도시에만 주로 건립되고 있다. 최고급 시설을 갖춘 쾌적하고 아늑한 객실과 독특하고도 아름다운 건축미가 돋보이는 인테리어가 특징이다.	30개 국가 및 지역의 85개 호텔	럭셔리
BVLGARI HOTELS & RESORTS	불가리 호텔 & 리조트는 세계 최고의 럭셔리 환대 컬렉션을 지향한다. 도시에서 가장 고급스러운 지역 또는 리조트 목적지의 가장 유명한 지역에 위치하고 있으며 역 문화를 강력하게 언급하면서도 이탈리아의 현대적인 고급스러움으로 디자인 되었다. 불가리 호텔 & 리조트는 주변 환경과 인적 자원을 존중하면서 지속 가능한 럭셔리를 약속한다.	파리 2021, 로마 2022, 모스크바 2023, 마이애미 비치 2024, 도쿄 레스토랑	럭셔리

2) PREMIUM : 정교하고 사려 깊은 편의시설 및 서비스

로고	설명	규모	등급
SHERATON EST. 1937	Marriott International, Inc.의 일부인 Sheraton Hotels & Resorts는 전 세계 70개 이상의 국가 및 지역에 있는 약 450개 호텔에서 여행지를 쉽게 탐색하고, 휴식을 취하며 즐길 수 있도록 한다. 쉐라톤은 메리어트 포트폴리오 내에서 가장 글로벌한 브랜드이며 브랜드 혁신, 차별화된 디자인, 마케팅 및 서비스에 대한 날카로운 초점을 통해 고객 경험을 지속적으로 향상시키고 있다.	전 세계 70개 이상의 국가 및 지역에 있는 약 450개의 호텔	클래식 프리미엄
MARRIOTT	전 세계 60개 이상의 국가 및 지역에 약 550개의 호텔과 리조트를 보유한 Marriott Hotels는 고객 숙박의 모든 측면에서 고객의 여행을 발전시키고 있다. 업무와 여가를 결합하는 모바일 및 글로벌 여행자를 위해 대담하게 변화하는 Marriott는 스타일과 디자인 및 기술을 향상시키는 Great room 로비 및 모바일 게스트 서비스를 포함한 혁신으로 업계를 선도한다. 지속적으로 게스트 경험을 향상시키고 창의력을 키우겠다는 약속을 지키는 메리어트 호텔과 TED의 파트너십은 이제 실내 엔터테인먼트 시스템을 통해 제공되는 TED 강연의 영감을 주는 재생 목록을 제공한다.	전 세계 60개 이상의 국가 및 550개 이상의 호텔 및 리조트	럭셔리 프리미엄
MARRIOTT VACATION CLUB®	Marriott Vacation Club은 미국, 카리브해, 유럽, 아시아 및 호주 전역에 걸쳐 60개의 리조트와 12,000개 이상의 빌라 및 기타 숙박시설로 구성된 다양한 포트폴리오를 갖춘 고급 휴가 숙소이다. Marriott Vacation Club은 소유주와 그 가족에게 메리어트 이름이 알려지게 된 일관된 고품질의 따뜻한 환대를 특징으로 하는 다양한 휴가 경험을 즐길 수 있는 유연성을 제공한다. Marriott Vacation Club의 브랜드 확장인 Marriott Vacation Club Pulse^SM는 보스턴, 샌디에이고, 뉴욕시, 사우스 비치, 워싱턴 DC 등 활기 넘치는 도시 중심부에 숙박시설을 제공한다.	미국, 카리브해, 유럽, 아시아 및 호주 전역에 60개 이상의 리조트와 12,000개 이상의 시분할 빌라 및 기타 숙박시설	고급 휴가 숙소
DELTA HOTELS MARRIOTT	북미 최고의 4성급 브랜드 중 하나인 Delta Hotels는 미국, 캐나다, 중국 및 독일의 관문 도시에 60개 이상의 지점을 두고 있으며 2015년 Marriott International에 인수되었다. 델라 브랜드의 매력적이고 친숙한 객실, 무료 Wi-Fi 및 편리한 식사 옵션은 여행객들에게 편안하고 세련된 숙박장소를 제공한다.	미국, 캐나다, 중국 및 독일 전역의 관문 도시에 있는 60개 이상에 위치	클래식 프리미엄
WESTIN® HOTELS & RESORTS	10년 이상 호스피탈리티의 글로벌 웰빙 리더인 Westin Hotels & Resorts는 브랜드의 6가지 웰빙 요소인 잘 자고, 잘 먹고, 잘 움직이고 기분 좋게 일하고 잘 놀라는 목표를 가지고 운영 중이다. 거의 40개 국가 및 지역에 있는 225개의 호텔과 리조트에서 브랜드의 상징	전 세계 40개 국가 및 지역에 225개의 호텔 및 리조트	프리미엄

	적이고 수상경력이 있는 Heavenly Bed를 포함한 웰빙 서비스를 경험할 수 있다. Run Westin 프로그램, 획기적인 장비 대여 프로그램, 시그니처 Westin WORKOUT™ Fitness Studios의 TRX 및 Peloton 피트니스 장비가 제공된다.		
Le MERIDIEN	처음 10분이 머무는 동안 고객의 마음을 설정한다는 독점 연구를 기반으로 Le Méridien은 고객의 도착 경험을 기억에 남고 특별하게 만드는 4가지 특징적인 순간을 식별했다. Le Méridien의 도착 경험은 손님이 호텔 문 앞에 도착하는 순간 시작되어 호텔의 공용 공간을 통과하며 손님이 객실 문에 도착할 때까지 끝나지 않는다. 르 메르디앙은 전통적인 호텔 로비 공간을 창의적인 사람들이 모여 대화, 토론, 교류하는 르 메르디앙 허브로 재해석했다.	약 40개 국가와 지역에 100개 이상의 호텔과 리조트	프리미엄
R RENAISSANCE® HOTELS	이 브랜드는 여행자가 현지인과 어울리도록 장려한다. 특히 여행, 엔터테인먼트, 건축, 디자인, 요리법, 예술 및 문화와 관련하여 삶에 대해 최대한 호기심이 많고 열정적이다. 목적이 있는 여행 경험을 추구하고 목적지에 머무는 시간에 관계없이 여행을 최대한 활용할 수 있는 호텔 경험을 가능하게 해준다. 비즈니스 여행이 새로운 도시를 발견하는 것이라 생각하고 있다.	35개국 이상에 위치한 각 브랜드의 160개 호텔	프리미엄
AUTOGRAPH COLLECTION® HOTELS	오토 그래프 컬렉션 호텔은 고유한 브랜드 정신과 정체성을 가진 독립 호텔로, 다른 어떤 것과도 똑같지 않다. 두 개의 오토 그래프 컬렉션 호텔은 동일하지 않다. 이 브랜드는 네 가지 큐레이터 원칙에 따라 자산을 선택한다. 고유한 공예품과 디자인 및 환대에 대한 독특한 관점으로 엄선된 Autograph Collection 호텔은 지속적인 인상을 남기는 풍부한 몰입형 순간을 제공한다.	5개 호텔에서 170개 이상의 호텔	프리미엄
TRIBUTE PORTFOLIO	Tribute Portfolio는 게스트와 현지인 모두를 위한 생생한 소셜 장면을 만들기 위한 매혹적인 디자인 드라이브에 대한 열정으로 한데 모인 개성 있고 독립적인 호텔의 성장하는 글로벌 브랜드이다. Tribute Portfolio는 2015년 4월에 출시된 Marriott International의 최신 컬렉션 브랜드이다.	현재 시카고, 마이애미, 아르헨티나, 파리, 런던 및 싱가포르를 포함 32개 호텔	프리미엄
DESIGN HOTELS	Design Hotels™ 은 전 세계에서 유일무이한 독립적인 호텔로 구성된 선별된 포트폴리오로서, 디자인 중심의 환대에 대한 비전으로 시작된 것은 독특한 건축, 인테리어 디자인, 그리고 가장 중요한 것은 혁신적인 환대 경험과 동의어인 글로벌 라이프스타일 브랜드로 성장했다. "멕시코 최고의 건축 복원"을 수상한 고급 푸에블로 호텔부터 싱가포르 최초이자 유일한 창고 개	현재 전 세계적으로 300개 이상의 Design Hotels™ 이 있음	업퍼업스케일

	조 호텔에 이르기까지 호텔은 현지 문화에 뿌리를 둔 독특한 건축 디자인을 자랑한다.		
GAYLORD HOTELS®	테네시주 내슈빌의 2,800 Opryland Drive에 위치한 Gaylord Opryland Resort & Convention Center 는 Marriott 브랜드 포트폴리오의 일부인 Gaylord Hotels의 주력 호텔 중 하나이다. 2,888개의 객실을 보유한이 호텔은 SoundWaves 고급 실내 / 야외 수상 명소, 다양한 식사 옵션, 풀 서비스 스파, 최고 수준의 엔터테인먼트, 구내 쇼핑, 수상 경력에 빛나는 골프 코스 등 "모든 것을 한곳에서" 제공한다.	테네시주 내슈빌의 2,800 Opryland Drive에 위치	프리미엄

3) SELECT : 스마트하고 쉬운 편의시설 및 서비스

COURTYARD BY MARRIOTT	35년 전에 처음 문을 연 이래 Courtyard by Marriott는 훌륭한 일이 일어날 수 있는 환경을 만드는 데 전념해 왔다. 오늘날 Courtyard는 스마트하고 역동적인 호텔이다. 혁신적인 기술과 스타일 및 편안함이 결합된 브랜드의 현대적이고 개방적인 로비는 손님에게 일하거나 휴식을 취할 수 있는 유연성을 제공한다.	54개 이상의 국가 및 지역에 있는 1,100개 이상에 위치	클래식 셀렉트
SPRINGHILL SUITES BY MARRIOTT	SpringHill Suites는 고객이 집에서 멀리 떨어져 있는 시간을 즐길 수 있도록 "더 많은 것을 추가하는 작은 추가 기능"을 제공함으로써 비즈니스와 즐거움을 혼합하는 새로운 방식을 제공한다. 호텔의 속성은 스타일과 공간이 분리된 거실과 수면공간과 결합된 새로 디자인 된 넓은 스위트룸을 갖추고 있어 손님이 생산성을 높이거나 긴장을 풀 수 있다.	미국과 캐나다 전역에 400개 이상의 호텔	클래식 셀렉트
FOUR POINTS BY SHERATON	독립적인 여행자를 위해 설계된 Four Points는 진정한 서비스 및 전 세계에서 가장 중요한 모든 것과 함께 고객이 찾고 있는 시대를 초월한 스타일과 편안함을 제공한다. Four Points 호텔은 거대한 도심, 가장 가까운 공항 근처, 해변 또는 교외에 자리 잡고 있다. 이동 중 생산성 향상을 위해 노력하는 Four Points 는 무료 객실 내 물, 객실 내 및 공용 공간 Wi-Fi 등 전 세계 비즈니스 여행객에게 가장 필요한 것을 제공한다.	전 세계 300개 이상의 호텔	클래식 셀렉트
Fairfield BY MARRIOTT	Fairfield by Marriott는 이동 중에 집과 같은 편안함을 제공하도록 설계되었다. 단순함과 아름다움에 중점을 두는 Fairfield는 Marriott 가족 휴양지인 Fairfield Farm의 강력한 유산과 전통을 기반으로 고객에게 매력적이고 원활한 경험을 제공하는 따뜻	전 세계 1,000개 이상의 호텔	클래식 셀렉트

	함에 초점을 맞춘 환경을 만든다. 무료 Wi-Fi와 모든 투숙객을 위한 따뜻한 조식 외에도 Fairfield는 편안하고 매력적인 별도의 거실, 업무 및 수면 공간을 갖춘 세심하게 디자인 된 객실과 스위트룸을 제공한다.		
PROTEA HOTELS. MARRIOTT	Protea Hotels by Marriott는 아프리카의 선도적인 호텔 브랜드로, 사하라 이남 지역에 상당한 존재감을 가지고 있다. 비즈니스 및 레저 여행객 모두에게 이상적이며 해변 리조트, 도심 호텔, 산 주변의 휴양지 등 다양한 레저 목적지에 맞는 숙박서비스를 제공한다. 케이프 타운, 요하네스 버그 각 숙소는 독특한 현지 경험, 객실, 편의시설을 제공한다.	8개 아프리카 국가에 걸쳐 80개 이상의 호텔	클래식 셀렉트
AC HOTELS MARRIOTT®	AC Hotels에는 20개 이상의 국가 및 지역에 155개 이상의 디자인 주도 호텔이 있다. AC Hotels의 모든 순간은 고객이 여행을 극대화할 수 있도록 편안하고 고상하며 평소 하지 못했던 경험을 만들기 위해 설계, 제작되었다. 이 브랜드는 여행자가 기본이 아닌 디자인에 따라 삶을 살 수 있도록 원활하고 직관적인 경험을 제공하기 위해 진정으로 중요한 세부사항과 경험에 중점을 두었다.	현재 북미, 카리브해 및 남미, 유럽, 중동 및 아프리카에 걸쳐 159개의 디자인 중심 호텔을 운영	클래식 셀렉트
aloft® HOTELS	음악 제작자와 음악 애호가를 위한 브랜드인 Aloft Hotels는 현재 전 세계 25개 이상의 국가와 지역에서 175개 이상의 라이프스타일 호텔을 운영하고 있다. '항상 켜져 있는' 차세대 여행자를 위해 설계된 Aloft는 개성, 색상, 음악에 대한 집착과 음악이 만드는 문화를 선별된 서비스 범주에 주입하는 "디자인에 따라 다르다"라는 철학을 구현한다. Aloft는 Live At Aloft Hotels 글로벌 프로그램을 통해 떠오르는 아티스트 및 기타 음악 활동을 강조하는 활기찬 호텔 내 소셜 장면과 혁신적인 음악 프로그램을 강조하는 것으로 가장 잘 알려져 있다.	현재 전 세계적으로 176개의 라이프스타일 호텔을 운영	클래식 셀렉트
moxy HOTELS	Moxy는 고객이 원하는 모든 것을 제공하도록 설계된 저렴하며 개성있고 세련된 호텔 브랜드이다. 북미, 유럽 및 아시아 태평양 전역에 60개 이상의 체험 호텔을 연 Moxy는 바에서 체크인을 시작한다. 애니메이션 브랜드는 세련된 산업 디자인과 사교적인 서비스를 합리적인 가격에 결합하여 손님들이 공간을 절약하고 경험을 과시할 수 있도록 한다. 젊은이들을 위해 만들어진 Moxy는 무엇보다 일반적이지 않은 호텔, 열린 마음, 독창성을 중요시한다.	목시는 현재 북미, 유럽 및 아시아 태평양 전역에 걸쳐 62개의 호텔을 운영	클래식 셀렉트

4) LONGER STAYS : 장기 체류, 가정의 편안함을 반영하는 편의시설 및 서비스

Residence INN. BY MARRIOTT	Residence Inn by Marriott는 장기체류 숙박 부문의 글로벌 리더이다. 장기 체류를 위해 설계된 이 브랜드는 별도의 거실, 작업 공간 및 수면 공간이 있는 넓은 스위트룸을 제공하여 고객이 원하는 방식으로 여행할 수 있는 공간과 자유를 제공한다. 모든 기능을 갖춘 주방, 무료 식료품 배달 서비스, 24시간 시장 및 무료 아침식사를 통해 손님은 여행하는 동안 시간을 극대화할 수 있다.	10개 이상의 국가 및 지역에 위치한 800개 이상의 호텔	클래식 셀렉트
TOWNEPLACE SUITES® BY MARRIOTT	TownePlace Suites by Marriott는 장기체류를 목적으로 하며 경쾌한 현실주의 여행자에게 적합한 브랜드이다. 즉, 이상적인 수상 경력을 가진 장기체류 호텔 브랜드이다. 이 브랜드는 편안하고 현대적인 디자인을 특징으로 하며, 개인의 손길과 개성 있는 디테일이 특징인 심플하고 모던한 스타일로 손님이 방해받지 않고 지낼 수 있다. 스튜디오, 1 베드룸 및 2 베드룸 스위트, 완비된 주방, The Container Store의 정리된 옷장을 제공하는 이 브랜드는 생활과 업무 모두를 위한 사려 깊은 공간을 제공한다.	미국과 캐나다 전역에 400개 이상의 호텔	클래식 셀렉트
∞ Marriott. EXECUTIVE APARTMENTS	메리어트 이그제큐티브 아파트먼트는 단순히 투숙을 원하는 것이 아니라 집처럼 편안한 주거형 공간을 원하는 고객에게 최적화된 레지던스 호텔이다. 모든 객실에는 투숙객의 편의를 위해 주방이 준비되어 있으며, 오븐, 식기 세척기, 세탁기, 건조기 등이 생활에 필요한 주방 도구들과 함께 제공된다.	전 세계 16개국에서 운영되고 있으며 한국에는 여의도 파크센터 서울 운영 중	프리미엄
element BY WESTIN	50개 이상의 장기체류 호텔을 보유한 Element Hotels는 이동 중에 균형 잡힌 라이프스타일을 유지하고자 하는 활동적인 여행자를 위해 설계되었다. Element는 깨끗하고 현대적이며 밝은 아웃도어에서 영감을 받은 디자인 철학으로 장기체류 경험을 재정의했다. 지속 가능하고 자연에서 영감을 받은 미학을 자랑하는 모든 호텔은 넓고 통풍이 잘되는 스튜디오와 완비된 실내 주방, 스파에서 영감을 받은 욕실, 시그니처 Heavenly를 갖춘 1 베드룸 스위트를 갖추고 있다.	Element는 현재 북미, 유럽, 중동 및 아프리카, 아시아 태평양에 걸쳐 51개의 장기 숙박 호텔을 운영	클래식 셀렉트

(6) 메리어트 브랜드 계열 및 현황

LUXURY

CLASSIC LUXURY

1) 리츠 칼튼(The Ritz-Carlton) "Let Us Stay With You"

출처 : marriottdevelopment.com

1983년 창립 이래 전 세계 호텔 체인 중 가장 Luxury한 호텔로서의 명성을 이어가고 있는 리츠칼튼 브랜드는 그 시설뿐만 아니라 고객에 대한 서비스 하나하나에도 그 명예를 이어갈 수 있는 특별함을 추구하고 있다. 2020년 말 기준 전 세계적으로 109개의 호텔이 운영되고 있으며, 최상의 품격을 자랑하는 고급호텔의 대명사로도 알려져 있다. 또한 시장을 선도하는 브랜드 인지도와 운영성 및 강한 시장점유율(Market share)을 보인다. 메리어트 정통 최고급(Classic Luxury) 호텔로 분류되는 브랜드이다. 리츠칼튼은 또한 100년 역사를 지닌 브랜드이자 황금표준(The Gold Standards)과 크레도(the Credo), 서비스가치(Service Values) 등 정통서비스 기준을 가지고 있는 것으로도 유명하다.

〈표 4-1〉 The Ritz-Carlton의 분포현황(2020년 말 기준)

	호텔 수 (Properties)	객실 수 (Rooms)	경쟁사(Target Competitors)
전 세계	109	29,271	Four Seasons Mandarin Oriental The Peninsula
북미(미국&캐나다)	39	11,833	
유럽	13	3,080	
중동&아프리카	13	3,523	
아시아태평양	36	8,754	
캐리비안&라틴아메리카	8	2,081	

출처 : Annual Report 2020, Development Overview

기타 협력브랜드(Marriott BONVoY 미포함)

□ 리츠 칼튼 리저브(Ritz-Carlton Reserve) "Your Home at Ends of the Earth"

리츠칼튼 리저브는 리츠칼튼의 서브 브랜드이며 메리어트 본보이(Marriott Bonvoy)에는 포함되지 않은 협력브랜드이다. 한적한 위치에 자리한 특별한 호텔이다. 2021년 기준 전 세계 5곳(인도네시아 발리, 태국, 멕시코, 일본, 푸에르토리코)에 있다.

리츠칼튼 탄생기

여기서 잠깐!

리츠칼튼 호텔은 '호텔의 아버지'라고 불리는 세자르 리츠(Cesar Ritz, 1850~1918)가 1898년 프랑스 파리에 최고급 호텔 '리츠(Ritz)'와 1899년 영국 런던에 '칼튼(Carlton)'호텔을 세우면서 시작되었다. 호텔 '리츠'는 지금도 전 세계에서 가장 고급스러운 호텔로 손꼽히며, 세계 저명인사들이 이곳에서 지내는 것을 영광으로 여길 정도로 명성이 높은 호텔이다. 1905년 그는 미국을 거점으로 '리츠-칼튼 매니지먼트 컴퍼니'를 설립해 활동을 이어나갔으나 지병으로 얼마 뒤 사망하게 된다. 세자르 리츠가 세상을 떠나고 그의 아내가 사업을 이어받아 운영하던 중 유럽과 미국 일부 호텔에 리츠라는 이름을 사용할 수 있는 영업권을 제공하게 된다. 이에 미국 부동산업자에 의해 미국에 호텔이 건설되고 리츠칼튼이 개관하기 시작했다.

1927년 리츠칼튼 보스턴을 시작으로 뉴욕, 애틀랜타, 보카레톤, 필라델피아, 피츠버그에 호텔이 세워지기 시작했다. 그러나 곧이어 세계 대공황(1929년)을 겪으며 리츠칼튼은 많은 어려움을 겪었고 1940년까지 리츠칼튼 보스턴을 제외한 모든 호텔이 문을 닫게 된다. 이후 2차 세계대전, 1980년대 경기침체를 겪으면서 여러 차례 고비를 넘기며 재정적인 어려움을 겪게 된다. 마침내 리츠칼튼호텔은 1998년 메리어트 인터내셔널에 매각되어 산하 브랜드로 들어가게 된다. 이처럼 리츠칼튼의 소유권은 메리어트로 이전되었지만, 리츠칼튼의 경영진과 경영문화는 자율적이고 독자적으로 운영되고 있으며 지속적으로 성장하고 있다. 현재 리츠칼튼은 전 세계 100여 개의 호텔을 경영하고 있다.

리츠칼튼의 서비스

고난과 실패, 전환기를 겪으면서도 서비스와 품질에 대한 리츠칼튼 경영진의 신념은 변하지 않았으며 오히려 리츠칼튼의 서비스 정신은 전 세계적으로도 인정받고 있다.

'Ritzy(호화스러운, 화려한)', 'Put on the ritz(사치스럽게 꾸미다)'라는 영어단어는 리츠칼튼의 이름에서 유래된 단어일 만큼 리츠칼튼은 호화로움의 상징이다. '손님은 왕이다'라는 말은 세자르 리츠가 호텔 리츠파리를 운영하는 모토였다고 한다.

리츠칼튼의 서비스는 일명 '미스틱서비스(Mystique service)'라고 불리는데 이는 마치 하인들이 왕과 귀족들의 취향과 용무를 모두 알아 세심한 부분까지 말하지 않아도 처리해 주는 것처럼, 리츠칼튼의 직원들도 한번 왔다 간 고객에 대한 정보는 모두 잊지 않고 기록하고 공유하는 미스틱서비스를 한다는 것이다. 리츠칼튼에는 컴시어지(컴퓨터+컨시어지)가 따로 있을 정도로 고객정보에 대해 사소한 것까지도 모두 심혈을 기울여 관리하고 있다. 이러한 리츠칼튼의 경영방식은 하버드 경영대학원 교육과정에 포함되어 있을 정도로 유명하다.

Gold Standards

Ritz-Carlton Hotel Company, L.L.C.의 기초가 되는 서비스 기준이며 리츠칼튼의 경영철학이 담겨 있다. 여기에는 크레도, 서비스 3단계, 서비스 가치, 모토, 6번째 다이아몬드, 직원에 대한 약속이 포함되어 있다.

크레도(The Credo)

* 리츠칼튼이 직원들에게 나누어주는 3단 접이 포켓 카드이며, 이 안에 여러 국가의 언어로 호텔의 모토, 서비스 원칙 등이 쓰여 있다. 직원들은 항상 이 카드를 지니고 다니게 된다. 크레도라는 말은 '나는 믿는다'는 의미의 라틴어이다.

• 리츠칼튼은 고객들에게 진심 어린 환대와 안락함을 제공하는 일을 가장 중요한 사명으로 삼는다.

• 우리는 고객이 항상 따뜻하고 편안하며 세련된 분위기를 즐길 수 있도록 최상의 개인 서비스와 시설을 제공할 것을 약속한다.

• 리츠칼튼의 경험은 고객에게 활기를 불어넣고 행복감을 주며 고객이 표현하지 않은 소망과 욕구를 충족시킨다.

모토(Motto)

"We are Ladies and Gentlemen serving Ladies and Gentlemen(우리는 신사 숙녀 여러분을 섬기는 신사 숙녀이다)"

서비스의 3단계(Three Steps of Service)

1. 따뜻하고 진심 어린 인사를 한다.
2. 고객의 이름을 부르고, 모든 고객의 요구를 예상하고 충족시킨다.
3. 다정한 작별인사를 한다. 고객의 이름을 부르고 따듯하게 작별을 고한다.

서비스 가치(Service Value) : 나는 리츠칼튼 직원이라는 사실이 자랑스럽다.

*2006년 7월 리츠칼튼이 공식적으로 발표한 서비스 가치는 일인칭 문장으로 구성해 각 신사 숙녀의 권한을 강조했다.

1. 나는 평생 돈독한 인간관계를 형성하고 리츠칼튼 고객을 창조한다.
2. 나는 표현하든 표현하지 않든 상관없이 우리 고객의 소명과 욕구에 항상 대처한다.

3. 나는 우리 고객을 위해 독특하고 인상적이며, 개인적인 경험을 창조할 권한이 있다.

4. 나는 핵심 성공요소를 성취하고 커뮤니티 풋프린트를 수용하며 리츠칼튼 미스틱을 창조하는 과정에 내가 수행해야 할 역할을 이해한다.

5. 나는 리츠칼튼 경험을 혁신하고 개선할 기회를 지속적으로 모색한다.

6. 나는 고객의 문제를 책임지고 즉시 해결한다.

7. 나는 팀워크와 탁월한 서비스를 지원하는 업무환경을 조성해 고객과 동료들의 욕구를 충족시킨다.

8. 나는 끊임없이 배우고 성장할 기회를 가지고 있다.

9. 나는 나와 관련된 업무의 계획과정에 참여한다.

10. 나는 전문가다운 내 용모와 언어 그리고 행동에 자부심을 느낀다.

11. 나는 고객과 동료의 사생활과 안전 그리고 회사의 기밀정보와 자산을 보호한다.

12. 나는 탁월한 수준의 청결함을 유지하고 사고의 위험이 없는 안전한 환경을 조성할 책임이 있다.

6번째 다이아몬드(The 6th Diamond)

신비감(Mystique)

정서적 참여(Emotional Engagement)

기능적(Functional)

직원에 대한 약속(The Employee Promise)

1. Ritz-Carlton에서 신사 숙녀 여러분은 고객에 대한 서비스 약속에서 가장 중요한 자원입니다.

2. 신뢰, 정직, 존중, 성실 및 헌신의 원칙을 적용하여 우리는 각 개인과 회사의 이익을 위해 인재를 육성하고 극대화합니다.

3. 리츠칼튼은 다양성이 존중되고, 삶의 질이 향상되며, 개인의 열망이 성취되고, 리츠칼튼 미스틱이 강화되는 업무환경을 조성합니다.

직원을 우선에 두는 경영

1. **교육** : 신입이든 경력사원이든 입사하면 무조건 첫해 250시간의 교육을 받아야 하며, 교육이수 전에는 아무리 인원이 부족해도 현장에 투입하지 않는다. 교육은 회사 고위 임원들이 직접 참여하며 신입사원들의 이름을 직접 불러주면서 교육을 해서 직원들은 자신이 회사의 중요한 존재임을 인식하게 되는 중요한 계기가 된다.

2. **권한부여**(Empowerment) : 리츠칼튼이 시작한 너무도 중요한 인재경영방식이다. 직원들 스스로에게 권한을 부여하여 고객 1인당 하루에 최대 2,000달러까지 고객의 경험을 향 상시키거나 즉각적으로 문제를 해결하기 위해 지출할 결정권을 제공한다. 직책이 무엇이 든, 부서가 어디든 상관이 없다. 대부분의 회사가 먼저 상관에게 보고하고 결재가 난 후 고객에게 보상하는 것과 달리, 리츠칼튼은 직원이 먼저 조치하게 함으로써 적극적으로 고객불만 문제를 해결할 수 있도록 한다.

3. **보상** : 매년 'Day 365' 행사를 통해 모든 직원이 리츠칼튼 가족이 된 입사기념일을 축하 한다. 또 좋은 서비스를 제공한 직원들은 포상으로 별도로 거액의 상금과 호텔숙박권 및 다양한 혜택을 제공받기도 한다. 리츠칼튼이 직원에게 이렇게 투자한 것은 결국 안정적 인 서비스로 이어져 직원들이 다른 회사로 이탈하지 않도록 해주고 있다. 실제로 호텔업 계 평균 이직률이 60%에 육박한다지만, 리츠칼튼은 20% 정도에 불과하다는 것이 그것 을 증명하고 있다.

출처 : www.ritzcarlton.com, 한경뉴스, 2012.5.3일자 기사, 리츠칼튼 꿈의 서비스(조셉 미첼리)

2) 세인트 레지스(St. Regis) "Live Exquisite"

출처 : marriottdevelopment.com

    세인트 레지스 브랜드는 1904년 John Jacob Astor IV에 의해 처음 세워졌다. 100여 년이 지난 지금, 세인트 레지스는 2020년 말 기준으로 전 세계 46개 호텔을 운영하고 있다. 긴 역사를 통한 풍부한 유산과 현대에서 영감받은 매력을 더해 다음 세대를 이어 줄 수 있는 서비스를 제공한다. 높은 구매력을 가진 다국적 럭셔리 여행객들인 새로운 세대에게 어필할 수 있는 시대를 초월하는 디자인과 특별하고 우아한 개별 서비스 제공 을 통해 고객들에게 고급스러운 경험을 선사한다. 세인트 레지스 호텔 & 리조트는 과거 스타우드 호텔그룹의 브랜드였지만, 메리어트와의 합병으로 메리어트의 정통 최고급 (Classic Luxury) 호텔로 분류되는 브랜드이다.

〈표 4-2〉 St. Regis의 분포현황(2020년 말 기준)

	호텔 수 (Properties)	객실 수 (Rooms)	경쟁사(Target Competitors)
전 세계	46	10,017	
북미(미국&캐나다)	10	1,968	Four Seasons
유럽	7	1,002	Mandarin Oriental The Peninsula
중동&아프리카	6	1,788	Part Hyatt
아시아태평양	20	4,811	Rosewood
캐리비안&라틴아메리카	3	448	

출처 : Annual Report 2020, Development Overview

3) JW 메리어트(JW Marriott) "Focus on Feeling Whole"

출처 : marriottdevelopment.com

JW Marriott는 창립자인 J. Willard Marriott가 사람들을 배려했던 방식으로 편안한 여행을 추구하는 까다로운 여행자들을 위한 서비스를 제공한다. 2021년 기준으로 전 세계 32개 국가에서 도시 혹은 리조트 지역에 104개의 호텔을 운영하고 있다. JW 메리어트는 전 세계 모든 대륙에 걸쳐 진출하고 있으며, 포트폴리오의 절반 이상은 미국 이외의 지역에 있다. JW Marriott 호텔들은 매년 공신력 있는 세계적인 호텔평가 기관인 포브스 트레블 가이드(the Forbes Travel Guide) 선정 4 스타 등급과 AAA(American Automobile Association) 선정 4 다이아몬드 등급을 받아왔다. 그리고 2021년 스미스 트레블 리서치(the Smith Travel Research)의 체인 규모 등급에서 최고급(Luxury) 등급을 받았다. JW Marriott는 고객들로부터 인지도가 높으며, 모던한 인테리어로 디자인된 객실을 제공하는 정통 최고급(Classic Luxury) 호텔로 분류되는 브랜드이다.

〈표 4-3〉 JW Marriott의 분포현황(2020년 말 기준)

	호텔 수 (Properties)	객실 수 (Rooms)	경쟁사(Target Competitors)
전 세계	102	43,359	
북미(미국&캐나다)	34	18,658	Conrad Fairmont Grand Hyatt Shangri-La
유럽	7	2,205	
중동&아프리카	6	3,325	
아시아태평양	42	15,574	
캐리비안&라틴아메리카	13	3,597	

출처 : Annual Report 2020, Development Overview

Forbes Travel Guide

여기서 잠깐!

전 세계적으로 럭셔리호텔(Luxury Hotels), 레스토랑(Restaurant) 및 스파(Spa)를 평가하는 유일한 독립적인 기관이다. 럭셔리호텔만 평가하기 때문에 4 star라 하더라도 그 의미가 매우 높다.

AAA(American Automobile Association) Diamond Awards

1937년부터 80년이 넘게 AAA는 숙박시설과 레스토랑을 대상으로 현장 조사 및 등급평가를 시행해 왔으며 그 결과를 매년 회원들에게 발표하면서 서비스와 시설에 대한 유용한 정보를 제공해 왔다. AAA는 호텔의 등급을 결정해 온 미국의 호텔 등급 결정기구이며 매년 북미지역(미국, 캐나다, 멕시코 및 캐리비안) 국가들의 호텔 및 레스토랑의 등급을 평가하여 발표하고 있다. 등급은 다이아몬드로 분류하고 있으며 총 4개의 분류체계를 갖추고 있다.

〈표 4-4〉 호텔 등급 평가기관별 등급체계(2021년 기준)

	등급체계	의미
Forbes TRAVEL GUIDE	Five-Star	사실상 완벽한 서비스와 놀라운 시설을 갖춘 탁월하고(outstanding) 상징적인 호텔
	Four-Star	우수한(exceptional) 서비스와 그에 상응하는 시설의 품질을 제공하는 뛰어난 호텔
	Recommended	지속적으로 우수한 서비스와 시설을 제공하는 우수한(excellent) 호텔

	Five Diamond	일생에 한 번뿐인 경험과 편의시설을 갖춘 세계적 수준(world-class)의 럭셔리 호텔
	Four Diamond	우수한 서비스로 더욱 향상된 고급스러운(upscale) 스타일과 편의시설을 갖춘 호텔
	Three Diamond	종합적인(comprehensive) 편의시설, 스타일과 편안함을 갖춘(comfort level) 수준의 호텔
	Approved	업계 최고의 AAA 평가 기준을 충족하여 주목할 만한(noteworthy) 수준의 호텔

출처 : www.forbestravelguide.com; www.aaa.com/diamonds

DISTINCTIVE LUXURY

4) 럭셔리 컬렉션(The Luxury Collection) "Hotels That Define The Destination"

출처 : marriottdevelopment.com

럭셔리 컬렉션은 업계에서 가장 규모가 크고 유명한 럭셔리 호텔 포트폴리오 중 하나이다. 전 세계 다양한 지역의 정취가 담기며, 상징적인 호텔로 엄선하여 구성된 호텔로 현지의 모습을 다양하게 반영할 수 있는 콘셉트를 적용하고 있다. 2020년 말 기준 전 세계 119개 호텔이 운영 중이며, 모든 호텔은 그 지역에서 디자인과 고객 프로그램 측면에서 모두 독특한 특징을 가지고 있다. 럭셔리 컬렉션은 소규모 브랜드 또는 제휴프로그램보다 더 높은 브랜드 인지도와 위상을 가지고 있으므로 독립(Independent) 호텔보다 훨씬 더 탁월한 가치를 제공한다. 그리고 과거 1800년대 호텔들과 함께 오리지널 컬렉션 브랜드라고 할 수 있다. 메리어트에서 독특한 최고급(Distinctive Luxury) 호텔로 분류되는 브랜드이다.

〈표 4-5〉 The Luxury Collection의 분포현황(2020년 말 기준)

	호텔 수 (Properties)	객실 수 (Rooms)	경쟁사(Target Competitors)
전 세계	119	23,454	
북미(미국&캐나다)	17	5,090	Leading Hotels of the World(LHW) Rosewood Hotels & Resorts Waldorf Astoria Four Seasons Hotels & Resorts
유럽	48	7,092	
중동&아프리카	10	2,369	
아시아태평양	30	7,715	
캐리비안&라틴아메리카	14	1,188	

출처 : Annual Report 2020, Development Overview

5) W호텔(W Hotels) "Insider Access to What's New / Next"

출처 : marriottdevelopment.com

1998년 뉴욕시티에 첫 W호텔이 들어섰으며 2020년 말 기준 전 세계에서 59개 호텔이 운영되고 있다. 새로운 라이프스타일 브랜드 호텔로 세계 곳곳의 다양하고 개성 넘치는 느낌의 럭셔리 서비스를 콘셉트로 하는 브랜드이다. W호텔은 완전히 새로운 개념의 호텔을 만들어냈는데, 경계를 허무는 디자인과 W호텔에서만 경험할 수 있는 독특한 서비스가 바로 그것이다. 스타우드 소속 브랜드였지만 메리어트와의 합병으로 지금은 메리어트 브랜드가 되었으며 독특한 최고급(Distinctive Luxury) 호텔로 분류되는 브랜드이다.

〈표 4-6〉 W Hotels의 분포현황(2020년 말 기준)

	호텔 수 (Properties)	객실 수 (Rooms)	경쟁사(Target Competitors)
전 세계	59	16,452	The Standard Hotels Morgans Hotel Group The Thompson
북미(미국&캐나다)	24	7,182	
유럽	7	1,423	
중동&아프리카	5	1,850	
아시아태평양	16	4,245	
캐리비안&라틴아메리카	7	1,752	

출처 : Annual Report 2020, Development Overview

6) 에디션(EDITION) "The New Generation of Luxury"

출처 : marriottdevelopment.com

럭셔리와 라이프스타일의 조화를 추구하는 럭셔리 부티크 브랜드이다. 혁신적인 디자인과 다양한 식음료 및 엔터테인먼트 경험을 제공하는 콘셉트로 운영되고 있다. 라이프스타일 호텔에 있어서 새로운 장을 연 호텔이라 볼 수 있을 정도로 그 독특함이 매우 크다. 포브스(Forbes)는 에디션(EDITION)을 가리켜 "The World's Hottest Hotel Brand"라고 언급하기도 하였다. 에디션은 Ian Schrager가 메리어트 인터내셔널과의 파트너십을 통해 만들어졌는데, 개인적이고 친밀하며 개별화되고 독특한 투숙 경험과 메리어트의 글로벌한 호텔운영의 전문성 및 규모와 결합하여 시너지효과를 얻어냈다. 메리어트의 독특한 최고급(Distinctive Luxury) 호텔로 분류되는 브랜드이다.

〈표 4-7〉 EDITION의 분포현황(2020년 말 기준)

	호텔 수 (Properties)	객실 수 (Rooms)	경쟁사(Target Competitors)
전 세계	11	2,697	
북미(미국&캐나다)	4	1,209	
유럽	3	381	N/A
중동&아프리카	1	255	
아시아태평양	3	852	
캐리비안&라틴아메리카	-	-	

출처 : Annual Report 2020, Development Overview

기타 협력브랜드(Marriott BONVoY 미포함)

□ 불가리(BVLGARI Hotels & Resorts) "Contemporary Luxury in Hospitality"

출처 : marriottdevelopment.com

　　시계, 보석, 향수 및 가죽공예품으로 유명한 이탈리아 명품 브랜드 '불가리'가 메리어트와 협업하여 만든 럭셔리 호텔 브랜드이다. 불가리는 루이비통(Louis Vuitton), 모엣샹동(Moet&Chandon) 등을 소유하고 있는 LVMH(모엣 헤네시 루이 비통, Moët Hennessy · Louis Vuitton S.A.)그룹 소유이다. 불가리는 메리어트 30개 호텔 브랜드 중 하나지만, 멤버십 프로그램인 '메리어트 본보이'에는 참여하지 않는 브랜드이므로 진정한 의미에서 메리어트가 운영하는 브랜드라고 보기는 어렵다. 따라서 메리어트 본보이 포트폴리오상에서는 볼 수 없으나, 메리어트 개발홈페이지(marriottdevelopment.com)상의 메리어트 브랜드 포트폴리오에서는 볼 수 있다.

〈표 4-8〉 BVLGARI의 분포현황(2020년 말 기준)

	호텔 수 (Properties)	객실 수 (Rooms)	경쟁사(Target Competitors)
전 세계	6	523	N/A
북미(미국&캐나다)	–	–	
유럽	2	143	
중동&아프리카	1	120	
아시아태평양	3	260	
캐리비안&라틴아메리카	–	–	

출처 : Annual Report 2020, Development Overview

PREMIUM

CLASSIC PREMIUM

7) 메리어트 호텔(Marriott Hotels) "Inspiring Brilliance"

출처 : marriottdevelopment.com

메리어트 호텔이 자랑하는 편안한 분위기, 세련된 공간과 더불어 뛰어난 서비스를 경험할 수 있는 메리어트 대표 브랜드이다. 메리어트는 1957년 처음 호텔사업을 시작한 이후로 약 60년 동안 전 세계적으로 꾸준한 성장을 해왔다. 2020년 말 기준 전 세계에 585개의 호텔이 운영 중이다. 메리어트에서 정통 고급(Classic Premium) 호텔로 분류되는 브랜드이다.

〈표 4-9〉 Marriott Hotels의 분포현황(2020년 5월 기준)

	호텔 수 (Properties)	객실 수 (Rooms)	경쟁사(Target Competitors)
전 세계	585	205,825	
북미(미국&캐나다)	340	133,972	
유럽	100	25,946	Hilton Hyatt
중동&아프리카	26	8,110	
아시아태평양	90	30,008	
캐리비안&라틴아메리카	29	7,789	

출처 : Annual Report 2020, Development Overview

8) 쉐라톤(Sheraton) "Where the World Comes Together"

출처 : marriottdevelopment.com

원래 스타우드 호텔그룹 소속 브랜드였으나 메리어트와의 합병 이후 메리어트의 정통 고급(Classic Premium) 호텔로 분류되는 브랜드가 되었다. 전 세계 수많은 지역의 중심지에 분포하고 있는 브랜드이기도 하다. 1937년 어니스트 앤더슨(Ernest Henderson)과 로버트 무어(Robert Moore)가 미국 매사추세츠 스프링필드(Springfield, Massachusettes)에 있는 호텔을 처음 인수하여 오픈한 후 80년이 넘는 역사를 통해 전 세계적으로 지역사회에서 상징적인 유산과 전통, 깊은 신뢰와 인정을 얻고 있는 브랜드가 되었다.

2020년 기준으로 메리어트의 프리미엄급 브랜드 중에서 메리어트 호텔 다음으로 가장 많은 호텔이 전 세계 74개국에 450여 개 분포하고 있다. 전 세계 메리어트 그룹 내 full service 브랜드 중에서 핵심 시장에서 1 · 2위의 높은 브랜드 인지도를 가지고 있다. 메리어트 호텔과 경쟁호텔이 같을 만큼 다소 겹칠 수 있는 브랜드이나, 쉐라톤과 메리어트 호텔 모두 각각의 분위기와 특성이 다른 호텔이라 할 수 있다.

〈표 4-10〉 Sheraton의 분포현황(2020년 말 기준)

	호텔 수 (Properties)	객실 수 (Rooms)	경쟁사(Target Competitors)
전 세계	442	154,456	
북미(미국&캐나다)	183	70,245	
유럽	62	16,900	Hilton
중동&아프리카	30	9,299	Hyatt
아시아태평양	136	49,399	
캐리비안&라틴아메리카	31	8,613	

출처 : Annual Report 2020, Development Overview

9) 델타 호텔(Delta Hotels) "Simple Made Perfect"

출처 : marriottdevelopment.com

캐나다를 기반으로 시작하였으며, 캐나다에서는 가장 큰 풀 서비스호텔 체인에 속하며, 반면 아시아에서는 거의 볼 수 없다. 북미 최고의 4성급 브랜드 중 하나인 Delta Hotels는 미국, 캐나다, 중국, 중동 및 유럽의 관문 도시에 80여 개의 호텔에서 약 20,000여 개의 객실을 운영하고 있다(2020년 말 기준).

메리어트 인터내셔널이 2015년에 인수·합병하면서 메리어트 브랜드가 되었으며, 업스케일(upscale), 풀 서비스(full-service)를 제공하는 브랜드이다. 고객들에게 원활한(seamless) 여행 경험을 제공하는 것을 목표로 편리한 객실과 편리한 식사제공 및 편안하고 세련된 숙박서비스를 제공한다. 메리어트의 정통 고급(Classic Premium) 호텔로 분류된다.

〈표 4-11〉 Delta의 분포현황(2020년 말 기준)

	호텔 수 (Properties)	객실 수 (Rooms)	경쟁사(Target Competitors)
전 세계	85	20,292	
북미(미국&캐나다)	77	18,226	
유럽	5	728	DoubleTree by Hilton Crown Plaza
중동&아프리카	1	360	
아시아태평양	2	978	
캐리비안&라틴아메리카	–	–	

출처 : Annual Report 2020, Development Overview

CLASSIC PREMIUM LONGER STAYS

10) 메리어트 베케이션 클럽(Marriott Vacation Club) "Inspiring Experiences for Life"

출처 : www.marriottvacationclub.com

    Marriott Corporation은 1984년에 타임쉐어 사업을 시작한 최초의 호스피탤리티 회사가 되면서 탄생하게 된 브랜드이다. 전 세계의 다양하고 수준 높은 경험으로 휴가 라이프스타일을 살아가는 고객들을 위한 Timeshare Resorts & Vacation Club 형태, 즉 분할된 형태의 소유권(ownership)을 판매하는 형태로 운영되는 리조트이다. 동일한 호텔을 여러 소유권자가 이용할 수 있는 권한을 가지며 각 소유자에게 소유 및 권한 기간(1년, 52주 중 주 단위로 소유권을 구매)이 할당되는 방식이다. 따라서 일반 고객은 이용할 수 없다.

Marriott Vacation Club은 미국, 카리브해, 중앙아메리카, 유럽, 아시아 및 호주 전역에서 60개 이상의 리조트와 13,000개 이상의 휴가 빌라 및 기타 숙박시설로 구성된 다양한 포트폴리오를 갖춘 고급 휴가 소유 프로그램이다. 메리어트 베케이션 클럽은 소유주와 그 가족에게 메리어트라는 널리 알려진 브랜드로 일관된 고품질과 따뜻한 환대를 제공함으로써 다양한 휴가 경험을 즐길 수 있는 유연성을 제공한다. Marriott Vacation Club의 브랜드 확장판인 Marriott Vacation Club PulseSM은 뉴욕, 샌디에이고, 사우스 비치, 워싱턴 D.C., 보스턴, 샌프란시스코 등 활기찬 도시 중심부에 위치하고 있다.

11) 메리어트 이그제큐티브 아파트먼트(Marriott Executive Apartments) "Live Your Journey"

출처 : marriottdevelopment.com

기업 출장객들을 위한 장기투숙에 필요한 5성급 최고의 시설을 갖춘 숙박시설로 현지에 쉽게 적응할 수 있도록 안락한 생활공간을 제공하고자 만들어진 브랜드이다. 주로 비즈니스와 쇼핑, 엔터테인먼트의 중심지역에 위치한다. 대부분의 메리어트 이그제큐티브 아파트는 주로 중동과 아프리카, 유럽, 남아메리카 및 아시아와 같은 신흥 경제의 관문 도시에서 찾아볼 수 있다. 반면 북미지역에는 운영되는 곳이 없는 것이 특징이다. 2020년 말 기준 34개가 운영되고 있으며 그중 아시아에 가장 많은 18개가 있는데 그중 한 곳은 한국(서울 여의도)에 있다.

〈표 4-12〉 Marriott Executive Apartments의 분포현황(2020년 말 기준)

	호텔 수 (Properties)	객실 수 (Rooms)	경쟁사(Target Competitors)
전 세계	34	4,878	
북미(미국&캐나다)	–	–	
유럽	4	361	N/A
중동&아프리카	10	1,116	
아시아태평양	18	3,161	
캐리비안&라틴아메리카	2	240	

출처 : Annual Report 2020, Development Overview

DISTINCTIVE PREMIUM

12) 르메르디앙(Le MERDIEN) "Savour the Good Life"

출처 : https://www.marriott.com/marriott-brands.mi

1960년대 파리에서 탄생한 르메르디앙은 좋은 삶을 즐기고자 하는 유럽인들의 정신을 만족시킬 수 있는 콘셉트로 운영되는 호텔이다. 르메르디앙은 호기심 많고 창의적인 여행객들이 목적지에서 예상치 못한 매력을 경험할 수 있도록 한다. 또한, 시대를 초월하는 중세 모던 미학으로 세심하게 디자인되었으며 우아(chic)하고 화려한 모습이 대표적이다. 2020년 말 기준 전 세계적으로 약 40개 국가에 100여 개 호텔과 리조트가 있으며 메리어트의 차별화된 고급(Distinctive Premium) 호텔로 분류되는 브랜드다.

〈표 4-13〉 Le Merdien의 분포현황(2020년 말 기준)

	호텔 수 (Properties)	객실 수 (Rooms)	경쟁사(Target Competitors)
전 세계	109	29,287	
북미(미국&캐나다)	22	4,748	Hilton Intercontinental Loews Hyatt Regency
유럽	16	4,997	
중동&아프리카	22	6,588	
아시아태평양	47	12,683	
캐리비안&라틴아메리카	2	271	

출처 : Annual Report 2020, Development Overview

13) 웨스틴(Westin Hotels & Resorts) "Let's Rise"

출처 : marriottdevelopment.com

웨스틴 호텔 & 리조트는 호스피탤리티 산업 중에서도 뛰어난 웰니스(wellness) 브랜드로 알려져 있다. 획기적인 웰빙 프로그램과 전 세계적인 트렌드를 기본으로 개발된 독특한 브랜드 포지셔닝을 내세우고 있다. 고객들이 여행에서 그들의 일상에서의 활력을 높일 수 있도록 다양한 편의시설을 제공하고 있으며, 고객 개개인의 욕구를 충족시키기 위해 노력하고 있다. 웨스틴의 웰빙을 위한 6가지 원칙(Six Pillars of well-being)은 바로 잘 자고, 잘 먹고, 잘 움직이고, 잘 느끼고, 일 잘하고, 잘 노는 것(Sleep Well, Eat Well, Move Well, Feel Well, Work Well, and Play Well)이다. 2020년 말 기준으로 전 세계에는 225개의 웨스틴 호텔이 있다. 웨스틴은 과거 스타우드 브랜드였으나 메리어트와의 합병 이후 현재는 메리어트의 차별화된 고급(Distinctive Premium) 호텔로 분류되고 있다.

〈표 4-14〉 Westin의 분포현황(2020년 말 기준)

	호텔 수 (Properties)	객실 수 (Rooms)	경쟁사(Target Competitors)
전 세계	225	81,800	
북미(미국&캐나다)	130	52,705	
유럽	17	5,686	Hilton Hyatt
중동&아프리카	7	1,839	
아시아태평양	58	17,751	
캐리비안&라틴아메리카	13	3,819	

출처 : Annual Report 2020, Development Overview

14) 오토그래프 컬렉션 호텔(Autograph Collection Hotels) "Exactly Like Nothing Else"

출처 : marriottdevelopment.com

2010년 탄생하였으며 업스케일에서 럭셔리급 독립호텔들과 리조트들을 가맹점으로 두는 컬렉션 브랜드이다. 이들 가맹호텔 및 리조트들은 해당 지역에서 매우 우수하고, 상징적인 특징을 가진 곳들로 선별되고 있으며, 전 세계에서 여행객들이 선호하는 목적지에 위치하고 있다. 따라서 모든 호텔 및 리조트들이 분위기나 위치, 고객층이 다른 것이 특징이다. 부티크 호텔부터 럭셔리 호텔에 이르기까지 엄선된 호텔 브랜드로 개성 있는 디자인과 품격, 뛰어난 서비스를 자랑한다. 전 세계에 209개, 북미지역에 123개, 아시아지역에 12개가 있으며 그중 우리나라에 4개(서울 2곳, 판교 1곳, 대전 1곳)의 오토그래프 컬렉션 호텔이 있다(2020년 말 기준).

〈표 4-15〉 Autograph Collection의 분포현황(2020년 말 기준)

	호텔 수 (Properties)	객실 수 (Rooms)	경쟁사(Target Competitors)
전 세계	209	40,553	
북미(미국&캐나다)	123	25,449	Curio by Hilton Leading Hotels of the World Preferred Hotels Small Luxury Hotels
유럽	54	6,468	
중동&아프리카	7	1,640	
아시아태평양	12	3,245	
캐리비안&라틴아메리카	13	3,751	

출처 : Annual Report 2020, Development Overview

15) 르네상스 호텔(Renaissance Hotels) "Intriguing, Indigenous, Independent"

출처 : marriottdevelopment.com

　원래 윈덤 월드와이드 소속의 브랜드였으나 메리어트가 인수하였다. 르네상스는 호기심 많고, 모험심이 많으며, 모든 여행을 예상치 못한 것에서 영감을 얻는 기회로 생각하는 사람들을 위한 호텔이다. 특별하면서도 색다른 매력을 가진 르네상스 호텔은 고객들에게 여행의 모든 순간마다 최고를 경험할 수 있게 한다. 르네상스 호텔들은 모두 다양하지만, 브랜드 디자인 전략, 고객 경험 및 시그니처 서비스뿐만 아니라 고객 엔터테인먼트와 식음료 서비스에 강조를 두고 있다는 점에서는 공통점을 가진다. 전 세계적으로 르네상스 호텔은 176개의 호텔을 운영하고 있으며, 북미지역에 87개가 운영 중이다. 아시아에서는 대부분 중국에 위치하며, 우리나라에는 없다(2020년 말 기준).

〈표 4-16〉 Renaissance Hotels의 분포현황(2020년 말 기준)

	호텔 수 (Properties)	객실 수 (Rooms)	경쟁사(Target Competitors)
전 세계	176	55,478	Independent/Boutiques Kimpton Intercontinental
북미(미국&캐나다)	87	28,880	
유럽	33	7,846	
중동&아프리카	4	1,035	
아시아태평양	43	14,972	
캐리비안&라틴아메리카	9	2,745	

출처 : Annual Report 2020, Development Overview

16) 디자인 호텔스(Design Hotels) "Made By Originals"

출처 : www.marriott.com/marriott-brands.mi

스타우드에서 메리어트로 합병 시 옮겨온 컬렉션 브랜드이다. 소규모 고급 부티크호텔(Small Luxury Boutique Hotel)을 지향한다. 디자인 호텔스는 전 세계적으로 독특한 디자인 호텔들의 대표적 플랫폼이라 할 수 있다.

1993년 캘리포니아에서 클라우스 센들링거(Claus Sendlinger)라는 독일인에 의해 탄생하였다. 그는 디자인이 호텔에 있어 중요한 핵심요소가 되리라 생각하여 소형호텔 및 부티크 호텔, 개인소유의 호텔 등을 대상으로 회원제 형태로 운영하는 신개념 호텔 경영 사업을 시작했다. 사업 초기에는 회원이 10개에 불과했던 것이 매년 400개 이상의 호텔이 회원이 되기를 희망하는 호텔로 성장하게 되었다. 하지만 희망한다고 해서 모든 호텔이 디자인 호텔스 회원이 되는 것이 아니라 까다로운 심사과정을 거쳐야만 가입을 할 수 있다. 결국, 신청호텔의 5%만이 최종 선발되는데 독특한 건축디자인을 통해 고객을 향한 진정성과 열정을 보여줄 수 있는지가 관건이 된다.

북미보다는 유럽 쪽에 가맹호텔이 많은 편이다. 현재 전 세계적으로 300여 개의 호텔이 가맹되어 있으며 이 중 메리어트 멤버십 프로그램에 참여하고 있는 호텔은 101개다(2021년 기준).

〈표 4-17〉 Design Hotels의 분포현황(2021년 기준)

	호텔 수 (Properties)	객실 수 (Rooms)	경쟁사(Target Competitors)
전 세계	101	N/A	
북미(미국&캐나다)	11	N/A	
유럽	63	N/A	N/A
중동&아프리카	4	N/A	
아시아태평양	9	N/A	
캐리비안&라틴아메리카	13	N/A	

출처 : https://design-hotels.marriott.com/hotel-locations

17) 트리뷰트 포트폴리오(Tribute Portfolio) "Personality defines us. Character unites us."

출처 : marriottdevelopment.com

독특한 개성과 분위기를 추구하는 호텔과 리조트로 독립적 공간을 자랑한다. 스타우드가 메리어트에 인수되기 1년 전에 론칭한 브랜드이다. 오토그래프 컬렉션 및 디자인 호텔스와 비슷한 포지션을 가지고 있다. 독립 부티크 호텔들의 가맹형태로 구성되어 있다. 호텔이 위치한 지역의 독립적 문화를 반영하며, 풀서비스 및 라이프스타일 호텔서비스를 제공하고 있다.

〈표 4-18〉 Tribute Portfolio의 분포현황(2020년 말 기준)

	호텔 수 (Properties)	객실 수 (Rooms)	경쟁사(Target Competitors)
전 세계	48	6,971	Curio Leading Hotels of the World Preferred Independent Hotels
북미(미국&캐나다)	26	4,571	
유럽	11	1,139	
중동&아프리카	–	–	
아시아태평양	8	1,106	
캐리비안&라틴아메리카	3	155	

출처 : Annual Report 2020, Development Overview

18) 게이로드 호텔(Gaylord Hotels) "Experience Everything in one place"

출처 : www.marriott.com/marriott-brands.mi

1982년 에드워드 게이로드에 의해 처음 만들어진 대형 컨벤션 호텔 브랜드이다. 게이로드 호텔은 "Everything in one place" 콘셉트를 내걸고 있다. 즉, 호텔과 업스케일 리조트, 다양한 컨벤션시설, 비즈니스 행사, 엔터테인먼트 및 라이프스타일 경험을 모두 한곳에 모아놓은 호텔이다. 게이로드 호텔의 비전은 고객과 상호작용하며, 매력적이고, 가족지향적인 행사들로 여가를 보내는 고객들에게 의미있고 평생 잊지 못할 소중한 인생의 추억을 만들어줄 수 있는 독특함을 제공하는 것이다.

전 세계 미국에만 총 6개의 숙박시설이 있으며(5개는 호텔, 1개는 Inn) 리조트형 호텔이다. 또 하나의 특징은 호텔의 규모가 매우 크기 때문에 객실 수가 제일 작은 규모가 1,416개이며 가장 큰 곳은 2,888개에 이른다(2021년 기준). 메리어트에서는 차별화된 고급(Distinctive Premium) 호텔로 분류되고 있다.

〈표 4-19〉 Gaylord Hotels의 분포현황(2020년 말 기준)

	호텔 수 (Properties)	객실 수 (Rooms)	경쟁사(Target Competitors)
전 세계	6	9,918	Independent/Boutiques Kimpton Intercontinental
북미(미국&캐나다)	6	9,918	
유럽	–	–	
중동&아프리카	–	–	
아시아태평양	–	–	
캐리비안&라틴아메리카	–	–	

출처 : Annual Report 2020, Development Overview

SELECT

CLASSIC SELECT

19) 코트야드(Courtyard) "Everything Your Need to Move Forward"

출처 : www.marriott.com/marriott-brands.mi

코트야드는 30여 년 전 시장에 진입한 후 비즈니스 여행객들의 요구를 충족시키며 오랫동안 업계를 선도해 왔다. 코트야드는 비스트로 바(Bistro Bar : Fast casual restaurant)와 협업한 로비 공간과 같은 획기적인 편의시설을 도입하여 고급 카테고리의 디자인, 스타일 및 서비스의 경계를 넓혀가면서 지속적인 발전을 거듭하고 있다. 메리어트의 호텔 브랜드 중에서 가장 많은 수의 호텔분포가 있는 코트야드는 비즈니스 여행자들을 위해 만들어졌으며, 원활한 네트워크가 가능한 환경에서 완벽한 비즈니스 여행을 경험할 수 있도록 투숙객들의 편의를 돕기 위한 최고의 서비스를 제공하고 있다. 전 세계 58개 국에 1,200여 개의 호텔을 운영하고 있으며 지속적으로 세계적인 도심지나 시내 중심지, 시내 상점가와 지리적 위치가 뛰어난 곳을 중심으로 확장하고 있다(2020년 말 기준).

〈표 4-20〉 Courtyard의 분포현황(2020년 말 기준)

	호텔 수 (Properties)	객실 수 (Rooms)	경쟁사(Target Competitors)
전 세계	1,258	187,319	
북미(미국&캐나다)	1,058	146,913	
유럽	72	13,551	Hilton Garden Inn Hyatt Place Holiday Inn
중동&아프리카	8	1,684	
아시아태평양	79	18,454	
캐리비안&라틴아메리카	41	6,717	

출처 : Annual Report 2020, Development Overview

20) 포포인츠 바이 쉐라톤(Four Points by Sheraton) "ravel Reinvented"

출처 : www.marriott.com/marriott-brands.mi

포포인츠는 전 세계 어디에서나 업무와 여가 모두에서 편안함을 즐기고자 하는 여행 객들을 위한 브랜드이다. 시대를 초월하는 클래식함은 모던함과 더불어 조화를 잘 이루고 있다. 새로운 차원의 여행을 추구하는 포포인츠에서 중저가로 만족스런 서비스와 함께 품격 있는 클래식 스타일의 호텔을 경험할 수 있다. 포포인츠는 전 세계 45개국에 총 290개가 넘는 호텔이 운영되고 있다(2020년 말 기준).

〈표 4-21〉Four Points의 분포현황(2020년 말 기준)

	호텔 수 (Properties)	객실 수 (Rooms)	경쟁사(Target Competitors)
전 세계	295	54,943	Hyatt Place Hilton Garden Inn
북미(미국&캐나다)	158	23,836	
유럽	19	2,913	
중동&아프리카	16	4,058	
아시아태평양	83	21,636	
캐리비안&라틴아메리카	19	2,500	

출처 : Annual Report 2020, Development Overview

21) 스프링힐 스위트(Springhill Suites) "Feel Suites"

출처 : www.marriott.com/marriott-brands.mi

스프링힐 스위트는 전 객실이 스위트 형태를 띠면서 업스케일 서비스 수준을 갖춘 호텔 중 가장 큰 브랜드이다. 메리어트 브랜드 중에서도 지속적으로 고객만족도에 있어 높은 순위를 받아왔으며, 다양한 수상경력을 갖춘 서비스와 스타일리시한 디자인이 돋보이는 호텔이다. 전 세계적으로 북미(U.S. & Canada)지역에만 분포하고 있는 것도 또 하나의 특징이라 할 수 있다(2020년 말 기준).

〈표 4-22〉 Springhill Suites의 분포현황(2020년 말 기준)

	호텔 수 (Properties)	객실 수 (Rooms)	경쟁사(Target Competitors)
전 세계	488	57,590	Hyatt Place Hotel Indigo Hampton
북미(미국&캐나다)	488	57,590	
유럽	–	–	
중동&아프리카	–	–	
아시아태평양	–	–	
캐리비안&라틴아메리카	–	–	

출처 : Annual Report 2020, Development Overview

22) 프로테아 호텔(Protea Hotels) "Confidently Unique Hotels"

출처 : www.marriott.com/marriott-brands.mi

아프리카 최대규모의 호텔 브랜드로 훌륭한 개인 서비스와 함께 현지 감각이 돋보이는 디자인을 자랑하고 있다. 남아프리카를 포함해 아프리카 대륙 10개국에 70여 개 호텔이 운영되고 있으며, 아프리카 대륙에서 가장 높은 호스피탤리티 브랜드 인지도를 자랑하고 있다. 반면, 다른 대륙에서는 찾아볼 수 없는 브랜드이다. 고품질의 여행 경험을 추구하는 진보적이면서도 실용적인 여행객들을 위해 현대적 디자인과 편의시설 및 따뜻하고 개인적인 서비스를 제공하여 모든 고객이 소중하며 보살핌을 받고 있다고 느낄 수 있는 서비스를 제공하고 있다. 각 호텔은 매우 독특하게 디자인되어 있으며 진정한 정통 방식으로 현지의 맛을 느낄 수 있다.

〈표 4-23〉 PROTEA Hotels의 분포현황(2020년 말 기준)

	호텔 수 (Properties)	객실 수 (Rooms)	경쟁사(Target Competitors)
전 세계	74	7,851	
북미(미국&캐나다)	–	–	
유럽	–	–	
중동&아프리카	74	7,851	N/A
아시아태평양	–	–	
캐리비안&라틴아메리카	–	–	

출처 : Annual Report 2020, Development Overview

23) 페어필드 바이 메리어트(Fairfield by Marriott) "Welcome to the Beauty of Simplicity"

출처 : www.marriott.com/marriott-brands.mi

　페어필드 바이 메리어트는 전 세계적으로 1,100여 개의 호텔이 운영되고 있으며 대부분이 북미지역에 위치한다(2020년 말 기준). 안락한 공간과 100% 보장 서비스, 높은 가성비로 스트레스 없고 매력적인 편리한 여행 경험을 고객들에게 제공하도록 설계되어 있다. 전 세계에 많이 분포된 만큼 고객들에게 친숙한 이미지를 주고 있다. 고객들은 페어필드의 따뜻함과 편안함, 잘 꾸며진 공간, 친절한 직원의 서비스를 기대할 수 있는 브랜드다.

〈표 4-24〉 Fairfield by Marriott의 분포현황(2020년 말 기준)

	호텔 수 (Properties)	객실 수 (Rooms)	경쟁사(Target Competitors)
전 세계	1,132	111,064	
북미(미국&캐나다)	1,061	99,901	
유럽	-	-	Hampton Inn Holiday Inn Express
중동&아프리카	-	-	
아시아태평양	58	9,300	
캐리비안&라틴아메리카	13	1,863	

출처 : Annual Report 2020, Development Overview

CLASSIC LONGER STAYS

24) 레지던스 인(Residence Inn) "It's Not a Room, It's a Residence"

출처 : www.marriott.com/marriott-brands.mi

레지던스 인은 장기간 투숙하는 분들을 위해 고급스러운 서비스와 다양한 사교활동 및 현지체험 등이 마련되어 있는 호텔이다. 비즈니스 여행객 투숙객 중 약 1/3가량이 장기투숙객이다. 독특한 문화와 서비스모델로 장기투숙객들이 필요로 하는 욕구를 잘 충족시키고 있다. 레지던스 인은 시장 내 포지셔닝에서 성공을 거두고 있으며, 취사시설을 갖춘 스위트와 일반 객실의 혼합형태 및 좋은 가성비 조건은 비즈니스 여행객들뿐만 아니라 일반 가족단위 여행객들에게도 많은 사랑을 받는 이유가 되고 있다. 전 세계적으로 870여 개 호텔이 운영되고 있는데 그중 대부분(850여 개)은 북미지역에 있다(2020년 말 기준).

〈표 4-25〉 Residence Inn의 분포현황(2020년 말 기준)

	호텔 수 (Properties)	객실 수 (Rooms)	경쟁사(Target Competitors)
전 세계	874	107,680	
북미(미국&캐나다)	854	105,273	
유럽	13	1,569	Homewood Suites
중동&아프리카	3	294	Hyatt House
아시아태평양	–	–	
캐리비안&라틴아메리카	4	544	

출처 : Annual Report 2020, Development Overview

25) 타운플레이스 스위트(TOWNEPLACE SUITES) "Add Life to Longer Stays"

출처 : www.marriott.com/marriott-brands.mi

타운플레이스 스위트는 내 집처럼 편안하고 실용적인 업무 공간을 원하며 장기투숙을 희망하는 여행객들을 위한 호텔이다. 전형적인 객실형태는 현대적이며 넓은 공간에 주방설비를 갖춘 스위트 타입이다. 또한, 넓은 공용공간과 조식이 무료로 제공되는 것도 특징이다. 편안함과 창조적 웰빙 공간으로서의 디자인에 중점을 두고 설계되었다. 전 세계적으로 440여 개의 호텔이 운영 중이며 모두 북미지역에만 위치한다(2020년 말 기준).

〈표 4-26〉Towneplace Suites의 분포현황(2020년 말 기준)

	호텔 수 (Properties)	객실 수 (Rooms)	경쟁사(Target Competitors)
전 세계	446	45,320	Home2 Suites by Hilton Staybridge Suites Candlewood Suites
북미(미국&캐나다)	446	45,320	
유럽	–	–	
중동&아프리카	–	–	
아시아태평양	–	–	
캐리비안&라틴아메리카	–	–	

출처 : Annual Report 2020, Development Overview

DISTINCTIVE SELECT

26) AC호텔(AC Hotels by Marriott) "The Perfectly Precise Hotel"

출처 : marriottdevelopment.com

1999년 스페인 마드리드(Madrid, Spain)에서 탄생한 브랜드로, 스페인에 뿌리를 두고 유럽적인 감성이 혼합된 특징을 가지고 있다. 2011년 AC호텔과 메리어트 인터내셔널은 합작 투자(Joint Venture)를 통해 독특한 스타일과 디자인을 활용하고, 메리어트의 포트폴리오와 유통력을 갖춘 세계적인 고급호텔로서의 면모를 갖추어가게 된다. 전 세계적으로 180여 개의 호텔을 운영하고 있으며 대부분은 북미와 유럽지역에 분포한다.

〈표 4-27〉 AC Hotels by Marriott의 분포현황(2020년 말 기준)

	호텔 수 (Properties)	객실 수 (Rooms)	경쟁사(Target Competitors)
전 세계	176	26,929	
북미(미국&캐나다)	73	12,337	Hotel Indigo Canopy by Hilton Kimpton, Public, Joie de Vivre, independent boutique hotels
유럽	84	10,854	
중동&아프리카	1	188	
아시아태평양	4	1,296	
캐리비안&라틴아메리카	14	2,254	

출처 : Annual Report 2020, Development Overview

27) 알로프트(aloft) "Different by Design"

출처 : www.marriott.com/marriott-brands.mi

알로프트는 합리적인 가격에 제트세트 스타일(Jet-set style : 패션업계에 종사하는 디자이너, 모델, 사진작가 등과 같이 호화로운 제트기를 타고 세계여행을 다니는 사람들이라는 뜻)과 활력 넘치는 사교행사를 원하는 고객들을 위한 최적의 호텔이다. 과거 스타우드 그룹 내 'W호텔'의 요소를 물려받아 독특한 도시적 디자인과 테크놀로지 서비스, 음악 등 혁신적이고 트렌디한 다양한 문화적 요소가 호텔 분위기를 형성하고 있어, 기존의 전통적인 호텔과 확연하게 차별화될 수 있도록 만들고 있다. 새로움을 추구하는 여행객에게 어울리는 호텔로 가슴 뛰게 하는 도회적 공간과 활기 넘치는 친목장소를 갖추고 있다. 전 세계적으로 약 200여 개의 호텔이 분포하고 있다(2020년 말 기준).

〈표 4-28〉 aloft의 분포현황(2020년 말 기준)

	호텔 수 (Properties)	객실 수 (Rooms)	경쟁사(Target Competitors)
전 세계	192	31,650	
북미(미국&캐나다)	134	19,619	
유럽	10	1,614	Hilton Garden Inn Hyatt Place
중동&아프리카	8	2,006	
아시아태평양	30	6,732	
캐리비안&라틴아메리카	10	1,679	

출처 : Annual Report 2020, Development Overview

28) 목시 호텔(Moxy Hotels) "Play On"

출처 : www.marriott.com/marriott-brands.mi

　목시호텔은 즐거움을 추구하는 여행객들을 끌어들이는 놀이터 역할을 하며, 고객들이 원하는 모든 것을 저렴한 가격에 제공하고 있다. 미니멀한 스타일, 아늑한 객실과 활기찬 친목 공용공간을 갖추고 있어 즐겁고 편안한 시간을 보낼 수 있는 새로운 여행방식을 제안한다. 이 브랜드는 효율적인 객실과 적은 인력 모델을 특징으로 하고 있어 도심지역에 위치하기에 적합하다. 현재 전 세계에서 운영되고 있는 호텔 수(약 80여 개)보다 현재 건설 중인 호텔 수(120여 개)가 훨씬 더 많아(2021년 기준) 향후 발전이 기대되는 브랜드이기도 하다.

〈표 4-29〉 Moxy의 분포현황(2020년 말 기준)

	호텔 수 (Properties)	객실 수 (Rooms)	경쟁사(Target Competitors)
전 세계	74	14,535	Citizen M, Tommie, Generator, Motel One, Pod 39, Mama Shelter, Yotel
북미(미국&캐나다)	21	4,149	
유럽	47	9,227	
중동&아프리카	–	–	
아시아태평양	6	1,159	
캐리비안&라틴아메리카	–	–	

출처 : Annual Report 2020, Development Overview

DISTINCTIVE SELECT LONGER STAYS

29) 엘리멘트(element by Westin) "Space to Live Your Life"

출처 : www.marriott.com/marriott-brands.mi

　　2013년 스타우드 그룹 내 웨스틴이 추가(side) 브랜드를 론칭하면서 탄생한 브랜드이다. 이후 2016년 스타우드와 메리어트의 합병으로 메리어트로 편입되었다. 밝고 탁 트인 현대적인 디자인, 친환경적인 편의시설 및 혁신적인 고객 경험과 웰빙을 추구하는 한층 새로워진 서비스로 장기투숙 고객들의 만족을 끌어내고 있다. 빠르게 확장하는 포트폴리오를 통해 엘리먼트는 장기체류 숙박부문을 변화시키고 있다. 전 세계적으로 약 70여 개의 호텔이 운영되고 있으며 대부분은 북미지역에 집중되어 있다. 여기에 현재 약 100여 개의 호텔이 추가로 건설 중(2021년 기준)인 것으로 보아 앞으로의 발전 가능성이 엿보이는 브랜드이다.

〈표 4-30〉 element의 분포현황(2020년 말 기준)

	호텔 수 (Properties)	객실 수 (Rooms)	경쟁사(Target Competitors)
전 세계	65	9,370	
북미(미국&캐나다)	55	7,387	
유럽	2	293	Homewood Suites Hyatt House
중동&아프리카	2	437	
아시아태평양	6	1,253	
캐리비안&라틴아메리카	-	-	

출처 : Annual Report 2020, Development Overview

30) 홈 & 빌라(Homes & Villas by Marriott International)

출처 : www.marriott.com/marriott-brands.mi

2019년 탄생하였으며 일반 메리어트 호텔 브랜드들과 다르게 2010년대 대세를 보였던 공유경제의 경향으로 집을 빌려주는 형태의 서비스이다. 그 당시 공유숙박업계 1위를 차지했던 '에어비앤비'를 공략하기 위한 전략으로 탄생했던 브랜드였다. 단, 에어비앤비와의 차이점은 메리어트와의 장점과 브랜드 명성을 살려, 고급 주택만을 선별해서 에어비앤비와는 차원이 다른 고급 서비스를 제공한다는 것이다. 홈앤빌라는 론칭 이후 2년 만에 등록된 숙소가 1만 개를 넘을 정도로 가파른 성장세를 기록하기도 하였다. 미국과 유럽, 카리브해 지역, 라틴아메리카 전역에 걸쳐 100개 이상의 여행지에 있는 2,000개 이상의 프리미엄 고급 주택을 만나볼 수 있다.

(7) 메리어트 대표 브랜드 로고(Logo) 분석

1) THE RITZ-CARLTON

- 심벌(Symbol) : 왕관과 사자상의 조화
- 이미지 : 우아함, 세련됨, 고귀한 태도.
- 의미 : 사자와 왕관 리츠칼튼 로고는 영국 왕실 인장(왕관)과 금융 후원자(사자)의 로고가 혼합된 것이다.

로고는 세자르 리츠가 만들었으며, 1965년 Cabot, Cabot & Forbes(WynerEstate의 상속자들과 복잡한 협상 후 1964년에 시작된 보스턴 호텔 소유주들)는 1927년의 보스턴 호텔의 로고가 "충분히 훌륭하지 않다"고 결정한 후 로고를 오늘날 사용되는 것으로 수정했다. 1920년대 후반에 애틀랜틱 시티와 뉴욕의 리츠칼튼 호텔들은 똑같은 로고가 아니라 비슷한 로고를 가지고 있었다. 이 시기에 리츠칼튼 호텔의 전신인 유럽의 리츠 런던 로고는 사자로 구성되어 있었고, 리츠파리 로고에는 왕관이 들어 있었다.

출처 : www.theritzlondon.com

[그림 4-4] 더 리츠런던 로고와 전경

현재 사용하는 리츠-칼튼 로고는 1983년 윌리엄 존슨이 리츠-칼튼 보스턴 운영권을 매입하여 '리츠-칼튼 호텔 컴퍼니'를 설립하게 되면서 사용하게 된 로고이다. 이후 1998년 리츠칼튼은 메리어트인터내셔널에 인수되어 산하 브랜드가 되었지만, 로고는 그대로 사용하고 있다.

출처 : 호텔리츠파리 홈페이지(https://www.ritzparis.com)

[그림 4-5] 리츠파리 로고와 전경

2) JW MARRIOTT

- 심벌(Symbol) : 그리핀(Griffin)
- 이미지 : 그리핀은 사자의 용맹함과 힘, 독수리의 비상과 비전의 결합을 의미하며, 오래전부터 제왕이나 여왕을 상징하는 존재로 여겨져 왔다.
- 의미 : 수호자 역할을 하는 그리핀은 구전을 통해 전해져 오는 대로 빈틈없는 경계와 충성심, 강함, 그리고 민첩함을 뜻하며, 이는 곧 JW 메리어트의 직원이 갖추어야 할 자세를 의미하기도 한다. 또한, 몇 천 리 밖에 있는 것도 감지할 수 있는 그리핀의 눈은 고객의 요구를 즉시 알아내어 품격 있는 서비스를 제공해 드릴 수 있다는 약속을 의미한다.

로고란

여기서 잠깐!

상품이나 회사에 적용되는 시각 디자인을 말한다. 원래 로고는 글자로만 디자인을 했기 때문에 로고타입(Logytype)나 워드마크(wordmark)로 불리기도 하였으나 점차 그림도 그 범주 안에 포함하게 되어 다양하게 변화하였다.

로고는 다음의 4종류로 구분된다.
- 로고(Logo) : 브랜드 이름을 읽을 수 있도록 텍스트로 만들어진 것을 말한다.
- 심벌(Symbol) : 로고에서 이미지로 된 부분을 말한다.(예 : Apple사의 사과모양, 나이키의 낫 모양 등)
- 엠블럼(Emblem) : 주로 학교, 스포츠단체, 자동차 로고 등에서 많이 볼 수 있는 로고 디자인이다. 어떤 도형 안에 글자가 같이 쓰여 있는 형태이다. 즉, 이미지와 텍스트의 결합된 형태로 이것을 하나로 인식한다.
- 콤비네이션(Combination) : 심벌과 로고가 결합된 형태를 말한다. 대부분의 경우 이러한 조합으로 많이 이루어져 있다.

CI와 BI란?

- CI(Corperate Idendity) : 회사의 독자성(정체성)을 통일된 이미지나 디자인, 또 알기 쉬운 메시지로 나타낸 형태를 말한다. 일반적으로 로고를 활용한다.
- BI(Brand Identity) : 브랜드의 독자성(정체성)을 나타내는 것으로, 다른 상품과 구별되는 가치를 나타내는 것이다. 즉, 색상, 디자인, 로고 등 브랜드의 가시적 요소로서 소비자들의 마음속에서 그 브랜드를 식별하고 구별시켜 줄 수 있는 것을 말한다. 고객의 마음에 특정 이미지를 심어주기 위한 것이다.

출처 : marriott.com(2021년 기준)

[그림 4-6] Marriott BonVoy Portfolio

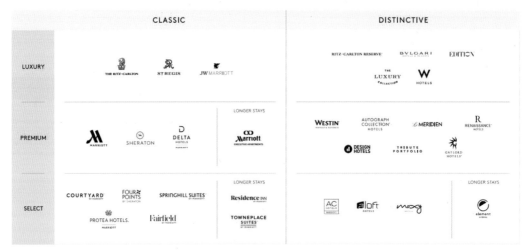

출처 : Marriott Development - Brand architecture(2021년 기준)

[그림 4-7] Marriott Brand Portfolio

 Hilton

(1) 탄생 및 역사

1919년에 콘래드 힐튼(Conrad N. Hilton)이 미국에 세운 다국적 호텔 기업으로, 모회사는 힐튼 월드와이드 (Hilton Worldwide)이다. 100년이 넘는 오랜 역사를 가  지고 고급호텔 및 리조트에서부터 장기투숙 스위트룸 및 중저가호텔에 이르기까지 다양한 사업을 운영하는 회사이다.

첫 호텔사업의 시작은 1919년 콘래드 힐튼이 텍사스주에서 첫 호텔(모블리 호텔)을 인수하면서부터였다. 그리고 '힐튼(Hilton)'이란 이름을 처음으로 사용하기 시작한 것은 1925년 시카고 댈러스('Dallas Hilton')에서였다. 이후 힐튼은 1943년 뉴욕시에 있는 '루스벨트 앤 플라자 호텔(Roosevelt and Plaza)'을 매입하면서 미국 최초 전국적인(coast to coast) 호텔그룹으로 성장하게 된다. 그리고 1946년 Hilton Hotels Corporation이 설립되어 뉴욕 증권거래소에 상장되기도 하였다. 1947년 뉴욕시의 루스벨트 호텔은 객실에 TV를 설치한 세계 최초의 호텔로 기록되고 있다.

1949년 푸에르토리코에 카리브 힐튼을 개장하면서 'Hilton International'이 탄생하게 된다. 또한, 같은 해에 Conrad Hilton이 뉴욕에 있는 구 월도프 아스토리아를 매입하게 된다. 1954년에 스태틀러 호텔(Statler Hotel : 호텔 역사상 합리적인 가격으로 상용호텔 commercial hotel의 대중화를 열었던 역사적 호텔)을 1억 1,100만 달러에 인수하면서, 그 당시 부동산 거래금액으로는 최고를 기록했으며 동종 업계에서 세계에서 가장 큰 호텔 기업이 되었다.

1959년에는 380개의 객실을 보유한 샌프란시스코 에어포트 힐튼(Airport Hilton)을 개장하면서 공항 호텔의 개념을 처음으로 도입하였다. 1965년에는 여성 여행객만을 위해 설계된 최초의 호텔인 레이디 힐튼(Lady Hilton)을 출범, 엄선된 호텔에 여성 전용층과 객실을 두었으며 여성에 맞춘 특별 편의시설도 마련하였다. 1967년 Trans World Airlines 가 Hilton International을 인수하게 되면서 Conrad Hilton은 사장직을 사임하고 회장이 된다.

1987년 힐튼이 상용 고객 프로그램인 'Hilton Honors'를 도입하여 현재까지 같은 이름으로 운영하고 있는데 1994년에는 Hilton Honors 포인트와 항공 마일리지를 동시에 적립하는 제도를 만들면서 경쟁 호텔의 상용 고객 프로그램을 넘어서는 경쟁력을 갖추게 된다.

2006년 Hilton Hotels Corporation은 Hilton International을 다시 인수하면서 40년 만에 처음으로 여러 회사를 다시 통합하고 힐튼의 전 세계 브랜드 포트폴리오를 늘려 나가고 있다. 2007년 미국 부동산 및 기업 사모펀드 계열사 블랙스톤(The Blackstone Group)과의 합병을 완료하고 2009년 힐튼호텔 법인은 이름과 로고를 'Hilton Worldwide'로 바꾸고 본사를 캘리포니아(California)주 비벌리힐스(Beverly hills)에서 버지니아(Virginia)주 맥클린(McLean)으로 이전하였다.

2021년 기준 힐튼월드와이드의 호텔은 전 세계 119개국에 18개 브랜드, 6,500개가 넘는 호텔 지점을 두고 있으며 여러 항공사 및 차량 임대 업체와 제휴를 맺고 있다.

Conrad Hilton이 1925년에 '힐튼'이라는 이름으로 처음 호텔을 열 당시 그의 목표는 텍사스 최고의 호텔을 운영하는 것이었다. 그의 헌신과 리더십, 혁신에 힘입어 현재 힐튼은 전 세계에서 가장 존경받는 브랜드 중 하나가 되었다.

☐ Hilton의 연혁

1919~1930

1919년

텍사스주 시스코(Cisco, Texas)의 객실 40
개짜리 모블리(The Mobley) 호텔을 매입하
여 호텔경영을 시작함

당시 텍사스가 유전개발로 투자꾼들이 몰
렸고 힐튼의 뛰어난 경영능력으로 많은 수
익을 얻게 됨

1925년

시카고 텍사스에 처음으로 힐튼 이름을 가
진 고층 호텔을 오픈함(댈러스 힐튼 Dallas
Hilton)

에어컨이 발명되기 전이기 때문에 해질녘 서
쪽에서 드는 햇살 때문에 객실이 더워지는
것을 방지하기 위해 건물 설계단계부터 건물
서쪽은 객실을 배치하지 않고 고객이 이용하
지 않는 설비를 배치함

출처 : 힐튼 공식홈페이지

1927년

텍사스주 애빌린(Abilene), 웨이코(Waco)에
각각 새로운 호텔을 오픈함

호텔 내 공용공간에 냉수와 에어컨시설을 갖
춘 최초의 호텔로 기록됨

출처 : 힐튼 공식홈페이지

1940년대

1943년

뉴욕시에 있는 루스벨트(Roosevelt) 호텔과
플라자(Plaza) 호텔을 인수하며 미국 전역의
대도시에 진출함

미국 내 최초의 전국적(coast-to-coast : 대서
양에서 태평양까지 넓은 영역으로 미국 내
전 지역을 의미함)인 호텔그룹이 됨

출처 : 힐튼 공식홈페이지

1946년

Hilton Hotels Corporation 설립

미국 내 호텔업계 최초로 뉴욕 증권거래소
(NYSE : New York Stock Exchange)에 주식
을 상장하며 미국 호텔업계 최정상에 오름

출처 : 힐튼 공식홈페이지

1947년

루스벨트(Roosevelt) 호텔에 객실 내 TV가
설치됨(세계 최초)

출처 : 힐튼 공식홈페이지

1949년

푸에르토리코(Puerto Rico)에 카리브 힐튼
(Caribe Hilton)을 개장하면서 본격적인 해외
진출을 위해 힐튼 인터내셔널(Hilton Inter-
national)을 설립

출처 : 힐튼 공식홈페이지

카리브 힐튼의 바텐더 레이몬 몽쉬토 마레오(Ramon Monchito Marrero)가 유명한 칵테일 '피냐 콜라다(Pina Colada)' 레시피를 완성

1949년

뉴욕의 전설적인 호텔(The Greatest of Them All) 월도프 아스토리아(Waldorf Astoria) 매입

출처 : 힐튼 공식홈페이지

1949년

Conrad Hilton이 유명잡지 타임스(Times) 표지에 실림(호텔리어로서 최초, 1963년에도 다시 표지에 실렸음)

출처 : 힐튼 공식홈페이지

1950년대

1954년

스태틀러 호텔(Statler Hotel)을 1억 1,100만 달러에 매입함(그 당시 부동산 최고거래가) 힐튼은 호텔업계에서 가장 큰 기업이 됨

출처 : 힐튼 공식홈페이지

1955년

최초로 중앙 예약 사무소(CRO : Central
Reservation Office), HILCRON을 만듦
전화(telephone), 전보(telegram),
텔레타이프(teletype)로 예약을 받음

출처 : 힐튼 공식홈페이지

1955년

힐튼이 운영하던 모든 호텔에 에어컨시설을
도입함(업계 최초)

출처 : 힐튼 공식홈페이지

1955년

2차 세계대전 이후 유럽에 최초의 현대식 호
텔 Hilton Istanbul을 오픈함
이 호텔에 자체 우편번호와 우표가 발행됨

출처 : 힐튼 공식홈페이지

1959년

380개 객실을 보유한 샌프란시스코 공항호
텔(San Francisco Airport Hilton)을 개장
최초의 '공항호텔(airport hotel)' 개념을 도입

출처 : 힐튼 공식홈페이지

1960년대

1964년

Conrad Hilton을 사장으로 둔 Hilton
International이 별도의 회사로 설립됨
2년 후 콘래드 힐튼의 아들인 바론
힐튼(Barron Hilton)이 아버지를 이어 국내
Hilton Hotels Corporation의 사장이 됨

출처 : 힐튼 공식홈페이지

1965년

여성 여행객들을 대상으로 하는 최초의
여성전용호텔 '레이디 힐튼(Lady Hilton)'
개관
여성 전용층과 객실, 여성에 맞춘 특별
편의시설을 제공함

출처 : 힐튼 공식홈페이지

1967년

Trans World Airlines가 힐튼 인터내셔널(Hilton
International)을 인수함
Conrad Hilton이 사장직을 사임하고 회장으로
취임함

출처 : 힐튼 공식홈페이지

1969년

최초의 더블트리(DoubleTree) 호텔이
애리조나주 스코트데일(Scottsdale, AZ)에 문을 엶

1970년대

1970년

Flamingo Hotel과 Las Vegas International을 매입함으로써 국내 최초 게임 사업을 시작한 NSYSE 상장기업이 됨
이 호텔은 나중에 라스베이거스 힐튼(Las Vegas Hilton)으로 이름이 변경됨

출처 : 힐튼 공식홈페이지

1979년

Conrad Hilton이 향년 91세로 별세

출처 : 힐튼 공식홈페이지

1980년대

1982년

창업주 이름을 딴 콘래드 힐튼(Conrad Hilton)이 설립됨
콘래드 호텔은 세계 주요 상업도시 및 관광도시에서 럭셔리 호텔과 리조트 네트워크를 운영한다는 목표로 설립되었으며 힐튼 포트폴리오에서 최상급 브랜드임

출처 : 힐튼 공식홈페이지

1984년

최초의 엠버시 스위트(Embassy Suites)가 미
주리주 캔자스시티 오버랜드 파크(Kansas
City Overland Park, MO)에 문을 엶

출처 : 힐튼 공식홈페이지

1984년

최초의 햄튼 인(Hampton Inn)이 테네시주
멤피스(Memphis, TN)에 문을 엶

출처 : 힐튼 공식홈페이지

1987년

고객 충성 프로그램인 힐튼 에이치아너스
(Hilton HHonors)를 도입함

출처 : 힐튼 공식홈페이지

1989년

최초의 홈우드 스위트(Homewood Suites)호
텔이 네브래스카주 오마하(Omaha, NE)에
문을 엶

출처 : 힐튼 공식홈페이지

1989년

햄튼호텔이 최초로 100% 만족 보장(100% Hampton Guarantee)제도를 시행함
(고객이 만족하지 않았을 경우 돈을 받지 않겠다고 보증해 주는 제도)

출처 : 힐튼 공식홈페이지

1990년대

1990년

힐튼 가든 인(Hilton Garden Inn)이 4개 지점으로 출범함
지점 수는 나중에 500개 이상으로 늘어남

출처 : 힐튼 공식홈페이지

1994년

Hilton HHonors 프로그램이 호텔 회원들에게 호텔포인트와 함께 항공사 마일리지를 동시에 적립할 수 있는 제도를 호텔업계 최초로 시작함

출처 : 힐튼 공식홈페이지

1995년

Hilton의 웹사이트 www.hilton.com 탄생

출처 : 힐튼 공식홈페이지

2000년대

2002년

힐튼 월드와이드 리조트(Hilton Worldwide
Resorts)가 휴양지 주택개념의 자회사로 출
범함

출처 : 힐튼 공식홈페이지

2006년

Hilton Hotels Corporation이 Hilton International을
다시 인수
40년 만에 여러 회사를 통합하게 됨

출처 : 힐튼 공식홈페이지

2007년

Hilton Hotels Corporation이 미국 사모펀드
투자회사인 블랙스톤 그룹(The Blackstone
Group)과 합병함

출처 : 힐튼 공식홈페이지

2009년

Hilton Hotels Corporation이 힐튼월드와이드(Hilton
Worldwide)로 이름과 로고를 변경함
본사를 캘리포니아주 비벌리힐스(Beverly Hills)에
서 버지니아주 맥클린(McLean, Virginia)으로 이전함

출처 : 힐튼 공식홈페이지

2009년

독점 평가시스템인 라이트스테이(Light
Stay)를 포트폴리오 전체 브랜드 표준으
로 공표하고 세계 각지에서 지속가능성
성과를 평가하고 있음

출처 : 힐튼 공식홈페이지

2009년

모바일 기기를 위한 첫 번째 애플리케이션을 출시함. 앱을 통한 예약, 체크인, 호텔찾기, 회원마일리지 리워드점수, 도착 전 어메니티 주문 등을 할 수 있게 됨

출처 : 힐튼 공식홈페이지

2010년대

2011년

장기 숙박시장의 새로운 개념인 홈2 스위트(Home2 Suites)가 노스캐롤라이나주 페이엇빌(Fayetteville, NC)에 처음으로 문을 엶

출처 : 힐튼 공식홈페이지

2011년

햄튼 호텔(Hampton Hotels)이 기업가 전문잡지 앙트리프리너 매거진(Enterpreneur Magazine)의 Franchise 500 랭킹 1위에 선정

출처 : 힐튼 공식홈페이지

2013년

힐튼월드와이드가 HLT라는 종목이름으로 뉴욕증권거래소에 등록됨

출처 : 힐튼 공식홈페이지

2014년

객실 디지털 키(Digital Key) 기술을 도입
체크인과 체크아웃, 객실출입이 스마트폰에
설치된 힐튼 Honors 애플리케이션으로 가
능해짐

출처 : 힐튼 공식홈페이지

2019년

힐튼 창립 100주년. 2019년 기준 세계 119개 국가와 자치령
에 6,110개 호텔과 97만 1,000여 개 객실을 보유
포춘지(Fortune magazine)와 그레이트 플레이스 투 워
크(Great Place to Work)가 선정한 '미국에서 가장 일하
기 좋은 기업' 1위(#1 Best Company to Work for in the
U.S.), '세계에서 가장 일하기 좋은 기업 25'에서 2위(#2
World's Best Workplace)에 오르며 4년 연속 순위권 25위
안에 듦

출처 : 힐튼 공식홈페이지

(2) 호텔 분포현황 및 발전

힐튼(Hilton)은 전 세계적으로 가장 오래된 역사를 가진 호텔그룹이다. 2021년 기준
으로 힐튼은 전 세계 119개 국가 및 자치령에 18개 브랜드, 6,500여 개 이상의 호텔을
보유하고 있는 호텔그룹이다. 세계 최고 환대기업을 향한 사명을 다하고자 노력해 온
힐튼은 100년이 넘는 역사를 자랑하며, 30억 명 이상의 투숙객에게 서비스했으며, 2019
년 세계에서 가장 일하기 좋은 기업에도 선정되는 등 호텔업계를 선도하는 대표적인 호
텔그룹 중 하나이다.

ONE OF THE WORLD'S LARGEST, FASTEST-GROWING HOSPITALITY
COMPANIES

18
BRANDS

119
COUNTRIES

More than 6,500
PROPERTIES WORLDWIDE

출처 : 힐튼 공식홈페이지(www.hilton.com/en/corporate)

[그림 4-8] 힐튼월드와이드 브랜드 분포현황(2021년 기준)

힐튼은 2021년 기준 전 세계 119개 국가 및 자치령에 분포된 세계적인 호텔 기업임이 틀림없다. 그렇다면 각 브랜드가 전 세계적으로 어떻게 분포되어 있는지를 좀 더 자세히 살펴보도록 하겠다. 우선 힐튼 공식홈페이지에 방문하면 [그림 4-9]와 같이 힐튼이 보유 하고 있는 브랜드가 소개되어 있다. 또한, 18개 브랜드 중에서 시그니아 바이 힐튼(Signia by Hilton)과 템포 바이 힐튼(TEMPO by Hilton) 2개 브랜드는 신규 론칭한 브랜드이기 도 하다.

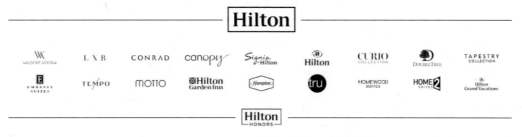

출처 : 힐튼 공식홈페이지(www.hilton.com/en/corporate)

[그림 4-9] 힐튼 브랜드 포트폴리오(2021년 기준)

이제 본서에서는 과거 힐튼 홈페이지에 공시했던 힐튼 브랜드 포트폴리오 자료 및 힐튼의 브랜드 현황자료와 기업 보고서 내용(annual report)을 바탕으로 힐튼의 브랜드 분포현황에 대해 아래와 같이 정리해 보고자 한다.

〈표 4-31〉 Hilton 전 세계 분포현황(2020년 12월 31일 기준)

		U.S.	America (U.S. 제외)	Europe	Middle East & Africa	Asia Pacific
Hotels	Properties	5,108	325	452	103	423
	Properties %	78.8%	5%	7%	1.6%	6.5%
	Rooms	720,221	56,295	95,538	30,267	106,317
	Other	10 properties 3,925 rooms				
	Properties %	0.2%				
Timeshare	Hilton Grand Vacation	56 properties 9,030 rooms				
	Properties %	0.9%				
Total	Properties	6,478				
	Rooms	1,019,287				

출처 : Hilton Annual Report 2020, p.9

	Classic	Collection	Life Style	Extended Stay
LUXURY	WALDORF ASTORIA HOTELS & RESORTS CONRAD HOTELS & RESORTS	L X R HOTELS & RESORTS		
UPPER UPSCALE	Hilton HOTELS & RESORTS Signia by Hilton	CURIO COLLECTION by Hilton	canopy BY HILTON	EMBASSY SUITES by HILTON
UPSCALE	DOUBLETREE by Hilton Hilton Garden Inn	TAPESTRY COLLECTION by Hilton	TEMPO by Hilton	HOMEWOOD SUITES by Hilton
UPPER MIDSCALE	Hampton by HILTON		MOTTO by Hilton	HOME2 SUITES BY HILTON
MIDSCALE			tru by Hilton	
TIMESHARE				Hilton Grand Vacations

출처 : 저자작성

[그림 4-10] Hilton Brand Portfolio(2021년 기준)

(3) 힐튼의 경영철학

1) 비전(VISION)

"To fill the earth with the light and warmth of hospitality — by delivering exceptional experiences — every hotel, every guest, every time."

"특별한 경험을 제공함으로써 모든 호텔에서, 모든 고객에게, 모든 순간에 환대의 빛과 따뜻함으로 이 땅을 채우기 위함이다."

출처 : 힐튼 공식홈페이지

2) 기업사명(MISSION)

"To be the most hospitable company in the world — by creating heartfelt experiences for Guests, meaningful opportunities for Team Members, high value for Owners and a positive impact in our Communities."

"고객을 위한 진심 어린 경험 창조, 팀원을 위한 의미 있는 기회 제공, 소유주를 위한 높은 가치, 지역사회에 끼치는 긍정적인 영향력을 통해 세계에서 가장 친절한 회사가 되기 위함이다."

출처 : 힐튼 공식홈페이지

3) 가치(Values)

HOSPITALITY (접객서비스)	We're passionate about delivering exceptional guest experiences. 힐튼은 고객에게 최고의 경험을 선사하고자 항상 최선을 다한다.
INTEGRITY (진실성)	We do the right thing, all the time. 힐튼은 항상 옳은 일만 한다.
LEADERSHIP (리더십)	We're leaders in our industry and in our communities. 힐튼은 호텔업계의 리더이자 지역사회의 리더이다.
TEAMWORK (팀워크)	We're team players in everything we do. 힐튼은 모든 일을 협력하여 진행한다.

OWNERSHIP (주인의식)	We're the owners of our actions and decisions. 힐튼은 주체적으로 결정하고 행동한다.
NOW (바로 지금)	We operate with a sense of urgency and discipline. 힐튼은 원칙을 가지고 민첩하게 움직인다.

출처 : 힐튼 공식홈페이지

(4) 힐튼 브랜드 계열 및 현황

LUXURY

1) 월도프 아스토리아 호텔 & 리조트(Waldorf Astoria Hotels & Resorts)

　힐튼이 보유한 럭셔리 브랜드 중에서도 최상급 럭셔리 브랜드이다. 월도프 아스토리아 호텔 & 리조트는 전 세계 유명 여행지에 자리 잡고 있으며, 지역 특유의 문화와 역사 및 풍부한 전통 유산을 신선하고 현대적인 감각으로 재현하여 고객에게 특별한 환경과 잊을 수 없는 최상의 서비스를 제공하는 것을 목표로 한다. 고객 맞춤형 서비스를 제공하여 럭셔리 브랜드 명성에 걸맞은 최상급의 프라이빗 서비스를 제공한다. 전 세계 15개 국가 및 지역에 34개 호텔이 있다(2021년 기준). 월도프 아스토리아는 원래 힐튼 브랜드

는 아니었지만 힐튼 브랜드가 되기까지 재미있는 역사적 배경과 에피소드가 숨어 있어 호텔 역사에서 더욱 많이 회자되는 호텔이기도 하다. 월도프 아스토리아에 숨겨진 자세한 이야기는 뒤에 다시 언급하도록 하겠다.

〈표 4-32〉 Waldorf Astoria Hotels & Resorts의 분포현황(2020년 12월 31일 기준)

	국가 및 자치령	호텔 수 (Properties)	객실 수 (Rooms)	경쟁사(Target Competitors)
전 세계	15	33	10,018	Four Seasons Mandarin Oriental Peninsula Ritz Carlton Rosewood Hotels & Resorts St. Regis
미국		14	5,913	
아메리카(미국 제외)		2	261	
유럽		6	1,361	
중동 및 아프리카		5	1,224	
아시아태평양		6	1,259	

출처 : Hilton Annual Report 2020

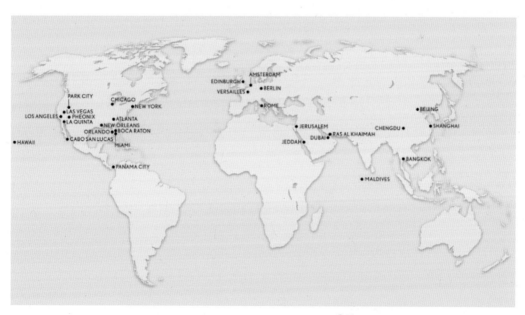

출처 : www.waldorftowers.nyc/ko/hotel

[그림 4-11] 세계의 월도프 아스토리아 호텔 분포현황

2) 콘래드 호텔 & 리조트(Conrad Hotels & Resorts)

출처 : 힐튼 공식홈페이지 뉴스룸

스마트한 럭셔리를 브랜드의 콘셉트로 표방하고 있으며, 고객이 여행기간 동안 직관적 서비스와 특별한 체험을 누릴 수 있는 최상급의 서비스를 제공한다. 콘래드 호텔 & 리조트는 도심지의 세련된 객실 혹은 휴양지의 럭셔리 리조트 형태의 서비스를 모두 제공하고 있으며 전 세계 21개 국가 및 자치령에 39개 콘래드 브랜드가 진출하고 있다 (2021년 기준). 우리나라에도 여의도에 콘래드 서울(Conrad Seoul)이 2012년에 개관하였다.

〈표 4-33〉 Conrad Hotels & Resorts의 분포현황(2020년 12월 31일 기준)

	국가 및 자치령	호텔 수 (Properties)	객실 수 (Rooms)	경쟁사(Target Competitors)
전 세계	21	39	13,057	Fairmont Intercontinental JW Marriott Park Hyatt Sofitel
미국		7	2,434	
아메리카(미국 제외)		1	324	
유럽		4	1,155	
중동 및 아프리카		4	2,183	
아시아태평양		23	6,961	

출처 : Hilton Annual Report 2020

3) LXR Hotels & Resorts

출처 : 힐튼 공식홈페이지 뉴스룸

LXR 호텔 & 리조트는 2018년에 탄생한 힐튼의 럭셔리 계열 호텔로 세계적인 휴양 명소에서 럭셔리 리조트를 표방하며 두바이와 런던을 시작으로 전 세계로 확장 중이다. 아직은 신생 브랜드이기 때문에 전체적인 호텔의 분포 수는 작다. 전 세계 7개국에 단 9개 호텔만이 존재하고 있다(2021년 기준, LXR 공식홈페이지). LXR 호텔 & 리조트는 현지에서만 경험할 수 있는 독특하고 뛰어난 경험을 제공하는 데 초점을 맞추고 있으며, 컬렉션(collection) 형태로 현지의 독립 럭셔리호텔들을 모아놓은 형태이다.

아래 표 내용은 LXR의 2020년 12월 31일 기준 2020년도 Hilton Annual Report에 공시되었던 내용을 바탕으로 작성되었으며, 계속 확장 중이기 때문에 수치에 있어 현재 호텔 수 및 객실 수와는 다소 차이가 있음을 참고하기 바란다. 2021년 기준으로는 전 세계 7개국에 8개 호텔이 있으며, 미국 내에도 3개 호텔이 오픈하였으며(라스베이거스, 시애틀, 산타 모니카), 일본 도쿄에도 1개 호텔이 오픈하였으나 아래 표 내용에는 포함되지 않았다.

〈표 4-34〉 LXR Hotels & Resorts의 분포현황(2020년 12월 31일 기준)

	국가 및 자치령	호텔 수 (Properties)	객실 수 (Rooms)	경쟁사(Target Competitors)
전 세계	4	4	693	
미국		–	–	Leading Hotels of the World Legend Preferred Hotels & Resorts Small Luxury Hotels of The World The Luxury Collection
아메리카(미국 제외)		1	76	
유럽		2	383	
중동 및 아프리카		1	234	
아시아태평양		–	–	

출처 : Hilton Annual Report 2020

UPPER UPSACLE

4) 캐노피 바이 힐튼(Canopy by Hilton)

출처 : 힐튼 공식홈페이지 뉴스룸

캐노피 바이 힐튼은 활기찬 분위기의 투숙객 지향 서비스와 사려 깊은 현지 옵션(현지 디자인, 식음료, 문화, 편안한 공간 등)을 통해 "즐거운 투숙 경험"을 선사하는 브랜드이다. 즉, 고객과 현지인이 긍정적인 현지 체류를 할 수 있도록 이웃을 구현하는 활기찬 라이프스타일, 부티크 콘셉트를 지향하고 있다. 전 세계 7개국에 28개 호텔이 운영 중이다(2021년 기준).

〈표 4-35〉 Canopy by Hilton의 분포현황(2020년 12월 31일 기준)

	국가 및 자치령	호텔 수 (Properties)	객실 수 (Rooms)	경쟁사(Target Competitors)
전 세계	6	27	4,489	25 hours Hotels Hyatt Centric Joie de Vivre Kimpton Le Meridien Renaissance
미국		20	3,363-	
아메리카(미국 제외)		1	174	
유럽		2	263	
중동 및 아프리카		1	200	
아시아태평양		3	489	

출처 : Hilton Annual Report 2020

5) 시그니아 바이 힐튼(Signia by Hilton)

출처 : 힐튼 공식홈페이지 뉴스룸

인기 도시와 휴양지에 위치한 새로운 프리미어 회의 및 이벤트 호텔이다. 힐튼 Honors 프로그램을 활용하여 유일무이하고 다이내믹한 회의실 및 이벤트 공간을 세계 정상급 디자인으로 선보인다. 시그니아 바이 힐튼은 모던 럭셔리(modern luxury)를 지향하며, 어반 리조트(urban resort)를 표방한다. 특히 MICE 산업에 특화된 브랜드라고 볼 수 있으며, 최고급 모던 미팅 & 이벤트 공간을 가지고 있는 것이 가장 큰 특징이다. 또한, 웰니스, 디자인, 최첨단 기술의 키워드로 시대에 맞는 가치를 확립하고 있다. 현재 미국 애틀랜타, 인디애나폴리스, 올랜도 등 상공업이 발달한 도시에 위치하고 있다(2021년 기준).

〈표 4-36〉 Signia by Hilton의 분포현황(2020년 12월 31일 기준)

	국가 및 자치령	호텔 수 (Properties)	객실 수 (Rooms)	경쟁사(Target Competitors)
전 세계	1	3	-	
미국		3	-	
아메리카(미국 제외)		-	-	Grand Hyatt
유럽		-	-	JW Marriott
중동 및 아프리카		-	-	
아시아태평양		-	-	

출처 : Hilton Annual Report 2020

6) 힐튼 호텔 & 리조트(Hilton Hotels & Resorts)

출처 : 힐튼 공식홈페이지 뉴스룸

한 세기(100년) 동안, 힐튼 호텔 & 리조트는 세계 여행자들을 자랑스럽게 맞이해 왔던 힐튼의 대표 브랜드이다. 힐튼 호텔 & 리조트는 6개 대륙 전역에 580여 개의 호텔을 통해 차별화된 여행 경험의 기반을 제공하고, 호텔 문을 나서는 모든 고객을 가치 있게 여긴다. 힐튼 호텔 & 리조트는 힐튼 브랜드 중 객실 수 기준으로 전체의 21.1%를 차지하고 있어 Hampton by Hilton(27.7%)에 이어 두 번째로 분포율이 가장 많은 호텔 브랜드이기도 하다(2020.12.31. 기준).

〈표 4-37〉 Hilton Hotels & Resorts의 분포현황(2020년 12월 31일 기준)

	국가 및 자치령	호텔 수 (Properties)	객실 수 (Rooms)	경쟁사(Target Competitors)
전 세계	93	580	214,788	Hyatt Hyatt Regency Marriott Sheraton Westin
미국		239	100,381	
아메리카(미국 제외)		49	17,099	
유럽		131	38,946	
중동 및 아프리카		47	16,495	
아시아태평양		114	41,867	

출처 : Hilton Annual Report 2020

7) 큐리오 컬렉션 바이 힐튼(Curio Collection by Hilton)

출처 : 힐튼 공식홈페이지 뉴스룸

2014에 론칭한 독특한 호텔들의 컬렉션(collection) 브랜드이다. 각 호텔은 각 도시에서 자신만의 역사와 특징을 가지고 있다. 지역마다 독립적이고 놀라운 호텔로 구성된 컬렉션으로 각 호텔은 독특한 분위기와 개성을 기준으로 엄선되어 현지에서만 느낄 수 있는 독특한 분위기와 개성을 여행객들에게 전달한다. 큐리오 컬렉션 바이 힐튼은 전 세계 27개국에 100여 개의 호텔을 운영하고 있다(2021년 기준).

〈표 4-38〉 Curio Collection by Hilton의 분포현황(2020년 12월 31일 기준)

	국가 및 자치령	호텔 수 (Properties)	객실 수 (Rooms)	경쟁사(Target Competitors)
전 세계	27	96	17,518	Autograph Collection Design Hotels Destination Hotels The Unbound Collection
미국		53	11,814	
아메리카(미국 제외)		12	1,276	
유럽		20	2,366	
중동 및 아프리카		5	1,041	
아시아태평양		6	1,021	

출처 : Hilton Annual Report 2020

8) 엠버시 스위트 바이 힐튼(Embassy Suites by Hilton)

출처 : 힐튼 공식홈페이지 뉴스룸

힐튼 브랜드에서 1983년 처음으로 론칭한 브랜드이다. 여행객의 필요를 예측하고 가장 중요한 부분을 해결해 주고 투숙객은 2객실형 스위트(two-room suites), 무료 주문형 조식, 매일 밤 2시간 동안 제공되는 무료 음료 및 스낵을 즐길 수 있고 200여 곳의 특별한 위치에서 엠버시 스위트 바이 힐튼의 모든 매력을 경험할 수 있다. 전 세계 5개국에서 259개가 운영되고 있다(2021년 기준). 그중 대부분은 미국, 캐나다 등 북미에 집중 분포되어 있다.

〈표 4-39〉 Embassy Suites by Hilton의 분포현황(2020년 12월 31일 기준)

	국가 및 자치령	호텔 수 (Properties)	객실 수 (Rooms)	경쟁사(Target Competitors)
전 세계	5	258	59,795	Hyatt Regency Marriott Sheraton Westin
미국		250	57,792	
아메리카(미국 제외)		8	2,003	
유럽		–	–	
중동 및 아프리카		–	–	
아시아태평양		–	–	

출처 : Hilton Annual Report 2020

UPSACLE

9) 더블트리 바이 힐튼(DoubleTree by Hilton)

출처 : 힐튼 공식홈페이지 뉴스룸

비즈니스 및 레저 여행객에게 인기 있고 빠르게 성장하는 고급 호텔 브랜드이다. 더블트리 바이 힐튼은 지난 50년 이상 사려 깊고 친절한 서비스부터 따뜻한 웰컴 초콜릿 칩 쿠키까지, 투숙 시작부터 최대한 편안하게 지낼 수 있도록 돕는 데 최선을 다해온 브랜드이다. 특히 투숙 시 제공되는 웰컴 초콜릿 쿠키인 더블트리 쿠키가 상징이 되고 별도로 판매도 하고 있다. 전 세계 49개국에서 620개가 운영되고 있으며 우리나라에도 첫 더블트리가 서울 판교에 2022년 오픈예정이다(2021년 기준).

〈표 4-40〉 DoubleTree by Hilton의 분포현황(2020년 12월 31일 기준)

	국가 및 자치령	호텔 수 (Properties)	객실 수 (Rooms)	경쟁사(Target Competitors)
전 세계	48	616	141,364	Courtyard by Marriott Crown Plaza, Delta Holiday Inn, Radisson Sheraton Wyndham
미국		371	88,691	
아메리카(미국 제외)		39	7,634	
유럽		115	20,982	
중동 및 아프리카		19	4,421	
아시아태평양		72	19,636	

출처 : Hilton Annual Report 2020

10) 태피스트리 컬렉션 바이 힐튼(Tapestry Collection by Hilton)

출처 : 힐튼 공식홈페이지 뉴스룸

독창적인 호텔로 구성된 럭셔리 등급의 브랜드이다. 태피스트리(Tapestry)란 여러 가지 색실로 그림을 짜 넣은 직물을 뜻하는 말이다. 이처럼 태피스트리 컬렉션 바이 힐튼은 호텔이 가진 고유한 이야기를 엮어낸다는 목표를 의미한다. 독특한 호텔들을 엄선하여 구성한 태피스트리 컬렉션은 매번 완전히 새로운 경험을 원하는 여행객을 위해 고안되었다. 전 세계 4개국에 57개 호텔이 운영되고 있으며 대부분은 미국에 분포되어 있다(2021년 기준).

〈표 4-41〉 Tapestry Collection by Hilton의 분포현황(2020년 12월 31일 기준)

	국가 및 자치령	호텔 수 (Properties)	객실 수 (Rooms)	경쟁사(Target Competitors)
전 세계	4	46	5,757	
미국		43	5,392	
아메리카(미국 제외)		2	190	Joie de Vivre Tribute Portfolio
유럽		–	–	
중동 및 아프리카		–	–	
아시아태평양		1	175	

출처 : Hilton Annual Report 2020

11) 힐튼 가든 인(Hilton Garden Inn)

출처 : 힐튼 공식홈페이지 뉴스룸

힐튼의 업스케일(upscale) 브랜드로 온화하고 편안한 분위기와 따뜻하고 뛰어난 서비스로 바쁜 여행객들에게 편리하고 편안한 투숙을 즐길 수 있도록 하는 것을 목표로 하는 비즈니스형 호텔이다. 'Simply on Another Level'이라는 모토를 기반으로 늘 긍정적이고 밝은 이미지를 추구한다. 비즈니스맨은 물론 레저고객까지 편리하고 편안한 투숙을 원하는 고객을 대상으로 한다. 전 세계 50개국에서 906개 호텔이 운영되고 있으며 대부분은 미국에 분포되어 있다(2021년 기준). 국내에는 힐튼 가든 인 서울 강남이 2021년 7월 처음으로 오픈하였다.

〈표 4-42〉 Hilton Garden Inn의 분포현황(2020년 12월 31일 기준)

	국가 및 자치령	호텔 수 (Properties)	객실 수 (Rooms)	경쟁사(Target Competitors)
전 세계	50	899	131,574	
미국		710	97,887	Aloft
아메리카(미국 제외)		58	8,765	Courtyard by Marriott
유럽		75	12,887	Four Points
중동 및 아프리카		18	3,746	Holiday Inn
아시아태평양		38	8,289	Hyatt Place

출처 : Hilton Annual Report 2020

12) 홈우드 스위트 바이 힐튼(Homewood Suites by Hilton)

출처 : 힐튼 공식홈페이지 뉴스룸

　　이름 그대로 내 집같이 편안한 호텔을 추구한다. 특히 장기 투숙객을 겨냥하며, 출장 또는 휴가 중에도 고객이 평소와 같이 내 집처럼 편안한 생활을 할 수 있도록 한다. 넓은 1베드룸 스위트와 2베드룸 스위트에서는 시설 완비 주방과 냉장고가 있어 고객이 스위트를 나서지 않아도 집에서와 비슷하게 요리를 할 수 있으며, 내 집 같은 느낌을 받도록 하는 모든 것이 제공된다. 전 세계 4개국에서 516개 호텔이 운영되고 있으며 미국과 남미지역에만 분포하고 있다(2021년 기준).

〈표 4-43〉 Homewood Suites의 분포현황(2020년 12월 31일 기준)

	국가 및 자치령	호텔 수 (Properties)	객실 수 (Rooms)	경쟁사(Target Competitors)
전 세계	4	511	58,228	
미국		486	55,365	Element Hyatt House Residence Inn Staybridge Suites
아메리카(미국 제외)		25	2,863	
유럽		–	–	
중동 및 아프리카		–	–	
아시아태평양		–	–	

출처 : Hilton Annual Report 2020

13) 템포(TEMPO by Hilton)

출처 : 힐튼 공식홈페이지 뉴스룸

최근 론칭된 브랜드이며 아직 운영이 시작된 호텔은 없다. 업스케일 브랜드 계열에 속하며, 수준 높고 접근성 좋은 라이프스타일 브랜드 콘셉트를 표방하고 있다. 사려 깊은 디자인, 효율적인 서비스를 지향한다. 아직 운영 중인 호텔이 없어 자세한 분포현황 자료는 제공되는 것이 없지만, 경쟁사로 규정하고 있는 호텔의 리스트를 참고하면 호텔 수준을 가늠해 볼 수 있을 것이다.

〈표 4-44〉 TEMPO by Hilton의 분포현황(2020년 12월 31일 기준)

	국가 및 자치령	호텔 수 (Properties)	객실 수 (Rooms)	경쟁사(Target Competitors)
전 세계	–	–	–	AC Hotels Aloft Cambria Hotel Indigo
미국	–	–	–	
아메리카(미국 제외)	–	–	–	
유럽	–	–	–	
중동 및 아프리카	–	–	–	
아시아태평양	–	–	–	

출처 : Hilton Annual Report 2020

UPPER MIDSCALE

14) 햄튼 바이 힐튼(Hampton by Hilton)

출처 : 힐튼 공식홈페이지 뉴스룸

　퍼포먼스, 혁신, 고객 충성도 및 만족도 면에서 높은 기록을 보유하고 있는 햄튼 바이 힐튼(Hampton by Hilton)은 일관된 고품질의 숙박 및 편의용품(amenity)을 제공하는 브랜드이다. 2020년 3분기 기준으로 Hampton by Hilton은 전 세계 29개국, 2,682여 개 호텔 및 리조트를 운영하고 있으며 780여 개 호텔이 건설 중에 있다. 힐튼 브랜드 포트폴리오에서 가장 많은 객실 수 비중(27.7%)을 가지고 있는 브랜드이기도 하다(2021년 기준). 대부분은 미국에 집중적으로 분포하고 있으며, 아시아태평양 지역에도 160개 호텔이 운영되고는 있지만, 아직 국내에는 진출하지 않은 브랜드이다.

Hampton by Hilton에서 제공되는 대표적인 서비스는 무료조식(특히 갓 구운 와플을 제공하는 것이 특징)과 다이내믹한 오픈콘셉트의 로비, 무료 와이파이, 디지털 체크인, 피트니스센터, 24시간 비즈니스센터 등이 있다.

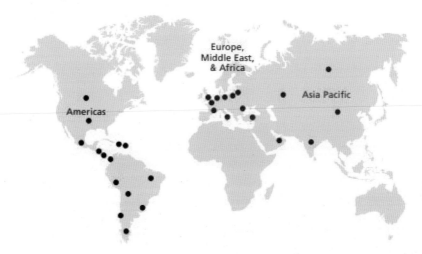

출처 : Hampton by Hilton Fact Sheet

[그림 4-12] Hampton by Hilton 분포현황(2020년 3분기 기준)

〈표 4-45〉 Hampton by Hilton의 분포현황(2020년 12월 31일 기준)

	국가 및 자치령	호텔 수 (Properties)	객실 수 (Rooms)	경쟁사(Target Competitors)
전 세계	31	2,661	282,646	
미국		2,282	225,627	Comfort Suites
아메리카(미국 제외)		119	14,480	Courtyard by Marriott
유럽		97	15,195	Fairfield Inn Holiday Inn Express
중동 및 아프리카		3	723	Springhill Suites
아시아태평양		160	26,621	

출처 : Hilton Annual Report 2020

15) 홈2 스위트 바이 힐튼(Home2 Suites by Hilton)

출처 : 힐튼 공식홈페이지 뉴스룸

전 객실 스위트 형태의 획기적인 중급 장기투숙 호텔로, 세련되고 첨단기술에 능숙하며 가격을 중시하는(가격에 민감한) 여행자들이 몇 개월 또는 며칠 동안 머무를 수 있는 장기체류 숙박을 목표로 하고 있다. 홈2 스위트는 비교적 젊은 연령대의 고객층을 타깃으로 하고 있다. 전 세계 2개국, 478개 호텔 및 리조트가 운영되고 있으며 미국 및 아메리카 대륙에만 분포하고 있다(2021년 기준).

〈표 4-46〉 Home2 Suites by Hilton의 분포현황(2020년 12월 31일 기준)

	국가 및 자치령	호텔 수 (Properties)	객실 수 (Rooms)	경쟁사(Target Competitors)
전 세계	2	463	48,757	Candlewood Suites Comfort Suites TownePlace Suites
미국		456	48,004	
아메리카(미국 제외)		7	753	
유럽		–	–	
중동 및 아프리카		–	–	
아시아태평양		–	–	

출처 : Hilton Annual Report 2020

16) 모토 바이 힐튼(Motto by Hilton)

출처 : 힐튼 공식홈페이지 뉴스룸

전 세계 주요 지역에 고객이 '현지인처럼 생활'할 수 있도록 설계된 새로운 도시형 라이프스타일 마이크로 호텔(초소형 호텔) 브랜드이다. 모토 바이 힐튼은 효율적인 객실, 활성화된 사교공간, 도심에 위치한 도시 목적지, 현지에서 영감을 받은 디자인 및 식음료와 같은 라이프스타일 호텔의 최고 요소를 결합하여 가치와 독특한 경험을 찾는 여행자에게 적합하다.

Motto의 핵심은 그룹 여행을 위한 최초의 연결 객실과 체크인이 가능한 활기찬 공용 공간, 업무용 커피하우스 및 바, 손님과 지역 주민들이 사교적으로 사용할 수 있는 요소를 통해 유연하고 혁신적인 환대 경험을 제공한다. 현재 미국에만 2개 호텔이 운영 중이며 추가로 6개 호텔이 오픈 준비 중이다(2021년 기준).

〈표 4-47〉 Motto by Hilton의 분포현황(2020년 12월 31일 기준)

	국가 및 자치령	호텔 수 (Properties)	객실 수 (Rooms)	경쟁사(Target Competitors)
전 세계	1	1	245	
미국		1	245	CitizenM Freehand, Generator Hoxton, Moxy Tommie, Yotel
아메리카(미국 제외)		−	−	
유럽		−	−	
중동 및 아프리카		−	−	
아시아태평양		−	−	

출처 : Hilton Annual Report 2020

MIDSCALE

17) 트루 바이 힐튼(tru by Hilton)

출처 : 힐튼 공식홈페이지 뉴스룸

활력 넘치는 단순함과 즐겁고 매력적인 호텔을 지향하며 가치에 기반을 둔 간소화된 호텔서비스를 추구하는 브랜드이다. 다채로운 색감으로 구성된 인테리어 등 즐겁고 신나는 분위기가 느껴지는 브랜드이다. 제공되는 서비스 특징으로는 "Top It"이라는 아침식사 바가 마련되어 있어 자유롭게 조식을 먹을 수 있다는 것이다. 로비에는 연중무휴 24시간 운영되는 "Eat.& Sip." 코너가 있으며 이곳에서 그 지역의 유명한 맛집 스낵과 음료수, 와인, 맥주 등을 구입할 수 있다. 현재 전 세계 2개 국가에서 192개 호텔이 운영되고 있으며 미국과 캐나다(앨버타 Alberta)에만 분포하고 있다(2021년 기준).

〈표 4-48〉 Tru by Hilton의 분포현황(2020년 12월 31일 기준)

	국가 및 자치령	호텔 수 (Properties)	객실 수 (Rooms)	경쟁사(Target Competitors)
전 세계	2	178	17,403	
미국		177	17,313	Avid, Best Western Comfort Inn & Suites La Quinta, Quality Inn, Sleep Inn Wingate by Wyndham
아메리카(미국 제외)		1	90	
유럽		–	–	
중동 및 아프리카		–	–	
아시아태평양		–	–	

출처 : Hilton Annual Report 2020

TIMESHARE

18) 힐튼 그랜드 베케이션(Hilton Grand Vacations)

출처 : 힐튼 공식홈페이지 뉴스룸

1992년 탄생한 브랜드로 장기투숙을 위한 타임세어 형태의 리조트이다. 휴가 없는 삶은 불완전하다는 생각으로 최선을 다하고 전 세계의 환상적인 장소에 자리하여 그 수가 꾸준히 증가하고 있는 리조트 컬렉션이라고 할 수 있다. 힐튼 그랜드 베케이션은 혁신적인 베케이션 오너십 프로그램을 통해 넓고 편안한 우아함 속 평생 기억에 남을 휴가를 즐길 수 있다. 높은 품질의 프로퍼티를 보유하고 있으며, 보통 호텔 객실과 다르게 객실 내 주방 및 조리도구가 갖추어져 있으며, 넓은 거실과 세탁기, 건조기 등을 갖추고 있어 넓은 공간에서 편안하게 가족단위 휴가를 즐기기에 편리하다. 전 세계 7개국에서 89개가 운영되고 있으며 약 330,000명의 클럽 회원들을 보유하고 있다(2021년 기준). 또한, 대부분이 미국에 집중적으로 위치하는 것이 특징이며, 본사는 플로리다 올랜도에 있다.

〈표 4-49〉 Hilton Grand Vacations의 분포현황(2020년 12월 31일 기준)

	국가 및 자치령	호텔 수 (Properties)	객실 수 (Rooms)	경쟁사(Target Competitors)
전 세계	6	56	9,030	Bluegreen Vacations Diamond Resorts Disney Vacation Club Holiday Inn Club Vacations Marriott Vacations Wyndham Destinations
미국	N/A	N/A	N/A	
아메리카(미국 제외)	N/A	N/A	N/A	
유럽	N/A	N/A	N/A	
중동 및 아프리카	N/A	N/A	N/A	
아시아태평양	N/A	N/A	N/A	

출처 : Hilton Annual Report 2020

BRANDS		HOTELS	COUNTRIES
Hilton HOTELS & RESORTS	The recognized and trusted host to the world and global leader in hospitality.	584	93
WALDORF ASTORIA HOTELS & RESORTS	Offers unforgettable experiences at iconic destinations around the world.	34	15
L X R HOTELS & RESORTS	A luxury collection of distinctive hotels and resorts offering singular service and remarkable local experiences.	5	5
CONRAD HOTELS & RESORTS	Offers smart luxury travelers inspiring connections and intuitive service in a world of style.	39	21
canopy by Hilton	Canopy by Hilton is designed as a natural extension of the neighborhood - with local design, food & drink, culture, guest-directed service, and comfortable spaces.	28	7
Signia by Hilton	An inspired, premier meetings and events-focused brand, created for both meeting professionals and sophisticated business travelers.	Just Launched	Just Launched
CURIO COLLECTION by Hilton	A global collection of upper upscale hotels and resorts hand-picked to provide unexpected and authentic experiences to passionate travelers.	101	27
DOUBLETREE by Hilton	Fast-growing, global collection of upscale hotels in gateway cities, metropolitan areas and vacation destinations.	620	49
TAPESTRY COLLECTION by Hilton	A portfolio of upscale, original hotels that offer unique style for guests seeking a genuine connection to their destination.	57	4
EMBASSY SUITES by Hilton	Full service, upscale hotels offering two-room suites, free, cooked-to-order breakfasts and complimentary evening receptions with snacks and drinks.	259	5
TEMPO by Hilton	An elevated and approachable lifestyle brand offering thoughtful design, efficient service and exciting partnerships.	Just Launched	Just Launched
MOTTO by Hilton	Micro-hotel with an urban vibe in prime global locations.	1	1
Hilton Garden Inn	Upscale, affordable accommodations with unexpected amenities to give today's busy travelers a bright and satisfying hospitality experience that's simply on another level.	906	50

Hampton	Quality experience, great value and friendly service in its signature Hamptonality style.	2,682	31
tru by Hilton	Spirited, simplified hotel experience grounded in value where guests don't have to compromise between a consistent, fun and affordable stay.	192	2
HOMEWOOD SUITES by Hilton	Home-like accommodations for guests traveling for an extended or quick overnight stay with fully-equipped kitchens, free daily full hot breakfast and complimentary evening social.	516	4
HOME2	Extended-stay hotel concept designed to offer flexible guest suite accommodations and inspired amenities for the cost-conscious guest.	478	2
Hilton Grand Vacations	High-quality vacation ownership resorts in celebrated destinations.	56	6

출처 : Hilton World Wide Corporate Fact Sheet(2021.3.31)

[그림 4-13] 힐튼 월드와이드 브랜드 현황(At-A-Glance)

월도프 아스토리아(Waldorf Astoria) 이야기

출처 : www.waldorftowers.nyc/ko/hotel

호텔 왕 조지 볼트(George Charles Boldt Sr.) 이야기

월도프 아스토리아는 '호텔 왕'이라 불리는 조지 볼트의 이야기로부터 시작된다. 그는 프로이센 출신으로 자수성가하여 세계 최고의 호텔인 월도프 아스토리아 뉴욕의 초대 지배인이자 회장까지 지낸 인물이다. 그가 호텔리어로 일하던 젊은 시절의 일화가 아주 유명하다.

필라델피아 어느 늦은 밤 폭우가 쏟아지고 있었고, 여러 호텔을 다니면서 방을 구하지 못한 어느 노부부가 작고 허름한 호텔로 들어오게 된다. 방을 구하기 위해서였지만 역시나 이 호텔도 만실이었다. 밤 늦은 시간에 비도 세차게 내리는데 이 노부부를 그냥 돌려보낼 수 없었던 조지 볼트는 다른 호텔들을 수소문해 보지만 소용이 없었다. 조지 볼트는 "밤이 늦었고 비도 오는데, 누추하지만 제 방에서 주무시는 것은 어떻겠습니까?" 라는 제안을 하게 된다. 호텔직원의 따뜻한 배려에 감동한 노부부는 감사히 그 직원의 방에서 하룻밤을 지내고 다음 날 체크아웃을 하면서, "어제 너무 피곤했는데 덕분에 잘 묵고 갑니다. 당신이야말로 세상에서 제일 좋은 호텔의 사장이 되어야 할 분입니다. 언젠가 우리 집으로 초대하면 꼭 응해주세요."라는 말을 남기고 떠났다.

2년 후, 그 호텔직원에게 편지 한 통과 함께 뉴욕행 왕복 비행기표가 도착했다. 편지에는 2년 전 자신의 방에 묵게 했던 그 노부부가 보내온 초청장과 함께 뉴욕의 주소가 들어 있었다. 조지 볼트가 그 주소로 찾아간 곳은 뉴욕 중심가에 우뚝 서 있는 크고 화려한 호텔이었다. "저 호텔이 마음에 드시나요?", "네, 정말 아름다운 호텔이네요. 감사하지만, 저런 고급 호텔은 숙박비가 너무 비쌀 것 같군요. 저는 저렴한 곳에서 묵어도 괜찮습니다. 다른 호텔을 알아보는 것이 좋겠습니다." 그러자 노인이 말했다. "걱정 마세요. 저 호텔은 바로 제가 당신을 위해 지은 호텔입니다. 부디 이 호텔을 경영해 주시기 바랍니다."

고객을 내 가족처럼 아끼고 배려할 줄 알았던 호텔리어에게 뉴욕의 역사적인 호텔 월도프 아스토리아의 초대 총지배인이 되는 영광이 찾아온 순간이었던 것이다. 노부부의 이름은 윌리엄 월도프 애스터였고, 그날 호텔의 총지배인으로 임명된 조지 볼트는 훗날 호텔업계에서 명성을 날리게 되는 호텔 왕이 된다. 조지 볼트는 당시 미국 최고급 호텔의 총지배인을 거쳐 CEO가 되었고, 노부부의 딸과 결혼하게 된다.

월도프 아스토리아 역사

1893년 월도프 호텔의 탄생

미국의 백만장자 윌리엄 월도프 애스터(William Waldorf Astor)는 뉴욕 33번가와 5번가 사이에 지금의 뉴욕 엠파이어 스테이트 빌딩이 위치한 맨해튼 5번가 선친 소유의 맨션을 허물고 13층 높이의 월도프 호텔을 세우게 된다. 이 월도프 호텔의 초대 총지배인이 조지 볼트가 된다.

1897년 아스토리아 호텔의 탄생

월도프 호텔 건설 4년 후 윌리엄의 사촌인 존 제이콥 애스터 4세(John Jacob Astor IV)가 호텔 바로 옆에 있던 자신의 맨션 자리에 우월함을 과시하기 위해 바로 옆에 한 층 더 높은 아스토리아 호텔을 짓는다.

출처 : https://www.waldorftowers.nyc/ko/history

[그림 4-14] 1893년에 지어진 월도프 호텔과 1897년에 지어진 아스토리아 호텔

~1929년 월도프 아스토리아의 탄생

조지 볼트의 제안으로 월도프 호텔과 아스토리아 호텔은 피코크(Peacock)앨리라고 불리는 300피트 길이의 대리석 복도를 통해 연결되어 하나의 호텔 월도프 아스토리아가 탄생하게 된다.

1931년 월도프 아스토리아 그랜드 리오프닝

뉴욕 50-51번가와 파크 애비뉴(Park Avenue)와 렉싱턴 애비뉴(Lexington Avenue)에 이르는 한 블록에 걸쳐 현재의 위치에 월도프 아스토리아 호텔이 그랜드 리오프닝하게 된다. 당시 세계에서 가장 규모가 크고 높은 최고층 호텔이었으며 아르데코 스타일로 디자인한 호텔로 월도프 아스토리아는 초기부터 도시의 비공식적 궁전 역할을 하였다. 대통령, 영화배우 및 문화계 저명인사, 정치 지도자, 음악가, 그리고 왕족들이 이 호텔의 스위트룸을 자주 이용하며 문화생활을 즐겼다. 최초로 모든 층에 전기를 공급했고, 최초로 실내에 욕실을 설치한 호텔, 최초로 24시간 룸서비스를 제공한 호텔이라는 선례를 남겼다. 타워로 보내는 룸 서비스에는 장미꽃 장식을 했다.

출처 : https://www.waldorftowers.nyc/ko/history

[그림 4-15] 1931년 새롭게 위치한 파크 애비뉴와 룸서비스 모습

출처 : https://www.waldorftowers.nyc/ko/history

[그림 4-16] 1930년 건설 초기, 1931년 완공모습

1949년 콘래드 힐튼에게 매각됨

힐튼호텔이 뉴욕의 월도프 아스토리아 호텔을 매입하여 월도프 아스토리아는 이후 힐튼호텔체인이 되었다.

1950~1963년 황금기

프랭크 시나트라에서 엘라 피츠제럴드에 이르는 유명인사들이 뉴욕의 비공식 궁전으로 몰려들었다. 월도프 아스토리아는 모나코의 레니에 3세와 그레이스 켈리의 약혼식 파티, 존 에프 케네디 대통령의 생일 파티, 에이프릴 인 파리 무도회, 엘리자베스 2세 여왕의 특별 연설 등과 같은 전설적인 이벤트를 개최했다. 윈저 공작과 공작부인은 공작이 왕위를 포기한 후 월도프 아스토리아를 그들의 집으로 삼았으며, 호텔은 허버트 후버에서 버락 오바마에 이르는 모든 미국 대통령을 맞이했다.

출처 : https://www.waldorftowers.nyc/ko/history

[그림 4-17] 월도프 아스토리아에서 연설하는 엘리자베스 2세 여왕

1964~2015년 미국의 아이콘

월도프 아스토리아는 미국 문화의 중심에 자리 잡고 있다. 지난 수십 년간, 앤디 워홀, 티나 터너, 믹 재거와 같은 문화적 거물들이 월도프 아스토리아에서 거주하거나 공연과 파티를 주최했다. 엘라 피츠제럴드는 정기적으로 스타라이트 루프 볼룸에서 공연을 했으며, 후에는 세계 주요 인물들을 기리는 갈라 행사가 고정적으로 열렸다.

출처 : https://www.waldorftowers.nyc/ko/history

[그림 4-18] 1955년 아서 밀러와 마릴린 먼로, 1965년 자신의 작품전시회에 참석한 앤디 워홀

2015년 중국 Anbang 보험회사에 매각됨

월도프 아스토리아는 중국 앙방보험회사에 $1.95 billion, 한화로 약 2조가 넘는 금액에 매각되면서 그동안 미국인의 소유였던 뉴욕의 역사적 건물은 중국인의 소유가 되었다. 위치적으로 UN본부 앞에 있어 역대 대통령들이나 세계적인 유명인사들, 전 세계의 대통령 및 외교관들이 뉴욕에 오면 묵고 가는 호텔로 유명하였으나, 2015년 중국회사로 넘어간 이후 오바마 대통령이 보안을 문제로 월도프 아스토리아에 투숙하기를 거부했던 사건이 있기도 하였다. 2021년 현재 호텔 재정비를 목적으로 호텔운영을 중단하고 보수공사를 하고 있으며, 건물 위층을 레지던스로 바꾸는 작업을 하고 있다. 2022년 3월 레지던스 완공을 예정하고 있으며 호텔은 그보다 일찍 오픈할 예정이다 (2021년 기준).

③ ACCOR

(1) 탄생 및 역사

아코르(Accor)그룹은 1967년 프랑스의 작은 도시 릴(Lille)에서 첫 번째 노보텔(Novotel)의 오픈과 함께 시작하였다. 친구 사이인 폴 뒤브륄(Paul Dubrule)과 제라르 펠리송(Gérard Pélisson)의 만남으로 시작된 아코르는 오늘날 전 세계 110개국, 51개의 브랜드(40개 호스피탤리티 브랜드), 5,100여 개의 호텔을 보유하게 된 거대 글로벌 호텔 기업으로 성장할 수 있었다. 브랜드 개수에서는 메리어트(30개)보다 훨씬 많다.

미국 유학을 다녀온 두 창업자(폴 뒤브륄과 제라르 펠리송)는 미국에서 경험했던 홀리데이인(Holiday Inn)과 같은 체인식 호텔경영방식에 깊은 관심이 있었다. 그 당시만 해도 프랑스는 미국식 체인경영으로 호텔을 운영하는 곳은 없었기 때문이다. 하지만 아무도 그 당시 이러한 새로운 호텔 체인경영 호텔 비즈니스 모델에 대해 생각하지 않을 때 그들은 합리적인 가격과 개성있는 호텔을 결합한다면 분명 그러한 호텔에 대한 수요가 있을 것이라는 생각에 확신이 있었다. 그들이 발휘한 창의성과 대담성은 결국 노보텔

(Novotel)이라는 호텔을 탄생시켰고 그 결과는 대성공이었다. 그 후 그들의 체인경영식 호텔은 아코르그룹으로 다시 결합되었고, 그들의 경계를 더욱 넓혀 전 세계 110개국 진출이라는 성공을 거둘 수 있었다. 지금도 아코르그룹은 전 세계로 계속 확장하고 있다.

출처 : 아코르그룹 공식홈페이지

[그림 4-19] Accor그룹의 창시자

□ **ACCOR의 연혁**

1963~1970년대

연도	내용
1963	폴 뒤브륄과 제라르 펠리송의 만남
1967	Novotel-SIEH 호텔그룹 설립. 릴 레스퀸(Lille Lesquin)의 첫 번째 "노보텔(Novotel)" 호텔
1972	스위스의 뇌샤텔(Neuchâtel)에서 첫 해외 노보텔 오프닝, 첫 해외진출
1973	Courtepaille 레스토랑 체인을 인수
1974	첫 번째 이코노미(economy) 호텔인 "이비스(ibis)"를 프랑스 보르도(Bordeaux) 지역에 오픈
1975	3성급 호텔 체인 "머큐어(Mercure)" 인수 카메룬에서 최초의 아프리카 노보텔 오픈

1980~1990년대

연도	내용
1980	프랑스 호텔업계의 4성급 호텔 브랜드인 "소피텔(Sofitel)" 브랜드 인수
1982	Jacques Borel International의 인수, 새로운 사업 활동 추가 티켓 레스토랑(직원 식사 쿠폰제도)과 함께 제공
1983	관광 사업자인 아프리카투어스(Africatours) 인수 : 레저 관광 사업을 지향 총 440개의 호텔을 가진 새로운 체인 그룹 "아코르(Accor)" 탄생 1,500개 공공 혹은 기관식당과 45개국에 걸쳐 35,000명의 직원을 보유
1984	아코르 "탈라사(Thalassa)" 브랜드 탄생
1985	"Formule 1" 버짓 호텔 체인 시작 프랑스 서비스업계 최초의 기업 대학인 "Académie Accor" 설립
1990	미국의 "모텔6(Motel6)" 체인 인수
1999	30m^2 규모의 Suite 객실을 제공하는 Suite hotel 개념을 개발

2000~2009년

연도	내용
2000	그룹의 실시간 호텔예약 사이트 온라인 개설 accorhotels.com
2002	호주 최고의 인적 자원 자문회사인 Davidson Trahaire를 인수
2004	Accor가 34% 지분을 보유하고 있는 Groupe Lucien Barriere SAS 설립
2007	표준화되지 않은 새로운 경제적 브랜드인 "올 시즌스(All Seasons)" 출시 비즈니스 여행객들을 위한 새로운 고급 브랜드인 "풀만(Pullman)"을 출시
2008	"엠 갤러리(MGallery)" 설립 : 화려한 고급 호텔들의 새로운 컬렉션 Accor호텔을 위한 전 세계적인 충성도 프로그램인 A Club을 시작
2009	Sofitel에 새로운 "So SPA by Sofitel" 개념을 출시

2011~2019년

연도	내용
2011	"이비스(ibis)", "이비스 스타일(ibis style)", "이비스 버짓(ibis budget)"으로 이루어진 3개의 저가형 브랜드, "이비스 메가브랜드(ibis megabrand)" 출시
2014	아코르(Accor)와 중국의 숙박기업인 화주(Huazhu)가 전략적 제휴
2015	아코르(Acoor)가 아코르호텔스(Accor Hotels)로 통합됨
2016	"원파인스테이(onefinestay)" 인수로 럭셔리 서비스 홈 렌털분야에 있어 세계 선두를 차지함 "페어몬트(Fairmont)", "래플스(Raffles)", "스위소텔(Swissôtel)" 등 3개 명품 브랜드의 인수를 마무리하며 고급 호텔시장의 글로벌 리더 중 하나로 자리매김 "존 폴(John Paul)" 인수 : 컨시어지 서비스 분야에서 세계 리더가 됨 "25 hours" Hotel 인수 : 라이프스타일 호텔분야의 리더가 됨 "JO&JOE" 브랜드 새롭게 출시 : 밀레니얼 세대의 특화된 브랜드 "반얀트리(Banyan Tree)"와의 파트너십 체결 : 럭셔리호텔 분야의 리더십을 공고히 함
2017	AccorHotels와 카타르 항공사(Qatar Airways)는 충성도 프로그램이 제공하는 혜택을 강화하기 위해 협력관계를 발표했으며, AccorHotels.com은 새로운 항공기+호텔 예약 서비스를 시작함
2018	"21C 박물관 호텔(21c Museum Hotel)" 인수 "뫼벤픽 호텔&리조트(Mövenpick Hotels & Resorts)" 인수
2019	새로운 라이프스타일 충성도 프로그램 "ALL : Accor Live Limitless"의 론칭을 발표(디지털, 충성도, 브랜드 및 파트너십이 결합된 완전히 통합된 글로벌 플랫폼)

2020년~

연도	내용
2020	2022년까지 고객 경험에서 1회용 플라스틱을 전 세계적으로 없애기로 약속함. 엘렌 맥아더 재단(Ellen MacArthur Foundation)과 협력하여 유엔 환경 프로그램(UNEP : United Nations Environment Programme)과 세계관광기구(UNWTO : UNWorld Tourism Organization)가 주도하는 세계 관광 플라스틱 이니셔티브(the Global Tourism Plastics Initiative)에 참여함. Accor는 계획 배당금 2억 8,000만 유로의 25%를 코로나19 위기로 영향을 받은 그룹 직원과 개별 파트너를 돕기 위해 사용되는 7,000만 유로의 기금인 ALL Heartist Fund의 설립에 할당하기로 했다고 발표
2021	디지털 키 솔루션인 "아코르 키(Accor Key)" 전 세계 론칭 발표 Accor와 Expedia Group은 유네스코 지속 가능성 서약을 96개국으로 확대하기 위해 협력

(2) 호텔 분포현황 및 발전

출처 : 아코르 공식홈페이지 Accor Essentiel Feb. 2021

[그림 4-20] ACCOR 그룹의 전 세계 분포현황

Accor는 호텔사업뿐만 아니라 다양한 사업분야에 진출하고 있는 글로벌 기업이다. 매일 하루에 한 개꼴로 호텔이 오픈하고 있을 정도로 전 세계적으로 빠르게 성장하고 있는 기업이기도 하다. Accor그룹의 최근 자료에 의하면 현재 5,100개 이상의 호텔, 753,000개 이상의 객실, 110개 국가에 진출하고 있으며, 1,200개 이상의 호텔과 210,000개 이상의 객실이 건설 중이라고 한다(2020년 12월 31일 기준). [그림 4-20]의 지도에서도 알 수 있듯이 프랑스에서 탄생한 유럽계 호텔그룹이므로 유럽지역에 가장 많은 분포를 보이지만, 중국, 동남아시아, 인도와 중동, 아프리카에도 각각 10% 넘게 분포하고 있으며 전 세계적으로도 널리 분포하고 있음을 알 수 있다.

아코르그룹은 전 세계에 걸쳐 총 51개 브랜드를 가지고 있다. 하지만 그중 호텔 숙박과 관련한 Hospitality 브랜드는 40개이다. 아코르는 브랜드 포트폴리오를 크게 4개로 구분하고 있는데 그것은 바로 Live, Work, Play, Business accelerators이다. 그중 Live에

출처 : 아코르 공식홈페이지 Accor Essentiel Feb. 2021

[그림 4-21] ACCOR a Wide Brand Portfolio

해당하는 것이 바로 호텔 및 숙박업 관련 브랜드라고 보면 된다. Hospitality(호텔숙박업) 브랜드만 하더라도 무려 40개 브랜드를 가지고 있으니 스타우드 그룹과의 인수합병으로 브랜드 수가 대폭 늘어난 메리어트 그룹의 30개 브랜드와 비교하더라도 10개나 많은 숫자이다.

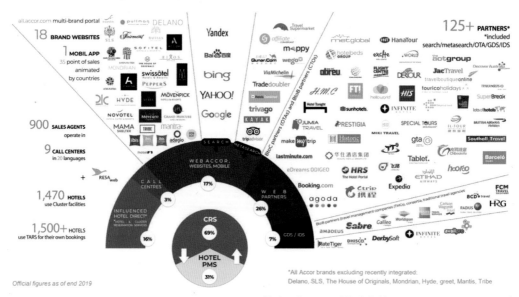

출처 : 아코르 공식홈페이지(Global Hotel Development)

[그림 4-22] ACCOR Distribution Solutions(아코르 상품판매 경로)

(3) 아코르의 경영철학

1) "Live From The Heart"

이것은 아코르그룹의 경영철학 및 가치를 보여주는 문구이다. 아코르그룹은 내일의 환대서비스(hospitality)는 인간의 가치에 뿌리를 두고 있다("The hospitality of tomorrow is rooted in human values.")는 경영가치를 바탕으로 운영되고 있다.

즉, 직원들이 가치와 역량을 잘 개발하여 그룹으로 가지고 올 때 그것이 그룹을 성장으로 이끌 수 있는 원동력이 된다는 믿음 아래, 직원들 각자의 열정과 가치를 최대로 끌어올려 그룹을 위해 더 적극적으로 역량을 발휘할 수 있는 문화를 만들겠다는 것이다.

2) Heart + Artiest = Heartiest

아코르는 직원들을 Heartiest로 부르고 있다. 열정과 예술을 합한 인재를 양성하겠다는 뜻이다. 따라서 고객들이 잊을 수 없는 특별한 경험을 하고 돌아갈 수 있도록 고객과 직원을 중시하겠다는 기업의 경영철학이다.

3) Heartist 신조(Credo)

Accor는 우리가 마음으로 하나가 될 때 더욱 따뜻한 세상이 열릴 것을 믿습니다.
그래서 Accor는 차이점이 아닌 공통점을 찾습니다.
Heartists로서 우리는 차이점을 받아들이고, 문화를 공유하고,
사람들과 마음으로 하나가 됨으로써 세상을 더 좋은 곳으로 만들기 위해 노력합니다.
Heartists로서 우리는 더 나아질 수 있습니다.
우리가 할 수 있는 것, 될 수 있는 사람에 도전함으로써 우리의 미래를 만들어갑니다.
Accor에서는 단순히 순간을 사는 것이 아니라, 순간을 창조합니다.
무한한 가능성을 열어보세요.

출처 : https://careers.accor.com/kr/ko/who-we-are

4) 가치(ACCOR Values)

- **고객열정(Guest Passion)** : 고객들에게 집착합니다. 고객들은 우리의 결정과 행동의 이유입니다. 저희는 고객을 항상 먼저 생각하고, 고객을 돌보며 고객에게 한 걸음 더 다가가며 이모든 것들을 즐깁니다.
- **신뢰(Trust)** : 환대는 팀 스포츠이며, 서로를 신뢰하고 지원할 때 더욱 강해집니다. 저희는 자연스러운 친밀함을 믿고, 차이를 존중하고, 모든 목소리에 귀를 기울입니다. Accor는 말하는 대로 행동하고, 행동하는 대로 말하기 위해 한 팀으로 일합니다.
- **존중(Respect)** : 우리는 세상과 연결되고, 다른 사람과도 연결됩니다. 저희는 문화와 혼합을 즐깁니다. 저희는 차이를 존중합니다. 저희는 고객을 먼저 생각하고, 고객이 누구든 소중하게 여깁니다. 저희는 지구를 돌봅니다.
- **지속가능한 성과(Sustainable Performance)** : Accor는 환대가 더 나은 내일을 여는 힘을 갖고 있다고 믿습니다. Accor는 우리가 사는 지역사회를 지원하고 힘을 실어주고, 매일 우리에게 많은 것을 베풀어주는 지구를 보호하기 위해 고객 및 직원들과 함께 힘을 모아 노력

하고 있습니다.

- **정복자 정신(Spirit of Conquest)** : 고객은 세계 관광 여행자이기 때문에 저희도 그렇습니다. 저희는 고객이 원하는 곳에 있고 싶습니다. 탐험하고, 실행하고, 개발합니다. 우리는 고객에 대해 야망이 있습니다. 저희는 불가능을 가능하게 만들고, 그렇게 하는 것을 즐거워합니다.
- **혁신(Innovation)** : 저희는 현재를 바꾸기 위해 노력합니다. 저희는 혁신을 이끌고 직접 더 나은 것을 위해 그리고 더 빠르게 도전합니다. 저희는 위험을 감수하고, 불가능을 꿈꾸며 가능하도록 만듭니다.

출처 : https://careers.accor.com/kr/ko/who-we-are

5) 경영철학

아코르그룹은 창업 당시부터 고객에게 '환영(Feel Welcome)'을 선사하겠다는 경영철학으로 출발하였다. 미국식 체인경영이 생소한 프랑스에서 자칫 체인경영의 단점인 획일성과 따뜻한 서비스에 대한 부족이 나타날까봐 처음부터 이러한 경영철학을 바탕으로 차별화된 서비스와 모던한 디자인의 객실 인테리어로 승부하면서 비즈니스 고객들로부터 많은 인기를 얻게 되었다.

이러한 창업자의 경영철학은 현 아코르그룹의 회장인 세바스티앵 바쟁 회장을 통해 오늘날까지도 이어지고 있다. 아코르그룹은 그 어떤 호텔그룹보다 매우 공격적인 인수·합병(M&A)을 통해 그룹을 키워왔다. 대표적인 예가 세계적인 럭셔리 호텔그룹인 FRHI(Fairmont Raffles Holdings International)를 29억 달러에 인수한 것이다. 이로 인해 아코르그룹에게 부족했던 럭셔리라인 브랜드가 대폭 강화되면서 중저가 호텔 브랜드라는 이미지를 벗고 페어몬트(Fairmont), 래플스(Raffles), 스위소텔(Swissôtel)과 같은 세계적인 럭셔리호텔 브랜드를 보유한 그룹이라는 이미지를 갖게 되었다.

6) 공유경제에 대한 새로운 시각

에어비앤비(Airbnb)라는 숙박 공유 플랫폼이 처음 등장하였을 때 그것이 호텔업계에 있어 위협이 될 것인가 기회가 될 것인가를 놓고 한동안 논쟁이 뜨거웠던 적이 있었다. 아코르는 스스로 공유경제의 리더가 될 것이라고 한다. 즉, 위협이 될까 두려워하는 것이 아니라 스스로가 공유숙박업에 도전장을 내미는 쪽을 선택하는 공격적이면서도 새로운 경영방식을 채택하기로 한 것이다. 그 예가 바로 2010년 영국의 럭셔리 하우스 렌털

사이트인 '원파인스테이(Onefinestay)'를 인수한 것이다. 아코르는 공유숙박이 호텔에 위협이 되는 것이 아닌, 새로운 수요를 창출할 수 있는 매력요인으로 보고 에어비앤비의 단점(보완이 취약하고 편의시설이 없는 점)을 보완하고 호텔의 기본적 서비스를 제공하면서도 호텔과 집을 혼합하여 각 지역의 특색 있는 숙박시설을 이용해 보고자 하는 고객들의 요구를 명확히 알고 사업을 다각화하기로 한 것이다. 이처럼 공유경제에 '서비스 콘텐츠'(호텔만이 제공할 수 있는 각종 서비스와 마일리지 적립혜택 등)를 결합해 기존의 공유숙박업이 따라올 수 없는 사업모델로 해당 시장에서 앞서 나가겠다는 목표를 가지고 있다.

7) 현지 문화와 여행객의 결합문화 창조

아코르가 추구하는 경영철학 중 또 하나 특이한 점은 현지 문화(Local culture)와 여행객(traveller)을 하나의 공간에 결합하는 공간을 만들고 이를 문화로 정착시키는 형태의 호텔을 많이 늘려가고 있다는 점이다. 예를 들어, 과거에 호텔 레스토랑은 가급적 건물 맨 위층에 위치해야 호텔 투숙객들의 편의를 높일 수 있다고 생각했던 고정관념에서 벗어나 이제는 현지인들도 이용할 수 있도록 무조건 레스토랑을 호텔건물의 1층에 위치하도록 해야 한다고 변화를 시도하고 있다. 아울러 레스토랑을 단순히 음식서비스 및 판매의 장소로 보는 것이 아니라, 현지인들도 와서 즐길 수 있는 공간, 현지의 문화를 알고 느끼고 싶어 하는 외부인(여행객)들도 끌어들여 모두가 만족할 수 있는 결합된 문화공간으로 재탄생시켜야 한다는 것이다.

실제로 아코르가 최근 인수하고 추가한 브랜드들의 특성을 살펴보면 그러한 문화공간으로서, 생활공간 및 사람과의 사교공간으로서의 호텔 레스토랑을 많이 강조하고 있는 것을 알 수 있다.

8) 아코르그룹의 로열티 프로그램 'ALL'(ALL, Accor Live Limitless)

2019년 3월 아코르는 새로운 고객 로열티 프로그램을 발표했다. 아코르그룹의 40개 호텔 브랜드를 포함한 다양한 시설(바, 레스토랑, 클럽 등)에서 혜택을 누릴 수 있으며, 새로운 앱과 웹사이트를 통해 올(ALL) 프로그램에 접속할 수 있다.

아코르의 올(ALL)이 가지고 있는 고객 혜택사항은 다음의 4가지이다.

① 최상급 회원을 위한 새로운 보상 등급인 프리미엄 등급 신설

② 강화된 프로그램에 따른 풍성한 혜택

③ 다양한 호텔 브랜드를 통한 포인트 누적과 사용 및 라이프스타일 전반에 걸친 새로운 디지털 앱 시스템을 구축

④ 단골 고객들에게 관심있는 분야인 엔터테인먼트, 다이닝 및 요리, 스포츠에서 회원들의 일상 속에서 새로운 경험을 부여하는 파트너십 제공

아코르는 기업 로고를 포함한 고객 로열티 프로그램에 대한 로고도 함께 변경하였다. 이는 고객들의 라이프스타일을 위한 지원 및 브랜드의 프리미엄 서비스를 제공하려는 의지를 표현하기 위한 목적이었다고 전해진다. 2개의 고유 브랜드인 아코르(Accor)와 올 (ALL)은 동일한 '아이코닉 A' 모노그램과 그룹의 역사적 상징인 기러기를 함께 사용하여 그룹의 품격을 표현하고 있다.

(4) 아코르 브랜드 계열 및 현황

LUXURY

1) 래플스(Raffles) "An Oasis for the Well travelled"

출처 : Brand Factsheet(March 2021)

Raffles Singapore

1887년 싱가포르에서 탄생한 이후 130년 이상 래플스는 여행 경험이 많은 사람들을 위한 오아시스가 되어왔으며, 모험심 가득하고 럭셔리한 취향을 가진 사람들의 많은 사랑을 받아왔다. 이국적이면서도 진정한 지역 특유의 문화가 익숙함과 잘 어우러지는 장소. 모든 방문자를 환영하며, 그들의 감정을 이해하고 존중할 뿐 아니라 섬세한 서비스로 보살펴준다. 캐나다계 호텔그룹인 FRHI(Fairmont Raffles Holdings International)에 인수되었다가 2016년에 아코르에서 FRHI를 인수하면서 래플스도 아코르 소속이 되었다. 인도, 중동 및 아프리카 지역과 중국을 포함한 동남아시아 지역에 집중적으로 분포하고 있으며 대부분 유명 휴양지에 위치하고 있다. 반면 미국을 포함한 아메리카대륙에는 분포하지 않으며 우리나라에도 없다(2021년 기준).

〈표 4-50〉 Raffles의 분포현황(2021년 기준)

	국가 및 자치령	호텔 수 (Properties)	객실 수 (Rooms)	브랜드 특성 및 포지셔닝
전 세계	13	17	2,410	
전 세계 건설 중(Pineline)		14	2,263	
미국 등 아메리카 및 캐리비안		–	–	Classic–Ultra Luxury International 5 Stars
유럽		3	319	
인도, 중동 및 아프리카		5	809	
중국 및 동남아시아		9	1,282	

출처 : ACCOR Brand Factsheet(March 2021)

2) 반얀트리(BANYAN TREE) "A sanctuary for the senses"

출처 : Brand Factsheet(March 2021)

Banyan Tree Phuket, Thailand

1994년 브랜드가 탄생했으며 2015년 아코르에서 인수하였다. 싱가포르에서 시작한 고급 호텔&리조트이다. 반얀트리는 전 세계의 절경 속에서 그곳과 하나 되어 몸과 마음은 물론 영혼까지 치유할 수 있는 안식처로, 대표적인 도시나 지구 반대편으로 여행을 떠나 잊지 못할 경험을 할 수 있다. 풀빌라 콘셉트와 국제적 5성급 및 울트라 럭셔리 리조트의 특성을 보이고 있다. 리조트의 특성상 휴양지가 많이 몰려 있는 동남아시아에 집중적으로 분포하고 있으며 유럽지역에는 분포하지 않았다. 보통은 휴양지에 위치하지만, 우리나라 남산 밑에 있는 반얀트리는 이례적으로 도심지에 위치하고 있다. 도심지에 위치하고는 있지만 스파, 프라이빗 풀 등 럭셔리한 부대시설을 갖추고 있어 반얀트리의 특성은 모두 반영하고 있는 것이 특징이다.

〈표 4-51〉 Banyan Tree의 분포현황(2021년 기준)

	국가 및 자치령	호텔 수 (Properties)	객실 수 (Rooms)	브랜드 특성 및 포지셔닝
전 세계	11	27	3,267	
전 세계 건설 중(Pineline)		40	4,094	Resorts-Ultra Luxury International 5 Stars Pool Villa Concept
미국 등 아메리카 및 캐리비안		2	162	
유럽		–	–	
인도, 중동 및 아프리카		2	140	
중국 및 동남아시아		23	1,279	

출처 : ACCOR Brand Factsheet(March 2021)

3) 페어몬트 호텔 앤 리조트(Fairmont Hotels & Resorts) "Unforgettable. Since 1907"

출처 : Brand Factsheet(March 2021)

Fairmont Royal York(Toronto, Canada)

1907년에 탄생한 호텔 브랜드이며 캐나다 온타리오주 토론토에 본사를 둔 글로벌 호텔 관리회사 FRHI에서 관리하던 호텔이다. FRHI는 Fairmont, Raffles, Swissôtel의 프레스티지 럭셔리 호텔 브랜드 3개를 관리했었는데 2016년 아코르가 FRHI를 인수하면서 페어몬트도 아코르 브랜드가 되었다. 특색 있는 컬렉션과 전 세계적으로 명성이 자자한 탁월함으로 글로벌 호스피탤리티 업계를 선도하고 있고 Fairmont에서 제공하는 다양한 포트폴리오에는 역사적인 아이콘, 품격 높은 리조트 및 모던한 도심부의 특징이 고스란히 담겨 있다. 전 세계적으로 미국 등 북아메리카지역에 집중적으로 분포되어 있다. 특히 캐나다, 미국 동부지역에 있는 페어몬트들은 고성에 있는 경우가 많아 외관이 매우 인상적이며 근사한 것이 특징이다. 현재 전 세계 81개 호텔 31,000여 개 객실을 운영하고 있으며, 우리나라에는 여의도 파크원에 2021년 2월 24일 정식 개관하였다(2021년 기준).

〈표 4-52〉 Fairmont의 분포현황(2021년 기준)

	국가 및 자치령	호텔 수 (Properties)	객실 수 (Rooms)	브랜드 특성 및 포지셔닝
전 세계	29	81	31,779	Classic-Luxury International 5 Stars
전 세계 건설 중(Pineline)		27	7,177	
미국 등 북아메리카 및 캐리비안		43	19,883	
남아메리카		1	375	
유럽		10	3,056	
인도, 중동 및 아프리카		22	5,107	
중국 및 동남아시아		11	3,358	

출처 : ACCOR Brand Factsheet(March 2021)

4) 소피텔 호텔 앤 리조트(Sofitel Hotels & Resorts) "Live the French way"

1964년에 탄생한 브랜드이며 1980년도에 아코르에서 인수하게 되었다. 즐겁고 편안한 프랑스 라이프스타일과 현지 문화에서 영감을 얻은 잊을 수 없는 경험을 제공하고 감동을 주는 문화 프로그램, 감탄(oo-la-la)을 자아내는 미식 경험, 완벽한 피트니스센터, 환상적인 뷰티 리추얼, 시크한 모던 디자인 등을 통해 진정한 의미의 프랑스 라이프스타일을 경험할 수 있다. 전 세계 46개국에 120개 호텔이 운영되고 있으며 그중 객실 수를 기준으로 했을 때 가장 많은 객실이 분포된 곳은 중국이다(23개 호텔 7,555객실). 호텔 수 기준으로는 유럽(28개 호텔)과 인도, 중동 및 아프리카 지역(25개 호텔)의 분포비율이 높은 편이다(2021년 기준).

출처 : Brnad Factsheet(March 2021)

Sofitel Singapore Sentosa Resort & Spa, Singapore

〈표 4-53〉 Sofitel Hotels & Resorts의 분포현황(2021년 기준)

	국가 및 자치령	호텔 수 (Properties)	객실 수 (Rooms)	브랜드 특성 및 포지셔닝
전 세계	46	120	30,000	
전 세계 건설 중(Pineline)		19	5,300	
미국 등 아메리카 및 캐리비안		7	2,182	
남아메리카		8	1,216	Classic-Luxury International 5 Stars
유럽		28	5,723	
인도, 중동 및 아프리카		25	6,508	
중국		23	7,555	
동남아시아		13	3,607	
태평양		14	3,209	

출처 : ACCOR Brand Factsheet(March 2021)

5) 소피텔 레전드(SOFITEL LEGEND) "Live the Legend"

소피텔의 파생 브랜드(Sofitel Legend, SO/Hotels & Resorts, Sofitel Hotels & Resorts)이며 전통적인 유산과 현대적 분위기를 동시에 느끼는 시간을 초월한 상징적인 장소 소피텔 레전드 호텔은 최고의 만족을 위해 프랑스의 명품적 가치가 곳곳에 담겨 있다. 각 호텔은 수석집사 스타일의 서비스, 저마다의 특징이 있는 레스토랑, 오트쿠튀르스파, 엄선된 편리한 기술, 개인 서재를 비롯한 다양한 혜택을 제공하는 거실 등 매혹적인 편의시설로 차별화되어 있다. 전 세계 호텔 수는 매우 적어서 현재 5개국에 5개 호텔, 876개 객실이 운영되고 있으며 파나마에 1개가 오픈할 예정이다(2021년 기준).

출처 : 아코르 공식홈페이지

Sofitel Legend Metropole Hanoi, Vietnam

6) 오리엔트 익스프레스(Orient Express) "Journey to elsewhere"

출처 : Brand Factsheet(March 2021)

파리와 이스탄불 사이를 운행하던 호화열차 이름에서 따와 호텔이름을 그대로 오리엔트 익스프레스로 지었다고 한다. 럭셔리한 여행과 시대를 초월한 세련됨의 상징으로 이 전설적인 열차의 다문화 유산이 이제 Orient Express 호텔의 새로운 컬렉션으로 수출되어 새로운 곳으로 떠나는 여행객들이 매력적인 여행을 경험할 수 있다. 브랜드는 출시되었지만, 아직 운영되고 있는 호텔은 없으며 로마에 호텔이 1곳 건설 중이다. 2030년까지 10개의 호텔을 짓는 것을 목표로 하고 있다.

〈표 4-54〉 Orient Expess의 분포현황(2021년 기준)

	국가 및 자치령	호텔 수 (Properties)	객실 수 (Rooms)	브랜드 특성 및 포지셔닝
전 세계		–	–	
전 세계 건설 중(Pineline)		1	–	Classic-Ultra Luxury International 5 Stars Collections
미국 등 아메리카 및 캐리비안		–	–	
유럽		–	–	
인도, 중동 및 아프리카		–	–	
중국 및 동남아시아		–	–	

출처 : ACCOR Brand Factsheet(March 2021)

7) 델라노(DELANO) "A nourshing resort"

출처 : Brand Factsheet(March 2021)

Delano Las Vegas, USA

아코르와 협력관계에 있는 SBE의 브랜드이다. 고객의 호기심을 일깨우고, 감각과 영혼에 영양을 공급하며, 부부 및 연인, 가족, 단독 여행객, 가족을 위한 프라이빗한 여행을 완성해 주는 최고의 서비스와 맞춤형 서비스로 오랜 시간 기억에 남을 럭셔리 리조트 경험을 선물한다. 라이프스타일 럭셔리 콘셉트를 추구하고 있는 5성급 브랜드이다. 현재는 미국 라스베이거스 한 곳만 운영 중이며 남부유럽 이탈리아와 프랑스에 2개 호텔이 건설 중이다.

〈표 4-55〉 Delano의 분포현황(2021년 기준)

	국가 및 자치령	호텔 수 (Properties)	객실 수 (Rooms)	브랜드 특성 및 포지셔닝
전 세계	1	1	1,114	Classic-Luxury International 5 Stars
전 세계 건설 중(Pineline)		2	126	
미국 등 아메리카 및 캐리비안		1	1,114	
유럽		–	–	
인도, 중동 및 아프리카		–	–	
중국 및 동남아시아		–	–	

출처 : ACCOR Brand Factsheet(March 2021)

8) SLS "Sophistication with a playful wit"

출처 : Brand Factsheet(March 2021)

SLS Beverly Hills, USA

아코르와 협력관계에 있는 SBE의 브랜드이다. 예술적인 요리, 극장풍 인테리어, 도전적인 디자인, 뜻밖의 즐거움. 거대한 금속 오리부터 '성인'과 '죄인'을 테마로 꾸며진 실내 바까지, 이런 다양성과 독특함을 갖추고 최고의 개발자, 건축가, 디자이너 및 요리사들과 함께 럭셔리 라이프스타일의 미래를 예측하고, 혁신하고, 형성하고 있다. 다른 어떤 고급 호텔도 이러한 다양성, 풍부함, 장난기 넘치는 분위기를 자랑할 수 없다. 전 세계 3개국

에 6개 호텔이 있으며 모두 대부분 미국에 분포하고 있으며 남아메리카와 인도, 중동
및 아프리카 지역에 추가로 건설 중이다(2021년 기준).

〈표 4-56〉 SLS의 분포현황(2021년 기준)

	국가 및 자치령	호텔 수 (Properties)	객실 수 (Rooms)	브랜드 특성 및 포지셔닝
전 세계	3	6	989	Lifestyle-Luxury International 5 Stars
전 세계 건설 중(Pineline)		3	552	
미국 등 북아메리카 및 캐리비안		6	989	
남아메리카		–	–	
유럽		–	–	
인도, 중동 및 아프리카		–	–	
중국 및 동남아시아		–	–	

출처 : ACCOR Brand Factsheet(March 2021)

9) SO/Hotels & Resorts "Feel the pulse"

출처 : Brand Factsheet(March 2021)

SO/Bangkok, Thailand

소피텔의 파생 브랜드(Sofitel Legend, SO/Hotels & Resorts, Sofitel Hotels & Resorts)
이다. 반항적 럭셔리의 전형, SO/Hotels & Resorts는 활기찬 성격과 아방가르드 스타일,
차별화된 포지셔닝을 갖춘 디자이너 호텔의 고급스럽고 패셔너블한(fashionable) 라이프
스타일 브랜드이다. 세련되고 역동적인 스타일이 어우러진 곳으로 독창적이고 유행을

선도하는 시그니처 디자인이 매우 트렌디한 브랜드이다. 전 세계에서 9개 호텔이 운영되고 있으며, 12개가 건설 중이다(2021년 기준).

〈표 4-57〉 SO/Hotels & Resorts의 분포현황(2021년 기준)

	국가 및 자치령	호텔 수 (Properties)	객실 수 (Rooms)	브랜드 특성 및 포지셔닝/경쟁사
전 세계	8	9	1,350	
전 세계 건설 중(Pineline)		12	2,239	Lifestyle-Luxury International 5 Stars HYATT ANDAZ
미국 등 아메리카 및 캐리비안		1		
유럽		3	–	
인도, 중동 및 아프리카		1	–	
중국 및 동남아시아		3	–	
태평양		1	–	

출처 : ACCOR Brand Factsheet(March 2021)

10) 원파인스테이(onefinestay) "Enjoy the Finest Homes and Service All Around the World"

출처 : onefinestay.com

유례없는 수준의 서비스로 전 세계의 인기 여행지에서 독특한 개인 주택과 빌라를 경험할 수 있도록 대여 연결해 주는 브랜드이다. 주택(Home), 빌라(Villa), 오두막(샬레, Chalet)형태가 있다.

11) 더 하우스 오브 오리지널(The House of Originals) "A vibrant collection of hotels with a bold spirit that challenges and inspires"

역사적이고 아이코닉한 각지의 호텔들이 모여 있는 럭셔리 컬렉션 브랜드이다. 아코르와 협력관계에 있는 SBE의 브랜드이다. 전 세계 4개국 7개 호텔이 운영되고 있다(2021년 기준)

12) 릭소스 호텔(RIXOS HOTELS) "Inclusive Destinations"

Rixos Premium Göcek, Turkey

전통적인 터키식 숙박을 제공하는 고급 호텔 체인으로 럭셔리의 개념을 새롭게 정의하여 휴가에 새로운 의미를 부여하고 특별한 경험을 선사한다. 리조트, 엔터테인먼트, 미식, 가족의 즐거움을 주요 콘셉트로 하고 있다. 전 세계 7개국에 27개 호텔이 운영되고 있으며 대부분이 터키에 있다. 동유럽, 중동, 중앙아시아에 집중적으로 분포되어 있다 (2021년 기준).

〈표 4-58〉 RIXOS Hotels의 분포현황(2021년 기준)

	국가 및 자치령	호텔 수 (Properties)	객실 수 (Rooms)	브랜드 특성 및 포지셔닝
전 세계	7	27	9,680	Resorts-Luxury International 4/5 Stars
전 세계 건설 중(Pineline)		9	5,202	
미국 등 아메리카 및 캐리비안		–	–	
유럽		8	1,772	
인도, 중동 및 아프리카		19	7,908	
중국 및 동남아시아		–	–	

출처 : ACCOR Brand Factsheet(March 2021)

PREMIUM

13) 맨티스(Mantis) "An exceptional place to find yourself"

럭셔리 수상호텔, 자연테마 등 여러 형태의 호텔들이 묶여 있는 컬렉션(collection) 브랜드이다.

출처 : Brand Factsheet(March 2021)

사람과 자연의 조화로운 공존을 보고 싶어하는 바람에서 탄생하여 자연환경을 보존하려는 열정으로 성장했다. Mantis는 영혼을 흔들고 정신을 소생시키는 외딴 목적지에 평범하지 않은 호텔과 에코 이스케이프(Eco escape)를 제공하는 것을 목표로 한다. 전세계 12개국에 34개 호텔이 있으며, 주로 남아프리카공화국, 탄자니아, 마다가스카르 등 중남아프리카에 집중적으로 분포된 것이 특징이다(2021년 기준).

〈표 4-59〉 Mantis의 분포현황(2021년 기준)

	국가 및 자치령	호텔 수 (Properties)	객실 수 (Rooms)	브랜드 특성 및 포지셔닝
전 세계	12	34	858	Resorts-Premium International 4/5 Stars
전 세계 건설 중(Pineline)		9	304	
미국 등 아메리카 및 캐리비안		2	19	
유럽		3	114	
인도, 중동 및 아프리카		28	721	
태평양		1	4	

출처 : ACCOR Brand Factsheet(March 2021)

14) 엠 갤러리(MGallery) "Stories that stay"

출처 : Brand Factsheet(March 2021)

Molitor Paris, France

소피텔에서 2008년에 론칭한 프리미엄 컬렉션 브랜드이다. 개성 있는 디자인과 독창적인 스토리가 인상적인 부티크 호텔로 이루어져 있다. 현재 33개국에서 106개의 호텔이 운영되고 있으며 주로 유럽지역에 집중적으로 분포하고 있다(2021년 기준).

〈표 4-60〉 MGallery 분포현황(2021년 기준)

	국가 및 자치령	호텔 수 (Properties)	객실 수 (Rooms)	브랜드 특성 및 포지셔닝
전 세계	33	106	11,140	Collections-Premium International 4/5 Stars
전 세계 건설 중(Pineline)		57	6,600	
미국 등 아메리카 및 캐리비안		–	–	
남미		3	221	
유럽		56	5,120	
인도, 중동 및 아프리카		8	1, 177	
중국 및 동남아시아		27	3,225	
태평양		12	1,397	

출처 : ACCOR Brand Factsheet(March 2021)

15) 몬드리안(Mondrian) "A Must Cultural destination"

출처 : Brand Factsheet(March 2021)

South Beach, USA

1996년에 탄생한 브랜드이며, 아코르와 협력관계에 있는 SBE의 브랜드이다. 혁신적인 디자인과 진보적인 프로그램으로 혁신과 창의성을 제공하는 몬드리안은 세계에서 가장 흥미로운 문화 중심지에 자리 잡고 있다. 아코르의 다른 클래식한 호텔에 비해 인테리어와 서비스가 캐주얼하고 현대적이다. 전 세계 3개국에 6개 호텔이 있으며 우리나라는 이태원에 위치하고 있다(2021년 기준).

〈표 4-61〉 Mondiran 분포현황(2021년 기준)

	국가 및 자치령	호텔 수 (Properties)	객실 수 (Rooms)	브랜드 특성 및 포지셔닝
전 세계	3	6	1,325	Lifestyle-Premium International 4/5 Stars
전 세계 건설 중(Pineline)		7	1,264	
미국 등 아메리카 및 캐리비안		4	759	
유럽		–	–	
인도, 중동 및 아프리카		1	270	
동남아시아		1	296	
태평양		–	–	

출처 : ACCOR Brand Factsheet(March 2021)

16) 풀만 호텔 앤 리조트(Pullman Hotels & Resorts) "Our world is your playground"

출처 : Brand Factsheet(March 2021)

Pullman London(U.K)

2007년에 탄생한 풀만 호텔은 맞춤식으로 제공되는 폭넓은 서비스, 혁신 기술 및 경험이 풍부한 세계적인 여행자들의 요구에 부응한 새로운 접근방식을 제공한다. 원래 유럽지역에 집중적으로 분포되어 있었으나 최근에는 중국에 많이 진출하여 유럽보다 더 많은 호텔이 분포하고 있다. 전 세계 40개국에 143개 호텔이 운영되고 있다(2021년 기준).

〈표 4-62〉 Pullman 분포현황(2021년 기준)

	국가 및 자치령	호텔 수 (Properties)	객실 수 (Rooms)	브랜드 특성 및 포지셔닝
전 세계	40	143	42,085	
전 세계 건설 중(Pineline)		48	12,527	
미국 등 아메리카 및 캐리비안		3	1,262	
남미		9	2,457	Classic-Premium International 4/5 Stars
유럽		27	7,309	
인도, 중동 및 아프리카		15	5,406	
중국		41	13,269	
동남아시아		28	8,684	
태평양		20	3,698	

출처 : ACCOR Brand Factsheet(March 2021)

17) 스위소텔 호텔 앤 리조트(Swissôtel Hotels & Resorts) "Life is a journey, Live it well"

출처 : Brnad Factsheet(March 2021)

Swissôtel The Bosphorus Istanbul, Turkey

스위스에서 탄생한 브랜드였지만 캐나다 페어몬트사로 인수되었다가 다시 페어몬트와 래플스가 합병하면서 FRHI 소속으로 되었다가 아코르가 FRHI를 인수하면서 결국 아코르 브랜드 소속이 되었다. 각 관광지를 최상으로 즐길 수 있는 전 세계 주요 도시의 중심부에서 진정한 스위스식 호스피탤리티와 지적 설계 및 현지 감각이 성공적으로 합쳐져 기본에 충실한 브랜드이다. 전 세계 18개국에 35개 호텔이 운영되고 있다(2021년 기준).

〈표 4-63〉 Swissôtel 분포현황(2021년 기준)

	국가 및 자치령	호텔 수 (Properties)	객실 수 (Rooms)	브랜드 특성 및 포지셔닝
전 세계	18	35	14,772	
전 세계 건설 중(Pineline)		25	5,553	
미국 등 아메리카 및 캐리비안		1	662	
남미		3	758	Classic-Premium International 4/5 Stars
유럽		7	1,592	
인도, 중동 및 아프리카		11	5,509	
중국		5	2,225	
동남아시아		7	3,657	
태평양		1	369	

출처 : ACCOR Brand Factsheet(March 2021)

18) 그랜드 머큐어(Grand Mercure) "Universally local"

출처 : Brand Factsheet(March 2021)

Grand Mercure Mysore, India

호텔 및 아파트먼트의 고급 네트워크로서 현지의 특색과 친절한 서비스를 모두 누릴 수 있고 아시아, 태평양, 중동, 중남미의 그랜드 머큐어는 지역별 문화가 반영되어 있어 투숙객의 상상력을 자극하며 현지의 문화를 그대로 재현하고 있다. 현재 12개국에서 57개 호텔이 운영되고 있으며 분포비율로 보면 중국이 가장 많으며 그 다음으로는 동남아시아 지역에 많이 분포하고 있다(2021년 기준).

〈표 4-64〉 Grand Mercure 분포현황(2021년 기준)

	국가 및 자치령	호텔 수 (Properties)	객실 수 (Rooms)	브랜드 특성 및 포지셔닝
전 세계	12	57	13,071	
전 세계 건설 중(Pineline)		27	6,822	
미국 등 아메리카 및 캐리비안		–	–	
남미		7	1,700	Classic-Premium International 4 Stars
인도, 중동 및 아프리카		7	1,340	
중국		17	4,602	
동남아시아		15	4,784	
태평양		11	645	

출처 : ACCOR Brand Factsheet(March 2021)

19) 앙사나(ANGSANA) "Sensing the moment"

출처 : Brand Factsheet(March 2021)

Angsana Velavaru, The Maldive

　반얀트리의 하위 브랜드이다. 연령과 방문 목적을 불문하고 누구든 진정한 여행을 체험하게 해준다. 세계 각지에서 현지의 세련미와 역동적이고 즐거움 넘치는 분위기가 어우러진 휴식공간을 제공하고, 현지 별미를 맛보고 새로운 액티비티를 시도하거나 친구를 사귀는 등, 놀랍고도 잊지 못할 경험을 할 수 있다. 현재 12개국에 17개 호텔이 운영되고 있으며 베트남, 푸껫, 몰디브, 모리셔스 등 인도태평양 위주로 확장하고 있으며 중국에도 건설 중이 곳이 많이 있다(2021년 기준).

〈표 4-65〉Angsana 분포현황(2021년 기준)

	국가 및 자치령	호텔 수 (Properties)	객실 수 (Rooms)	브랜드 특성 및 포지셔닝
전 세계	12	17	2,700	
전 세계 건설 중(Pineline)		20	3,400	
미국 등 아메리카 및 캐리비안		2	270	
유럽		–	–	Resorts-Premium International 4/5 Stars
인도, 중동 및 아프리카		5	329	
중국		4	1,068	
동남아시아		6	988	
태평양		–	–	

출처 : ACCOR Brand Factsheet(March 2021)

20) 25 Hours Hotels "Let's spend the night together"

출처 : Brand Factsheet(March 2021)

25 hours Hotels Bikini Berlin, Germany

　'규격화'되지 않고, 각 지역의 로컬에 맞는 맞춤 서비스를 제공하는 것을 테마로 하는 호텔이다. 세련되고 컬러풀한 추억과 일상 등을 간직한 25 Hours 호텔에서, 숙박, 조식은 물론 다양한 엔터테인먼트와 서프라이즈 등을 즐길 수 있다. 전 세계 13개 호텔이 운영되고 있으며 모두 유럽에 집중적으로 분포하고 있다(2021년 기준).

〈표 4-66〉 25 hours hotels 분포현황(2021년 기준)

	국가 및 자치령	호텔 수 (Properties)	객실 수 (Rooms)	브랜드 특성 및 포지셔닝
전 세계	4	13	2,065	
전 세계 건설 중(Pineline)		6	1,230	Lifestyle-Premium International 4 Stars
유럽		13	2,065	
동남아시아		–	–	
태평양		–	–	

출처 : ACCOR Brand Factsheet(March 2021)

21) 하이드(HYDE) "A hydeaway for the in-the-know"

출처 : Brand Factsheet(March 2021)

HYDE Hollywood Florida, USA

〈표 4-67〉 HYDE hotel 분포현황(2021년 기준)

	국가 및 자치령	호텔 수 (Properties)	객실 수 (Rooms)	브랜드 특성 및 포지셔닝
전 세계	1	2	460	
전 세계 건설 중(Pineline)		1	230	Lifestyle-Premium International 4 Stars
미국 등 아메리카 및 캐리비안		2	460	
유럽		–	–	

출처 : ACCOR Brand Factsheet(March 2021)

아코르와 협력관계에 있는 SBE의 브랜드이다. 정통한 고객들의 욕구, 흥미, 열망, 취향을 직관적으로 파악해 채워주고 발견의 정신, 나이트라이프의 환상과 연결의 모험에 바탕을 두고 있는 새로운 종류의 환대를 경험할 수 있다. 현재 미국 플로리다주에만 2곳이 운영되고 있다(2021년 기준).

22) 뫼벤픽 호텔 앤 리조트(Mövenpick Hotel & Resorts) "We make moments"

출처 : movenpick.com

Mövenpick Hotel Lausanne

1940년대까지 거슬러 올라가는 스위스의 유산인 뫼벤픽은 현대적인 도시와 전 세계 곳곳의 리조트 호텔이 독특하게 조화를 이루고 있고 70년 동안 이어져 내려온 풍부한 전통음식문화를 물려받아 품질과 진실성에 있어서 우수하며 지역사회에 기여하고 환경을 보호할 수 있는 지속가능한 호텔운영을 하고 있다. 전 세계 26개국에 97개 호텔 23,398개 객실이 운영되고 있으며 46개 호텔 11,052객실이 현재 건설 중이다(2021년 기준).

23) 21C 뮤지엄 호텔(21C MUSEUM HOTELS) "At the corner of Curiosity"

현대 미술관, 부티크 호텔 및 셰프 주도형 레스토랑을 모두 결합시킨 21C는 현지의 분위기와 지역 사회를 고려하여 세심하게 설계되어 새로운 여행 경험을 선사한다. 21C 뮤지엄 호텔은 명성에 걸맞게 엘리베이터, 로비, 계단, 천장에 매달린 장식, 리셉션 데스크, 레스토랑 등 구석구석 모든 곳에서 예술을 느낄 수 있다. 미국에만 9곳의 호텔이 운영되고 있으며 객실 수는 1,240개이다(2021년 기준).

출처 : Accor Brand Overview(2021.2)

21C Museum Hotel Chicago—MGallery Hotel Collection, USA

24) 페퍼스(Peppers) "Remember when"

출처 : peppers.com.au

Peppers Waymouth Adelaide(남호주)

세련된 방종감, 디테일 집중 및 우수한 맞춤 서비스를 제공한다. 호주, 뉴질랜드 및 인도네시아의 가장 경치 좋은 관광지들 일부에 위치한다. 매력적이고 관대한 도피처인 시골 저택에서부터 느긋한 해변 리조트, 세계적 수준의 골프 리조트로부터 로맨틱한 포도원 리조트에 이르기까지 Peppers에서는 친근한 맞춤 서비스와 우수한 푸드 및 와인을 즐길 수 있다. 전 세계 3개국 28개 호텔 4,789객실이 운영되고 있다(2021년 기준).

25) 더 세벨(The sebel) "Expect nothing less"

출처 : Accor Brand Overview(2021.2)

The Sebel Melmourne Flinders Lane, Australia

더 세벨 브랜드는 1963년에 탄생하였다. 업스케일 규모의 세련되고 넓은 공간을 갖추고 있으며 개인적인 서비스를 제공하는 아파트먼트 형태로 운영되고 있다. 출장이나 레저 휴가에 적합한 The Sebel Hotels & Apartments와 The Sebel Quay West는 세련되고 넓은 환경에서 독립적이고 고무적인 경험을 제공한다. 전 세계 3개국에 32개 프로퍼티(property)가 있으며 2,149개 공간을 제공하고 있다(2021년 기준).

26) 아트 시리즈(Art Series) "Creating unique and inspired experiences"

출처 : Accor Brand Overview(2021.2)

The Chen(Box Hill, Australia)

2009년에 탄생하였으며, Mantra group 소속의 브랜드이다. Mantra 그룹이 아코르그룹으로 인수될 때 다른 브랜드들과 함께 아코르그룹으로 합류하였다. 호주 출신 컨템포러리 예술가에 의해 처음 탄생하였다. 4, 5성급의 호텔 및 레지던스를 제공하는 컬렉션 형태의 아트호텔이며 비즈니스 혹은 레저고객을 대상으로 하고 있다. 호텔은 가장 인기 있는 예술·문화 허브에 위치하고 있다. 각 부티크 호텔은 같은 이름의 아티스트에게서 디자인 영감을 취하고 벽과 홀이 오리지널 예술작품과 에디션들로 장식되어 있다. 다면적인 예술 경험이 전용 아트 채널, 아트 라이브러리, 아트 투어 및 아트 기물로 완성되어 맞춤 서비스와 세련된 스타일을 자랑하는 모든 스위트는 아트 시리즈 호텔 시그니처 베드의 첨단적 편안함과 기술로 가장 달콤한 잠을 즐길 수 있다. 호주에만 위치하고 있는 호텔이며 8개 호텔, 2,000개 객실이 운영되고 있다.

MIDSCALE

27) 노보텔(Novotel) "Time is on your side"

출처 : Brand Factsheet(March 2021)

Novotel Singapore on Stevens, Singapore

아코르 호텔그룹이 탄생하게 된 최초의 브랜드이다. 1967년에 탄생하였으며 클래식 미드스케일 규모의 호텔 브랜드이다. 우리나라에 있는 노보텔은 유럽에 비해 매우 고급스러워 미드스케일이 아닌 어퍼 업스케일(upper upscale)급이 된다는 것이 특징이다. 노보텔은 시간이 지나도 변하지 않는 아름다움과 모던함, 기능적이면서도 심플하고 감각적인 호텔 디자인은 활기찬 분위기를 자아낸다. 간단한 스낵과 음료를 즐기거나, 업무를 보거나, 간단한 게임 또는 휴식을 즐기는 등 모두에게 더할 나위 없이 완벽한 공간을 제공하며, 혼자, 또는 가족과 함께하는 시간을 보내기에 완벽한 노보텔에서 특별한 시간을 즐길 수 있다. 전 세계 63개국에서 542개 호텔이 운영 중이며 대부분은 유럽지역에 분포하고 있으며 아시아 쪽에도 상당수 분포하고 있다(2021년 기준).

〈표 4-68〉 Novotel 분포현황(2021년 기준)

	국가 및 자치령	호텔 수 (Properties)	객실 수 (Rooms)	브랜드 특성 및 포지셔닝 /경쟁사
전 세계	63	542	105,559	
전 세계 건설 중(Pineline)		157	33,608	Classic-Midscale International 4 Stars Courtyard by Marriott Four Points by Sheraton Hampton Hilton Garden Inn Holiday Inn
미국 등 아메리카 및 캐리비안		10	2,062	
유럽		294	48,217	
인도, 중동 및 아프리카		61	12,177	
중국		35	10,754	
동남아시아		68	17,047	
태평양		41	9,090	

출처 : ACCOR Brand Factsheet(March 2021)

28) 머큐어(Mercure) "Locally inspired"

출처 : Brand Factsheet(March 2021)

Mercure Berlin, Germany

1973년 탄생한 후 2년 뒤인 1975년 아코르에서 인수하면서 아코르 브랜드로 합류되었다. 현지에 대한 풍부한 지식을 갖춘 직원들, 그 지역과 문화유산에 대한 이야기를 담은 인테리어를 갖춘 머큐어 호텔에서는 각기 다른 지역 고유의 개성을 선보이지만, 최고급 서비스를 제공하며 파리, 리우데 자네이루, 방콕 등 세계 어디서나 머큐어에 들어서는 순간 여행지의 매력을 만끽할 수 있다. 노보텔이 전 세계적으로 일관적인 콘셉트를 가지고 있다면 머큐어는 보다 현지의 분위기를 반영하는 콘셉트를 가지고 있다. 전 세계 61개국 875개 호텔이 운영되고 있으며 대부분은 유럽에 분포하고 있으며, 북미지역에는 한 곳도 없다는 것이 특징이다(2021년 기준).

⟨표 4-69⟩ Mercure 분포현황(2021년 기준)

	국가 및 자치령	호텔 수 (Properties)	객실 수 (Rooms)	브랜드 특성 및 포지셔닝 /경쟁사
전 세계	61	875	114,926	
전 세계 건설 중(Pineline)		192	33,834	
미국 등 아메리카 및 캐리비안		–	–	Classic-Midscale International 3/4 Stars Courtyard by Marriott Four Points by Sheraton Hampton Hilton Garden Inn Holiday Inn
남미		60	7,945	
유럽		581	65,864	
인도, 중동 및 아프리카		35	6,548	
중국		87	15,646	
동남아시아		61	12,750	
태평양		51	6,173	

출처 : ACCOR Brand Factsheet(March 2021)

29) 아다지오 아파트호텔(Adagio Aparthotel) "The services of hotels, the freedom of apartment"

출처 : Brand Factsheet(March 2021)

Paris Bercy Village, France

전략적 도시 중심에서 고급 아파트식 호텔을 제공하여 품질과 미학을 원하는 고객에게 적합하며 넓고 세련되고 시설이 완비된 아파트를 제공한다. 주요 위치와 함께 제공되는 서비스로 매일 24시간 리셉션이 운영되며 주중에 종일 운영되고 편안한 숙박을 위한 특권 서비스가 제공된다. 전 세계 13개국에 115개의 아파트 호텔이 있으며 그중 대부분은 유럽, 그중에서도 남유럽에 집중적으로 분포되어 있다.

〈표 4-70〉 adagio 분포현황(2021년 기준)

	국가 및 자치령	호텔 수 (Properties)	객실 수 (Rooms)	브랜드 특성 및 포지셔닝
전 세계	13	115	13,000	
전 세계 건설 중(Pineline)		41	6,497	Extended stay -Midscale International 4 Stars
남미		6	762	
유럽		77	11,217	
인도, 중동 및 아프리카		18	1,100	

출처 : ACCOR Brand Factsheet(March 2021)

30) 마마쉘터(Mama Shelter) "Mama loves you"

출처 : Brand Factsheet(March 2021)

Mama Shelter Paris, France

이름에서부터 느껴지듯 마마(Mama), 즉 어머니의 사랑 같은 존재, 아늑하고 포근한 안식처와 기분이 좋아지는 곳, 편안하게 먹고 잘 수 있는 곳이라는 콘셉트로 운영되는 호텔이다. 엄마가 가족들을 돌보는 것과 같은 편안함과 쉴 수 있는 공간이라는 의미이다. 전 세계 7개국에 14개가 운영되고 있으며 대부분 유럽을 중심으로 분포되어 있다(2021년 기준).

〈표 4-71〉 MAMA Shelter 분포현황(2021년 기준)

	국가 및 자치령	호텔 수 (Properties)	객실 수 (Rooms)	브랜드 특성 및 포지셔닝
전 세계	7	14	1,932	Lifestyle–Midscale International 3 Stars
전 세계 건설 중(Pineline)		7	1,310	
미국 등 아메리카 및 캐리비안		1	70	
남미		2	175	
유럽		11	1,687	
인도, 중동 및 아프리카		–	–	

출처 : ACCOR Brand Factsheet(March 2021)

31) 트라이브(TRIBE) "Hotels Re-thought"

출처 : Brand Factsheet(March 2021)

Tribe Perth, Australia

mantra hotels 소속 브랜드였으며 2018년 아코르가 mantra hotels을 인수하면서 아코르 브랜드로 합류되었다. 합리적인 젊은 여행객의 요구와 바람에 꼭 맞게 탄생하여 세계 곳곳을 여행하며 특별한 유형의 디자인 호텔을 선보이고자 하는 확실한 신념을 콘셉트로 한 새롭고 차별화된 브랜드인 TRIBE는 풍부한 호텔운영 경험을 통해 기존 호텔업계에 도전장을 내밀고 디자인이 돋보이는 경제적인 가격의 럭셔리 호텔의 선두 주자로 자리매김했다. 전 세계 3개 호텔이 운영되고 있으며 33개 호텔이 건설 중에 있다(2021년도 기준).

〈표 4-72〉 TRIBE 분포현황(2021년 기준)

	국가 및 자치령	호텔 수 (Properties)	객실 수 (Rooms)	브랜드 특성 및 포지셔닝
전 세계	3	3	288	Lifestyle-Midscale International 3 Stars
전 세계 건설 중(Pineline)		33	6,381	
유럽		2	162	
태평양		1	126	

출처 : ACCOR Brand Factsheet(March 2021)

32) 만트라(Mantra) "Room for everyone"

출처 : Accor Brand Overview(2021.2)

Mantra Coolangatta Beach, Australia

　　호주, 뉴질랜드 및 하와이에서 비즈니스와 휴가 여행 시 번거로움을 피하고 싶어하는 여행객들에게 최상의 서비스를 제공한다. 가족들과 편안한 휴식을 즐기거나 사업상 출장을 하는 데 있어 집과 같은 편안함을 제공해 줄 수 있는 숙소를 제공한다. 호텔, 리조트, 아파트형태를 모두 갖추고 있으며 해변가나 도심지에도 위치한다. 2018년 아코르가 인수하면서 mantra group 소속의 다른 브랜드들(프리미엄급의 Art Series, Peppers, the Sebel, 미드스케일의 TRIBE, 이코노미의 Breakfre)과 함께 아코르 브랜드로 합류되었다. 전 세계 3개국에서 78개 호텔 15,586객실이 운영되고 있다(2021년 기준).

ECONOMY

33) 브레이크 프리(BREAKFREE) "Give me a break"

출처 : breakfree.com.au

BreakFree Alexandra Headland Beach(New Zealand)

최상의 해변, 시내 명소 및 유명 관광지에 쉽게 접근할 수 있으므로 레저여행객과 출장객 모두에게 이상적인 곳이다. 호주 또는 전 세계의 가족, 단체, 커플들이 즐겨 찾으며 편안하고 우수한 숙박시설, 그리고 느긋한 서비스를 누릴 수 있다. Mantra group 계열 브랜드이다. 전 세계 2개국에 22개 호텔 3,288개 객실이 운영되고 있다(2021년 기준).

34) 이비스(ibis) "Open to vibrant hospitality"

출처 : Brand Factsheet(March 2021)

ibis Bali, Indonesia

1974년에 탄생한 브랜드이며, 록과 팝 음악 편안함과 디자인 아늑함과 재미 활기찬 분위기와 느긋한 시간, 정갈하면서도 맛있는 음식까지 전 세계 어디에서나 만날 수 있는 이비스 호텔에서 이 모든 것을 누릴 수 있다. 아코르의 대표 브랜드 중 하나이며 클래식 중저가 호텔에 속한다. 아코르 호텔 브랜드 중에서 가장 호텔 수가 많은 브랜드이기도 하다. 우리나라에서도 중저가호텔 시장이라는 새로운 시장을 열어놓으면서 기존 호텔시장의 획기적인 변화를 일으킨 브랜드이기도 하다. 전 세계 67개국 1,233개 호텔이 운영 중이며, 가장 많이 분포되어 있는 곳은 유럽지역이다(2021년 기준).

〈표 4-73〉 ibis 분포현황(2021년 기준)

	국가 및 자치령	호텔 수 (Properties)	객실 수 (Rooms)	브랜드 특성 및 포지셔닝
전 세계	67	1,233	159,149	
전 세계 건설 중(Pineline)		173	21,397	
미국 등 아메리카 및 캐리비안		20	2,686	
남미		158	23,587	Classic-Economy International 3 Stars
유럽		704	80,923	
인도, 중동 및 아프리카		79	14,275	
중국		177	20,448	
동남아시아		45	10,658	
태평양		2	3,572	

출처 : ACCOR Brand Factsheet(March 2021)

35) 이비스 스타일(ibis styles) "Open to creative design"

출처 : Brand Factsheet(March 2021)

ibis styles Ambassador Seoul Myungdong, Korea

〈표 4-74〉 ibis styles 분포현황(2021년 기준)

	국가 및 자치령	호텔 수 (Properties)	객실 수 (Rooms)	브랜드 특성 및 포지셔닝
전 세계	49	562	59,481	
전 세계 건설 중(Pineline)		171	24,757	
미국 등 아메리카 및 캐리비안		2	219	
남미		46	6,068	Classic-Economy International 3 Stars
유럽		382	32,548	
인도, 중동 및 아프리카		12	2,248	
중국		49	6,081	
동남아시아		48	9,851	
태평양		23	2,466	

출처 : ACCOR Brand Factsheet(March 2021)

이비스의 서브 브랜드로 2011년에 만들어졌다. 이비스보다 감각적인 디자인과 스타일에 중점을 둔 호텔이다. 이비스는 총 3가지 브랜드가 있는데 각각 테마색을 살려서 인테리어를 하는 것으로 유명하다. 이비스는 레드, 스타일은 그린 그리고 버짓은 블루색을 살려 호텔 전체의 테마색으로 사용하고 있다. 전 세계적으로 49개국에 562개 호텔이 운영되고 있으며 대부분은 유럽에 중점적으로 분포되어 있다(2021년 기준).

36) 이비스 버짓(ibis budget) "Open to smart attribute"

출처 : Brand Factsheet(March 2021)

ibis budget Geneva, Switzerland

〈표 4-75〉 ibis budget 분포현황(2021년 기준)

	국가 및 자치령	호텔 수 (Properties)	객실 수 (Rooms)	브랜드 특성 및 포지셔닝
전 세계	24	639	64,074	
전 세계 건설 중(Pineline)		58	6,822	
미국 등 아메리카 및 캐리비안		1	154	
남미		57	10,230	Classic-Economy International 2 Stars
유럽		530	47,530	
인도, 중동 및 아프리카		4	484	
중국		–	–	
동남아시아		25	3,376	
태평양		22	2,300	

출처 : ACCOR Brand Factsheet(March 2021)

37) 그리트(Greet) "Meaningful essentials"

출처 : Brand Factsheet(March 2021)

greet Beaune, France

〈표 4-76〉 greet 분포현황(2021년 기준)

	국가 및 자치령	호텔 수 (Properties)	객실 수 (Rooms)	브랜드 특성 및 포지셔닝
전 세계	1	4	238	
전 세계 건설 중(Pineline)		15	1,472	Classic-Economy Mainly International 2 Stars
남유럽		4	238	

출처 : ACCOR Brand Factsheet(March 2021)

가성비 좋은 숙박과 생활에서의 관계를 중시하는 사람들에게 최적화된 호텔이다. 프랑스에만 4개 호텔이 운영되고 있다(2021년 기준).

38) 조앤조(JO & JOE) "Welcome to the open house"

출처 : Brand Factsheet(March 2021)

Jo & Joe Paris Gentilly, France

JO & JOE는 밀레니얼, 현지인, 여행자를 위해 독특하게 디자인된 공간이다. 활기차고 저렴하며 배려가 넘치는 오픈 하우스이며, 고객들 마음대로 할 수 있는 자율성이 보장되는 콘셉트이다. 게스트하우스 스타일이라고 보면 된다. 호텔 등급 수준은 없으며 라이프스타일 이코노미(lifestyle economy) 계열이다. 프랑스에만 분포하고 있으며 유럽 위주로 추가 오픈 예정이다.

〈표 4-77〉 Jo & Joe 분포현황(2021년 기준)

	국가 및 자치령	호텔 수 (Properties)	객실 수 (Rooms)	브랜드 특성 및 포지셔닝
전 세계	1	2	283	Lifestyle-Economy No Hotel Classification
전 세계 건설 중(Pineline)		7	516	
남유럽		2	283	

출처 : ACCOR Brand Factsheet(March 2021)

39) 호텔 에프 원(hotel F1) "Simplicity and freedom #On The Road"

출처 : Brand Factsheet(March 2021)

30년 이상의 전통을 자랑하며 합리적인 비용의 객실을 갖춘 모텔개념의 숙박시설이다. 접근성 좋은 장소에 위치하며, 새로운 편안함과 디자인에 중점을 두고 있다. 프랑스에만 분포하고 있으며, 162개 호텔, 16,432개 객실이 운영되고 있다.

Luxury	RAFFLES / SO	ORIENT O-E EXPRESS / SOFITEL	BANYAN TREE / THE HOUSE OF ORIGINALS	DELANO / RIXOS	SOFITEL LEGEND	Fairmont	SLS
Premium	mantis / 25h twenty five hours hotels	M GALLERY / HYDE	Art Series / MÖVENPICK	MONDRIAN / GRAND MERCURE	pullman / PEPPERS	swissôtel / THE SEBEL	ANGSANA
Midscale	mantra	NOVOTEL	Mercure	adagio	MAMA SHELTER	TRIBE	
Enonomy	BreakFree	ibis	ibis STYLES	greet	JO&JOE		

출처 : accor.com

[그림 4-23] 아코르 호텔 브랜드 포트폴리오(2021년 기준)

④ HYATT

(1) 탄생 및 역사

HYATT® 하얏트 호텔 코퍼레이션(Hyatt Hotels Corporation)은 60년 이상의 역사 동안 개발된 혁신 전통과 널리 인정받는 업계 최고의 브랜드를 보유한 글로벌 호텔 기업이다. 하얏트는 1957년 제이 프리츠커(Jay Pritzker)가 로스앤젤레스 국제공항에 인접한 소형 모텔인 하얏트 하우스(Hyatt House)를 동업자(Mr. Hyatt von Dehn and Mr. Jack Dyer Crouch)에게서 매입하면서 설립되었다. 그 후 수십 년간 제이 프리츠커와 그의 형제 도널드 프리츠커는 프리츠커 가문의 사업을 위해 함께 일하면서 하얏트를 북미지역의 호텔 소유 겸 경영회사로 성장시켰으며, 1962년에 마침내 상장하게 되었다. 이때 Hyatt는 회사이름을 Hyatt Corporation으로 변경하면서 공개기업이 되었다.

1968년 하얏트 인터내셔널(Hyatt International)이 출범했으며, 이 회사는 곧 독립된 상장기업이 되었다. 이후 Hyatt Corporation과 Hyatt International 코퍼레이션은 각각 1979년과 1982년에 프리츠커 가문의 사기업으로 전환되었다. 그리고 2004년 12월 31일, Hyatt Corporation 및 Hyatt International Corporation을 포함하여 Pritzker 가족 사업 지분이 소유한 거의 모든 접대 자산이 이후에 Global Hyatt Corporation으로 이름이 변경된 단일 법인으로 통합되었다. 2009년에 Global Hyatt Corporation은 이름을 Hyatt Hotels Corporation으로 변경하고 클래스 A 보통주의 최초 공모("IPO")를 완료했다.

Hyatt는 풀 서비스 호텔, 제한된 서비스 호텔, 그리고 리조트 및 타임셰어, 부분 및 기타 주거, 휴가 및 콘도 소유권 단위 형태를 포함한 기타 자산으로 구성된 자산 포트폴리오를 운영, 관리, 프랜차이즈, 소유, 임대, 개발, 라이선스 또는 서비스를 제공한다. 2020년 12월 31일 기준 Hyatt 호텔 포트폴리오는 974개 호텔(235,272개 객실)로 구성되었다. 2021년 3월 30일 기준 Haytt는 20개 브랜드를 가지고 있으며, 전 세계 6대륙에 걸쳐 68개국에 1,050여 개 프로퍼티, 고용된 직원 수가 100,000명이 넘는 글로벌 체인호텔기업이다.

☐ HYATT의 연혁

::::: 1957~1987 :::::

1957년

제이 프리츠커(Jay Pritzker)가 로스앤젤레스 국제공항과 인접한 작은 모텔인 첫 번째 하얏트 하우스(Hyatt House)를 동업자(Mr. Hyatt von Dehn and Mr. Jack Dyer Crouch)에게서 인수

1962년

Hyatt가 Hyatt Corporation으로 이름을 변경하면서 상장하게 됨

출처 : HYATT 공식홈페이지

1967년

첫 번째 "리젠시(Regency)" 호텔인 리젠시 하얏트 하우스(Regency Hyatt House : 현재 하얏트 리젠시 애틀랜타 the Hyatt Regency Atlanta)가 조지아 애틀랜타에 개장함. 웅장한 22층짜리 아트리움 로비와 획기적인 설계가 수많은 아류작을 낳고, 하얏트를 다국적 호텔업계의 선도적 혁신업체 위치에 올려놓게 됨

출처 : HYATT 공식홈페이지

1968년

Hyatt International 별도 상장기업 출범

1969년

하얏트의 첫 번째 인터내셔널 호텔인 하얏트 리젠시 홍콩 개장

출처 : HYATT 공식홈페이지

1972년

수신자 부담 800국 번호를 갖춘 중앙 예약 사무소가 네브래스카 오마하(Omaha, Nebraska)에서 개장

출처 : HYATT 공식홈페이지

1977년

Hyatt 본사를 시카고(Chicago)로 이전

1979년

Hyatt Corporation이 프리츠커 가문 사기업으로 전환

1980년

그랜드 하얏트(Grand Hyatt) 뉴욕과 파크 하얏트(Park Hyatt) 시카고가 하얏트 브랜드 포트폴리오에 합류함

출처 : HYATT 공식홈페이지

1982년

Hyatt International이 프리츠커 가문 사기업으로 전환

1987년

하얏트 골드 패스포트 글로벌 상용 고객 프로그램 도입

출처 : HYATT 공식홈페이지

1990년대

하얏트가 새로운 태그라인인 "하얏트의 분위기를 느끼다(Feel the Hyatt Touch)" 와 새로운 하얏트 반월 로고를 공개. 각각은 하얏트의 분위기, 그리고 "아침부터 밤까지 멈추지 않는 서비스(sunrise to sunset service)"를 상징

출처 : HYATT 공식홈페이지

하얏트의 첫 번째 온라인 사이트 Hyatt.com 출시

1994년

베케이션 오너십 업계에 뛰어듦

1995년

플로리다 키웨스트에 자사 첫 번째 베케이션 클럽 호텔인 하얏트 선셋 하버를 개장

출처 : HYATT 공식홈페이지

2000~2005

2000년

프리츠커 가문이 이끄는 그룹이 U.S. Franchise Systems, Inc.(USFS)를 인수함

2004년

프리츠커의 모든 숙박사업(Hyatt Hotels, Hyatt International, USFS 모두 포함)이 Global Hyatt Corporation이라는 하나의 새로운 지주회사(holding company)로 통합됨

2005년

Global Hyatt가 the AmeriSuites 호텔체인(업스케일 올 스위트 비즈니스 클래스호텔 체인)을 인수하였으며 이 호텔이 2006년에 Hyatt Place로 이름을 변경하게 됨

출처 : HYATT 공식홈페이지

2006년

하얏트 플레이스(Hyatt Place) 브랜드가 일리노이 롬바드에 첫선을 보임
하얏트가 장기투숙 업체인 서머필드 스위트(Summerfiled Suite)를 인수하여 이름을 하얏트 서머필드 스위트로 변경함

출처 : HYATT 공식홈페이지

2007년

현재 하얏트 브랜드 중 '하얏트'가 붙지 않은 유일한 브랜드인 안다즈(ANdAZ)가 첫 번째 지점인 안다즈 리버풀 스트리트(Liverpool Street) 런던을 개장

출처 : HYATT 공식홈페이지

2008년

Hyatt가 Microtel Inns & Suites와 Hawthorn Suites 호텔 브랜드를 윈덤 월드와이드(Wyndham Worldwide)에 매각

출처 : HYATT 공식홈페이지

2009년

Global Hyatt Corporation이 Hyatt Hotels Corporation으로 이름을 변경함
주식이 뉴욕증권거래소(NYSE)에서 공개거래되기 시작

출처 : HYATT 공식홈페이지

2011년

하얏트 글로벌 기업의 사회적 책임 플랫폼인 하
얏트 스라이브(Hyatt Thrive)가 도입됨

2012년

하얏트 서머필드 스위트가 하얏트 하우스(Hyatt
House)로 브랜드 이름이 변경되고 호텔 시에라
(Sierra) 지점 15곳이 인수를 통해 하얏트 홈 브
랜드에 합류하여 하얏트의 장기투숙 환경을 한
층 진화함

2013년

하얏트가 멕시코에 하얏트 지바(Hyatt Ziva) 및
하얏트 질라라(Hyatt Zilara) 브랜드의 첫선을 보
이며, 급속하게 성장 중인 올 인클루시브 리조트
분야에 진출

2015년

인기 목적지의 중심부에서 고급 코스모폴리탄
환경을 선사하는 새로운 라이프스타일 콘셉트인
하얏트 센트릭(Hyatt Centric) 브랜드를 발표

2016년

언바운드 컬렉션 바이 하얏트(the Unbound Collection
by Hyatt)가 하얏트 포트폴리오의 12번째 브랜드로 합류
하게 됨

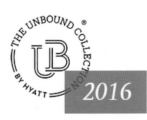

2017년

3월 1일, World of Hyatt는 고객과의 관계를 더욱 돈독히 하기 위해 새롭게 고안된 로열티 프로그램을 도입

이와 같은 목적에 따라 하얏트는 미라발(Miraval) 브랜드를 인수하여 웰빙 공간을 확장

출처 : HYATT 공식홈페이지

2018년

하얏트 월드 신용카드를 새롭게 출시하여 업계 최초로 보너스 포인트 피트니스 카테고리를 선보이며 회원들이 일상과 업무, 여행에서 누릴 수 있는 리워드를 제공함

알릴라(Alila), 데스티네이션 바이 하얏트(Destination by Hyatt), 제이디비 바이 하얏트(JDV by Hyatt), 톰슨 호텔(Thompson Hotels) 등의 브랜드에 이어 투 로드호스피탤리티(Two Roads Hospitality)를 인수함으로써 호텔 및 리조트 포트폴리오를 확장

출처 : HYATT 공식홈페이지

2019년

두 가지 새로운 브랜드를 발표

1) 캡션 바이 하얏트(Caption by Hyatt) : 퍼스널 커넥션을 중심으로 하며, 그것을 통해 영감을 주는 라이프스타일 브랜드

2) 유어코브(UrCove) : BTG Homeinns Hotels Group과 함께 합작 투자하여 중국에서 부상 중인 출장이 잦은 비즈니스 여행객을 위한 중상급(upper-midscale) 호텔시장이 목표

출처 : HYATT 공식홈페이지

World of Hyatt는 새롭게 설계된 모바일 앱, Samll Luxury Hotels of the World 지점의 확장, 아메리칸 항공(American Airelines), 린드블래드 엑스페디션즈(Lindblad Expeditions)와의 신규 제휴 등을 통해 끊임없이 프로그램을 업그레이드하고 새로운 혜택을 추가하며 세계를 연결하고 있음

2020년

1월 15일에 마음 챙김과 명상 앱의 선두주자인 헤드스페이스와 함께 새로운 글로벌 웰빙 프로그램을 발표. 회원은 하얏트 월드 앱과 참여 하얏트 호텔의 객실 내에서 엄선된 명상 및 수면을 위한 명상 프로그램을 이용할 수 있음

글로벌 바이오리스크 자문위원회(Global Biorisk Advisory Council™ , GBAC) STAR™ 인증을 받은 첫 호스피탤리티 브랜드가 됨. GBAC STAR™ 인증은 하얏트의 글로벌 케어 & 청결에 대한 약속의 일환으로 기존에 운영하던 엄격한 안전 및 청결 지침을 바탕으로 만들어짐

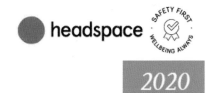

출처 : HYATT 공식홈페이지

(2) 호텔 분포현황 및 발전

Hyatt는 현재 전 세계 68개국에 20개 브랜드, 1,000여 개의 프로퍼티를 가지고 있다 (2021년 3월 30일 기준). 객실 수를 기준으로 지역별 분포를 살펴보면, 아메리카대륙에 67%로 가장 많은 객실이 분포하며, 다음으로는 아시아 태평양지역이 20%, 유럽, 아프리카, 중동, 서남아시아지역이 13%를 차지하고 있다. 경영형태를 기준으로 구분하면 위탁경영형태가 가장 많은 57%를 차지하고 있으며, 프랜차이즈방식은 36%, 나머지 소유와 임대방식(Owned & leased)이 7%를 차지하고 있다. 따라서 하얏트는 주로 위탁경영방식으로 확장하는 아메리카대륙에 집중적으로 분포한 글로벌 체인 호텔그룹이라고 할 수 있다.

Hyatt를 이용하는 고객층의 구성을 살펴보면, 가장 많은 부분(45%)을 차지하는 것은 레저 여행객이며, 다음은 그룹고객(30%), 비즈니스 여행객(25%) 순으로 구성된다. 호텔의 브랜드를 계열별로 객실 수가 가장 많은 형태 순서는 어퍼업스케일(43%), 업스케일(30%), 럭셔리(27%) 순이다([그림 4-24] 참고).

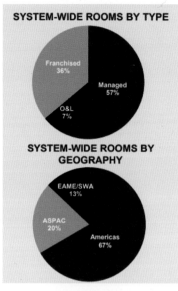
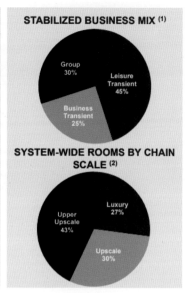

*2020.12.31일자 기준이며 vacation ownership, residentail, condominium은 제외한 수치임
(1) 안정적 비즈니스 믹스 수치는 2019.12.31일자 기준의 시스템 전체 객실 수익의 예상비율 반영임
(2) 체인규모별 객실은 Smith Travel Research 분류를 기반으로 한 예상 백분율의 반영임

출처 : Hyatt Investor Presentation(2021.5)

[그림 4-24] Hyatt At a Glance

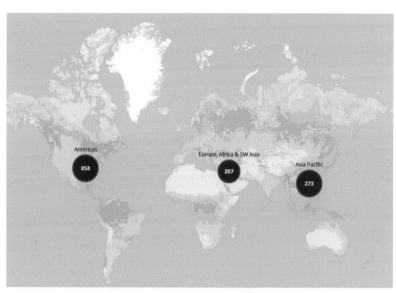

**위 숫자는 현재 운영 중인 호텔 및 건설 중인 호텔을 모두 포함한 숫자임

출처 : https://www.hyatt.com/development/explore-hotels/

[그림 4-25] Hyatt의 전 세계 분포현황(2021년 8월 기준)

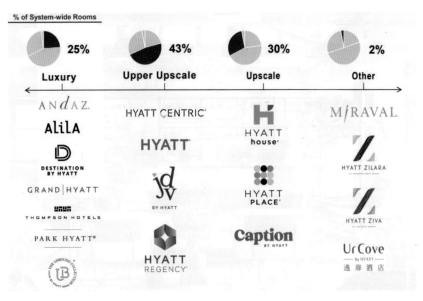

*위의 수치는 "Other"로 분류된 브랜드를 제외하고 Smith Travel Research에서 정의한 체인 규모임

출처 : Hyatt Investor Presentation

[그림 4-26] Hyatt 브랜드 계열별 비중(2021년 기준)

[그림 4-27] Hyatt 브랜드 포트폴리오(2021년 기준)

(3) HYATT의 경영철학

1) 목적(Purpose)

"We care for people so they can be their best."

우리는 사람을 보살펴 그들이 최선을 다할 수 있도록 합니다.

출처 : 하얏트 공식홈페이지

2) 비전(VISION)

> "A world of understanding and care."
> 이해와 보살핌의 세상
>
> 출처 : 하얏트 공식홈페이지

3) 사명(MISSION)

> "We deliver distinctive experiences for our guests."
> 우리는 우리 고객들을 위한 분명한 경험들을 전달하고자 합니다.
>
> 출처 : 하얏트 공식홈페이지

4) 가치(Values)

> "Respect, integrity, humility, empathy, creativity, and fun."
> 존중, 진실, 겸손, 공감, 창의성 그리고 재미
>
> 출처 : 하얏트 공식홈페이지

5) 하얏트의 경쟁력

하얏트는 고객에게 차별화된 경험을 제공하고 성장을 주도하며 고객, 동료 및 주주를 위한 가치를 창출한다는 우리의 사명을 뒷받침하는 상당한 경쟁력을 보유하고 있는데 이는 다음과 같다(Hyatt Annual Report 2020).

① World Class Brands(세계적 브랜드)

고객의 요구에 대한 깊은 이해에서 영감을 받아 우리는 독특한 브랜드의 글로벌 제품군을 개발하고 일부의 경우 인수했다.

② Global Platform with Compelling Growth Potential(놀라운 성장 잠재력을 가
    진 글로벌 플랫폼)

기존에 널리 분포된 글로벌 입지를 갖추고 있으며, 전 세계에서 가장 인구가 많은
도심에서 운영되며, 전 세계 주요 시장에 위치한 기존 호텔이 아직 브랜드가 덜 널리
퍼져 있는 시장에서 새로운 성장기회를 선택적으로 추구할 수 있는 강력한 플랫폼을 제
공하고 있다.

③ Deep Culture and Experienced Management Teams(깊은 문화와 경험이 풍
    부한 경영진)

하얏트 가족은 공유된 가치, 단일 목적, 그리고 고객과 고객의 경험을 경청하고 이해
하며 개인화하기 위한 깊은 헌신으로 뭉쳤다. 이 모든 것이 충성도를 높이고 경쟁사와
차별화하며 비즈니스 결과를 이끌어낸다고 믿는다.

④ Strong Capital Base and Disciplined Financial Approach(강력한 자본기반
    및 엄격한 재무 접근방식)

우리의 접근방식은 산업 주기와 경기 침체를 통해 적절한 수준의 재정적 레버리지를
유지하는 것이다. COVID-19로 인한 현재 경제상황은 우리의 수익, 운영 현금 흐름 및
레버리지 수준에 부정적인 영향을 미쳤다. 결과적으로 우리는 수요 회복과 현금 흐름이
개선될 때까지 운영을 지원하고 유동성을 강화하기 위해 부채 자본시장에 접근했다. 우
리는 대차대조표의 강점이 현재의 경제환경을 성공적으로 헤쳐나가고 시간이 지남에 따
라 입지를 확장하고 비즈니스를 성장시키기 위한 전략적 기회를 활용할 수 있는 고유한
위치에 있다고 믿는다.

⑤ Diverse Exposure to Hotel Management, Franchising, Ownership, and
    Development(호텔 관리, 프랜차이즈, 소유권 및 개발에 대한 다양한 노출)

위탁경영, 프랜차이즈, 소유 및 호텔개발사업의 다양한 조합은 광범위하고 다양한 수
익, 이익 및 현금 흐름 기반을 제공하고 비즈니스 라인 전반에 걸쳐 성장 기회를 평가할
수 있는 유연성을 제공한다.

⑥ High-Quality Owned Hotels are Located in Desirable Markets and are a Source of Capital for New Growth Investments.(높은 수준의 회사소유의 호텔들이 원하는 시장에 위치하고 있으며 이 호텔들이 바로 새로운 성장 투자를 위한 자본의 원천이다.)

우리는 소유 자산의 처분으로 추가수익을 실현할 수도 있고, 이를 활용해 우리의 주주들에게 점진적인 자본수익을 제공할 수도 있으며, 추가 전략적 투자에 필요한 자금을 마련하기도 한다.

6) 하얏트의 장기적 성장 사업전략(Business Strategy)

장기적으로 지속가능한 성장을 주도하고 고객, 동료, 소유자 및 주주를 위한 가치를 창출하기 위한 Hyatt의 장기적 성장전략

① 핵심사업의 극대화(Optimize our Core Business)

우리는 성장을 촉진할 수익 창출을 목표로 하는 동시에 동급 최고가 되기 위해 지속적으로 성장하고 탁월하게 핵심사업을 운영한다.

✓ 프리미엄을 요구하고 소비자 충성도를 높이는 고품질의 차별화된 브랜드와 경험

✓ 소유주를 유치하고 개발을 주도하는 우수한 호텔 경제성

② 새로운 성장 플랫폼 통합(Integrate New Growth Platforms)

우리는 고객들에 대한 관리를 개선하고 성장을 위한 추가 경로를 제공할 새로운 기회를 식별하고 통합한다.

✓ 월드 오브 하얏트(World of Hyatt) 플랫폼을 확장하는 보완적인 투자 및 협업

- New hotel brands(새로운 호텔 브랜드)
- Wellness/mindfulness(웰니스/마음챙김)
- Alternative accommodations(대체숙박시설)
- Travel alliances(여행제휴)

③ 자본 배치 최적화(Optimize Capital Deployment)

우리는 관리 및 프랜차이즈 사업을 확장하고, 새로운 성장 플랫폼에 투자하고, 주주

에게 자본을 반환하기 위해 자본 배치에 대해 포괄적이고 규칙적인 접근방식을 취한다.

   ✓ 투자능력을 유지하면서 성장을 주도하고 수익을 향상시키기

- Disposition of owned & leased real estate(소유 및 임대부동산의 처분)
- Reinvestment in new growth engines(신성장동력 재투자)
- Return of capital to shareholders(주주에 대한 자본 반환)

(4) 하얏트 브랜드 계열 및 현황

TIMELESS PORTFOLIO

LUXURY

1) 파크 하얏트(Park Hyatt) "Luxury hotels that exceed every expectation"

PARK HYATT®

출처 : 하얏트 개발 공식홈페이지

    매 투숙에 색다르고 예상을 뛰어넘는 즐거움이 깃들어 있고 투숙객이 특별하고 알찬 순간을 경험할 수 있는 곳이라는 슬로건을 내걸고 있는 브랜드이다. 파크 하얏트 호텔은 럭셔리와 개인화를 강조한다. 세계 최고의 목적지에 위치한 각 Park Hyatt 호텔은 세련미와 독특한 지역 특성을 결합하고 있다. 교양 있고 풍요로운 비즈니스 및 레저 여행객들은 유명한 예술작품 속에서 집과 같은 편안함을 찾는다. 그리고 디자인과 몰입감 있고 희귀한 요리 경험은 손님을 위한 독특하고 깊이 있는 식사 기회를 제공하도록 설계되었다. 아시아태평양 지역에 가장 많은 호텔이 분포하고 있다. 2021년 6월 말 기준 전 세계 24개국, 44개 호텔, 8,191개 객실을 운영하고 있다.

〈표 4-78〉 Park Hyatt의 분포현황(2020년 12월 말 기준)

	객실 수 (Rooms)	경쟁사 (Target Competitors)	고객층/호텔규모
아메리카대륙	1,622	Four Seasons, Mandarin Oriental, Ritz-Carlton, St. Regis, The Peninsula	레저 & 비즈니스 고객, 소규모 회의 50-250 rooms
유럽, 아프리카, 서남아시아	2,425		
아시아태평양	4,158		

출처 : Hyatt Annual Report 2020

2) 그랜드 하얏트(Grand Hyatt) "Destination hotels that celebrate the uniqueness of their locations"

출처 : 하얏트 개발 공식홈페이지

그랜드 하얏트 호텔은 주요 관문 도시와 리조트 목적지에 있는 독특한 호텔이다. 전 세계에 분포하고 있으며, 특히 아시아지역에 많이 분포하고 있다. 그랜드 하얏트 호텔은 세련된 비즈니스 및 레저 여행객에게 우아한 숙박시설, 특별한 레스토랑, 바, 고급 스파, 피트니스센터, 포괄적인 비즈니스 및 회의 시설을 제공한다. 그랜드 하얏트 호텔의 시그 니처 요소에는 상징적인 건축물, 최첨단 기술 및 모든 규모의 비즈니스 또는 사교 모임

〈표 4-79〉 Grand Hyatt의 분포현황(2020년 12월 말 기준)

	객실 수 (Rooms)	경쟁사 (Target Competitors)	고객층/호텔규모
아메리카대륙	12,871	InterContinental, Fairmont, JW Marriott Conrad	레저 & 비즈니스 고객, 소 · 대규모 회의, 소셜 이벤트 350-1,500 rooms
유럽, 아프리카, 서남아시아	4,036		
아시아태평양	15,278		

출처 : Hyatt Annual Report 2020

을 위한 시설 등이 있다. 2021년 6월 말 기준 전 세계 26개국에 59개 호텔, 32,489개 객실을 운영하고 있다.

3) 미라발(Miraval) "Create a Life in Balance"

출처 : 하얏트 개발 공식홈페이지

맞춤형 웰니스 경험을 제공하는 프라이빗하고 외딴 고급 목적지에 위치하고 있다. 활동, 경험 및 개인치료의 종합프로그램으로 투손(Tucson)의 Miraval Arizona Resort & Spa는 웰니스 스파 & 리조트 카테고리를 처음으로 개척하였다. 이 브랜드는 브랜드 포트폴리오 중에서도 차별화된 웰빙을 테마로 한 호텔 브랜드이며, 이는 전통적인 호텔 숙박을 넘어 고급 여행자들을 이해하고 이들을 돌볼 수 있는 새로운 방법을 찾아 고급여행자에게 서비스를 제공하는 데 중점을 두고 있다. "균형적인 삶"을 사는 방법을 재정의하고, 기쁨과 개인적 성취의 지속적인 여행을 즐길 수 있다. 2021년 6월 말 기준 전 세계 3개 호텔(아메리카대륙에만 위치), 362개 객실을 운영하고 있다.

〈표 4-80〉 Miraval의 분포현황(2020년 12월 말 기준)

	객실 수 (Rooms)	경쟁사 (Target Competitors)	고객층/호텔규모
아메리카대륙	362	Cal-a-vie, Canyon Ranch, Golden Door, Enchantment, Mii Amo, Red Mountain	레저 고객 100-400 rooms
유럽, 아프리카, 서남아시아	–		
아시아태평양	–		

출처 : Hyatt Annual Report 2020

UPPER UPSCALE

4) 하얏트 리젠시(Hyatt Regency) "Premium hotels and resorts with leading performance"

출처 : 하얏트 개발 공식홈페이지

하얏트의 첫 브랜드이며 하얏트 리젠시 애틀랜타가 1967년에 오픈하면서 시작되었다. 하얏트 리젠시 호텔은 회의 플래너, 비즈니스 여행객 및 레저 여행객의 요구사항을 충족하도록 맞춤화된 모든 서비스, 편의시설 및 시설을 제공하고 있다. 전 세계 주요 도시에 있는 하얏트 리젠시 호텔은 생산적이고, 연결된 환경, 휴양지를 찾는 커플, 함께 휴가를 즐기는 가족, 기업 단체를 위한 비즈니스 및 회의를 수행할 수 있는 호텔을 찾은 고객들에게 최적화된 호텔이다. 2021년 6월 말 기준 전 세계 219개 호텔 92,107개 객실을 운영하고 있다.

〈표 4-81〉 Hyatt Regency의 분포현황(2020년 12월 말 기준)

	객실 수 (Rooms)	경쟁사 (Target Competitors)	고객층/호텔규모
아메리카대륙	58,420	Marriott, Sheraton, Hilton, Renaissance, Westin	컨벤션, 비즈니스, 레저, 소·대규모 회의, 소셜 이벤트, 협회 200-2,000 rooms
유럽, 아프리카, 서남아시아	14,830		
아시아태평양	17,649		

출처 : Hyatt Annual Report 2020

5) 하얏트(Hyatt)

출처 : 하얏트 개발 공식홈페이지

하얏트 호텔은 다양한 비즈니스 및 레저 지역에 편리하게 위치한 호텔이다. 세계에서 가장 활기찬 목적지에 있는 Hyatt는 편리한 편의시설, 현대적인 객실, 독창적인 레스토랑과 바를 제공한다. 출장을 가거나, 친구를 만나거나, 혼자 새로운 도시를 탐험하기 위해 여행을 떠나는 고객들을 위해 최적화된 호텔이다. 2021년 6월 말 기준 전 세계 12개 호텔, 2,056개 호텔이 운영되고 있어 수적인 분포로 볼 때는 매우 작은 부분을 차지하는 브랜드 중 하나이다. 호텔은 전 세계 아메리카대륙 및 유럽 등에 분포되어 있지만, 아시아태평양 지역에는 진출하지 않은 브랜드이기도 하다.

⟨표 4-82⟩ Hyatt의 분포현황(2020년 12월 말 기준)

	객실 수 (Rooms)	경쟁사 (Target Competitors)	고객층/호텔규모
아메리카대륙	1,315	Marriott	비즈니스, 레저,
유럽, 아프리카, 서남아시아	741	Hilton	소규모 회의
아시아태평양	–	Westin	평균 약 170 rooms

출처 : Hyatt Annual Report 2020

UPSCALE

6) 하얏트 플레이스(Hyatt Place) "Select-service for the most selective"

출처 : 하얏트 개발 공식홈페이지

　하얏트 플레이스 호텔은 스타일과 혁신을 결합하여 현대적이고 편안하며 원활한 경험을 제공는 캐주얼 호텔이다. 멀티 태스킹 여행자에게 적합함. 세심하게 디자인된 객실에는 수면, 업무 및 휴식을 위한 별도의 공간이 있다. 하얏트 플레이스 호텔은 또한 24시간 내내 신선하게 준비된 음식, 효율적인 서비스 및 탐색하기 쉬운 경험을 제공한다. 로비에서 객실, 호텔 내 식사에 이르기까지 모든 서비스가 높은 가치의 비즈니스 여행객을 염두에 두고 설계되었다. 2021년 6월 말 기준, 전 세계 310여 개 도시에 393개 호텔, 56,289개 객실이 운영되고 있다.

〈표 4-83〉 Hyatt Place의 분포현황(2020년 12월 말 기준)

	객실 수 (Rooms)	경쟁사 (Target Competitors)	고객층/호텔규모
아메리카대륙	47,654	Courtyard by Marriott, Hilton, Garden Inn, AC Hotels	비즈니스, 레저, 소규모 회의 120-200 rooms
유럽, 아프리카, 서남아시아	3,193		
아시아태평양	4,579		

출처 : Hyatt Annual Report 2020

7) 하얏트 하우스(Hyatt House) "A Flexible, Elevated Approach to Extended Stay"

출처 : 하얏트 개발 공식홈페이지

하얏트 하우스 호텔은 장기 체류 거주자를 위한 extended stay 형태의 숙박브랜드이다. 완비된 주방과 별도의 거실이 있는 아파트 스타일의 스위트룸에서 집의 편리함을 경험할 수 있다. 하얏트 하우스 호텔은 따뜻한 무료 아침식사, H BAR 음식 및 음료 제공, 실내 및 실외 공용공간을 통해 장기 체류 중에도 편안하게 머무를 수 있도록 설계되었다. 2021년 6월 말 기준, 전 세계 100여 개 도시에 121개 호텔, 17,523개 객실이 운영되고 있다.

〈표 4-84〉 Hyatt House의 분포현황(2020년 12월 말 기준)

	객실 수 (Rooms)	경쟁사 (Target Competitors)	고객층/호텔규모
아메리카대륙	14,390	Residence Inn by Marriott Element by Westin Homewood Suites	장기투숙, 비즈니스, 레저, 소규모 회의 도시, 교외, 대학가 120-200 rooms
유럽, 아프리카, 서남아시아	687		
아시아태평양	953		

출처 : Hyatt Annual Report 2020

UPPER MIDSCALE

8) 유어코브(UrCove) "UrCove, Your Friend"

출처 : 하얏트 개발 공식홈페이지

중국에만 분포하는 호텔 브랜드이다. UrCove 브랜드는 중상급 시장에서 매끄럽고 편안하며 고급스러운 여행 경험에 대한 중국 출장객의 선호도와 증가하는 기대치를 충족하도록 특별히 설계되었다. "your cove"의 줄임말인 UrCove 브랜드의 호텔은 세심한 서비스, 넓은 객실, 맛있는 음식, 편안하면서도 세련된 분위기를 통해 현대 여행자를 위한 편안함과 편리함을 결합하여 제공한다. 2021년 6월 말 기준 5개 호텔 1,015개 객실이 운영되고 있다.

〈표 4-85〉 UrCove의 분포현황(2020년 12월 말 기준)

	객실 수 (Rooms)	경쟁사 (Target Competitors)	고객층/호텔규모
아메리카대륙	-	ATOUR, Hampton Inn, Mercure	비즈니스, 레저, 소규모 회의
유럽, 아프리카, 서남아시아	-		
아시아태평양	1,015		

출처 : Hyatt Annual Report 2020

ALL INCLUSIVE

9) 하얏트 질랄라 & 하얏트 지바(Hyatt Zilara, Hyatt Ziva) "A luxurious evolution of the all-inclusive stay."

출처 : 하얏트 공식홈페이지

멕시코 및 카리브해의 해변에 위치하고 있으며 올 인클루시브(All Inclusive)스타일의 리조트이다. 즉, 숙박, 음식, 음료 및 엔터테인먼트를 무제한으로 즐길 수 있으며 이 모든 것이 현지스타일로 제공되면서 객실요금에 모든 것을 포함하고 있는 숙박형태이다. 현지 언어 학습, 댄스 수업, 해변 요가 등 연중 다양한 활동과 스파 트리트먼트, 또는 카약 등의 체험 활동과 같이 활동적인 엔터테인먼트와 함께 즐기고 싶은 고객들을 위한 호텔이다. 제공되는 서비스는 바다 전망 객실 및 무료 미니바 제공, 고급요리, 최고급 음료를 제공하는 바와 라운지, 24시간 룸서비스, 연중 즐길 수 있는 다양한 현지 활동 및 라이브 엔터테인먼트, 인피니티수영장, 스포츠 코트 및 피트니스센터 등을 모두 리조트 내에 갖추고 있다.

하얏트 지바(Hyatt Ziva)는 전 연령대를 위한 올 인클루시브 리조트이며 Montego Bay(Jamaica), Cancun(Mexico), Los Cabos(Mexico), Puerto Vallarta(Mexico), Cap Cana(Dominican Republic), Riviera Cancun(Mexico)에 총 6개 리조트가 있다.

하얏트 질라라(Hyatt Zilara)는 성인 전용 올 인클루시브 리조트로 Montego Bay, (Jamaica), Cancun(Mexico), Cap Cana(Dominican Republic)에 총 3개 리조트가 있다 (2021년 기준).

〈표 4-86〉 Hyatt Ziva & Zilara의 분포현황(2020년 12월 말 기준)

	객실 수 (Rooms)	경쟁사 (Target Competitors)	고객층/호텔규모
Hyatt Ziva	2,234	Beaches, Dreams	레저, 소규모 회의
Hyatt Zilara	919	Sandals, Secrets	레저, 성인전용, 소규모 회의

출처 : Hyatt Annual Report 2020

VACATION OWNERSHIP(TIMESHARE)

10) 하얏트 레지던스 클럽(Hyatt Residence Club)

출처 : 하얏트 공식홈페이지

하얏트 레지던스 클럽 포트폴리오 프로그램의 자유와 유연성으로 매년 새로운 방식으로 휴가를 보내고 포트폴리오 리조트에서 휴가를 만끽하고 클럽-클럽 교환을 통해 하얏트 레지던스 클럽 리조트의 전체 네트워크를 이용하거나 월드 오브 하얏트를 통해 전 세계를 탐험할 수 있다. 2021년 6월 말 기준 전 세계 16개 프로퍼티가 있다. 경쟁사로는 Hilton Vacation Club, Marriott Vacation Club 등 같은 timeshare라고 할 수 있다.

BOUNDLESS PORTFOLIO

LUXURY

11) 안다즈(ANdAZ) "Vibrant luxury lifestyle hotels rooted in local art and culture"

출처 : 하얏트 개발 공식홈페이지

모든 Andaz 호텔은 모든 면에서 독특하며, 목적지의 문화를 고상하게 반영하고 있다. 현지에서 영감을 받은 로비와 외관의 건축물, 시그니처 Andaz 라운지에서 들리는 음악, 마켓-투-테이블 레스토랑의 풍미, 객실의 독특한 질감, Andaz 호텔 스파의 부드러운 아로마에 이르기까지 Andaz 호텔은 현지의 분위기와 특징을 담아내고 있다. 안다즈는 주변 환경을 반영하고 장벽이 없고 비전통적인 환경을 만드는 독특하고 혁신적인 서비스 모델을 특징으로 한다. 2021년 6월 말 기준 전 세계 12개 호텔, 2,705개 객실이 운영되고 있다. 2021년 6월 말 기준 전 세계 25개 호텔, 5,698개 객실이 운영되고 있다.

〈표 4-87〉 ANdAZ의 분포현황(2020년 12월 말 기준)

	객실 수 (Rooms)	경쟁사 (Target Competitors)	고객층/호텔규모
아메리카대륙	2,179	W, Edition, SLS, Viceroy, Kimpton	비즈니스, 레저 소규모 회의 125-250 rooms
유럽, 아프리카, 서남아시아	1,775		
아시아태평양	1,578		

출처 : Hyatt Annual Report 2020

12) 알릴라(Alila) "Surprisingly Different"

출처 : 하얏트 개발 공식홈페이지

　알릴라(Alila)는 산스크리트어(Sanskrit)로 'Surprise(놀라움)'를 의미하며, 이것은 이 호텔의 특별한 특성과 고객들이 호텔에 머물 때 갖게 되는 인상을 설명하는 아주 잘 표현하고 있다. Alila의 호텔과 리조트에 머무는 것은 진정한 목적지 경험을 시작하는 것이다. 지역 요리의 맛을 재현하고 고대 치유 예술을 통해 웰빙을 향상시키거나 모험 스포츠의 스릴을 느낄 수 있다. 독특한 여행지에서 혁신적인 디자인과 섬세한 럭셔리가 만난 곳에서 비교할 수 없는 맞춤형 접객서비스, 프라이버시를 만끽할 수 있는 공간, 취향에 꼭 맞는 여정을 즐길 수 있는 브랜드이다. 대부분이 아시아태평양지역에 집중적으로 분포하고 있으며, 2021년 6월 말 기준 전 세계 15개 호텔, 1,681개 객실이 운영되고 있다.

〈표 4-88〉 Alila의 분포현황(2020년 12월 말 기준)

	객실 수 (Rooms)	경쟁사 (Target Competitors)	고객층/호텔규모
아메리카대륙	50	One&Only, Six Senses, Aman, Banyan Tree, COMO	비즈니스, 레저, 소규모 회의 50-250 rooms
유럽, 아프리카, 서남아시아	296		
아시아태평양	1,099		

출처 : Hyatt Annual Report 2020

13) 톰슨 호텔(Thompson Hotels) "The refined edge of travel"

THOMPSON HOTELS

출처 : 하얏트 개발 공식홈페이지

Thompson Hotels은 수상 경력에 빛나는 부티크 라이프스타일 브랜드로 도시 및 리조트 지역에 독창적인 호텔을 보유하고 있다. 현대적이고 세련된 여행자를 위한 컬렉션으로 각 위치는 대화를 촉발하고, 손님들을 세계적 수준의 요리와 연결하도록 설계되어 세심하게 선별된 경험을 제공하며, 주변지역을 반영하는 레이어드 디자인을 보유하고 있다. 2021년 6월 말 기준 전 세계 12개 호텔, 2,705개 객실이 운영되고 있다.

〈표 4-89〉Thompson Hotels의 분포현황(2020년 12월 말 기준)

	객실 수 (Rooms)	경쟁사 (Target Competitors)	고객층/호텔규모
아메리카대륙	2,543	W, Edition, SLS, Viceroy, Kimpton, Rosewood, 1 hotels, NoMad Hotels	비즈니스, 레저, 소규모 회의 50-250 rooms
유럽, 아프리카, 서남아시아	-		
아시아태평양	-		

출처 : Hyatt Annual Report 2020

UPPER UPSCALE

14) 하얏트 센트릭(Hyatt Centric) "Flexible, lifestyle hotels in the center of their destination"

출처 : 하얏트 개발 공식홈페이지

하얏트 센트릭 호텔은 주요 목적지에 위치한 풀 서비스 라이프스타일 호텔로, 모험을 즐기고자 하는 호기심 많은 레저 여행자를 위한 브랜드이다. 하얏트 센트릭(Hyatt Centric) 호텔은 호텔 전체에 예술적으로 선별된 공간을 갖추고 있으며, 투숙객이 일하고, 휴식을 취하고, 사교할 수 있도록 세심하게 설계되었다. 탐험으로 하루를 보낸 후에는 차가운 분위기의 세련된 공간에서 장인이 만든 다양한 칵테일과 현지 음식을 즐길 수 있다. 항상 중심가에 위치하기 때문에, 2021년 6월 말 기준 전 세계 40개 호텔, 8,333개 객실이 운영되고 있다.

〈표 4-90〉 Hyatt Centric의 분포현황(2020년 12월 말 기준)

	객실 수 (Rooms)	경쟁사 (Target Competitors)	고객층/호텔규모
아메리카대륙	5,511	ACE, AC Hotels, Moxy, Kimpton, Palomar, Canopy by Hilton, Hotel Indigo	비즈니스, 레저, 소규모 회의 100-250 rooms
유럽, 아프리카, 서남아시아	1,344		
아시아태평양	1,082		

출처 : Hyatt Annual Report 2020

UPSCALE

15) 캡션 바이 하얏트(Caption by Hyatt) "Where lifestyle meets select service"

출처 : 하얏트 개발 공식홈페이지

　　Caption by Hyatt는 모든 사람을 환영하는 친근하고 활기차고 의식적인 환경에 대한 오늘날 여행자의 욕구를 충족시키도록 설계된 엄선된 서비스 카테고리의 새로운 고급 라이프스타일 브랜드이다. 셀렉트 서비스과 라이프스타일을 결합해 놓은 형태로 볼 수 있다. 서비스 공용공간에서 고객들은 서로 대화를 나누고 편안하고 유연한 공동 공간에서 손님을 초대하여 일하고, 먹고, 서로 친분을 쌓아갈 수 있다. 하루 종일 지역 주민과 손님을 끌어들이고, 소셜 공간을 사용하여 서로 간 및 주변 장소와 연결하고 상호 작용하여 현대 사회에서 환대가 어떤 모습인지 재정의하게 된다. 즉, 셀렉트 서비스와 라이프스타일의 좋은 점을 합해놓은 브랜드라고 볼 수 있다. 2021년 현재 운영되는 호텔은 아직 없으며 브랜드만 론칭된 상태이다. 또한, 중국 상하이와 미국 테네시주 멤피스(Memphis)

에 첫 호텔 오픈을 준비 중이다.

〈표 4-91〉 Caption 분포현황(2020년 12월 말 기준)

	객실 수 (Rooms)	경쟁사 (Target Competitors)	고객층/호텔규모
아메리카대륙	-		
유럽, 아프리카, 서남아시아	-	Citizen M, Moxy, AC Hotels, Motto, Aloft	비즈니스, 레저, 소규모 회의 150-250 rooms
아시아태평양	-		

출처 : Hyatt Annual Report 2020

INDEPENDENT COLLECTIONS

16) 디 언바운드 컬렉션 하얏트(The Unbound Collection by Hyatt) "An independent collection of hotels that gives you the freedom to be extraordinary"

출처 : 하얏트 개발 공식홈페이지

The Unbound Collection by Hyatt 브랜드는 역사적인 도시의 보석부터 현대적인 신축 호텔, 부티크 호텔 및 리조트에 이르기까지 고급스럽고 럭셔리한 자산의 포트폴리오이다. 각 숙박시설은 여행 시 정교하면서도 대본 없는 경험을 원하는 고객에게 영감을 주고 생각을 불러일으키는 환경을 제공하고 있다. The Unbound Collection by Hyatt는 호텔 운영사 측면에서 볼 때, 각 호텔이 자신들의 고유한 특성과 브랜드 이름은 유지하면서 하얏트의 강력한 분포, 운영 및 마케팅 리소스, 수상 경력에 빛나는 고객 충성도 프로그램, 브랜드 이름과 명성 등을 이용할 수 있다는 장점이 있다. 2021년 6월 말 기준으로 전 세계 26개 호텔과 5,401개 호텔이 운영되고 있다.

〈표 4-92〉 The Unbound Collection by Hyatt의 분포현황(2020년 12월 말 기준)

	객실 수 (Rooms)	경쟁사 (Target Competitors)	고객층/호텔규모
아메리카대륙	2,355	Autograph Collection, Luxury Collection, Curio Collection by Hilton	비즈니스, 레저, 소규모 회의 125-250 rooms
유럽, 아프리카, 서남아시아	1,685		
아시아태평양	801		

출처 : Hyatt Annual Report 2020

17) 데스티네이션 바이 하얏트(Destination by Hyatt) "Make Our Destination Yours"

출처 : 하얏트 개발 공식홈페이지

각 지역 최고의 멋을 이끌어내는 데 중점을 둔 데스티네이션 호텔은 주변 환경과 조화를 이루는 동시에 지역 문화가 각 장소에 그대로 자연스럽게 녹아들어 있고 호텔 안에서는 편안히 투숙하며 여행지를 제대로 만끽할 수 있는 따뜻한 분위기를 즐길 수 있다. 2021년 6월 말 기준 전 세계 아메리카대륙에만 분포하고 있으며 총 17개 호텔, 3,852개 객실이 운영되고 있다.

〈표 4-93〉 Destination by Hyatt의 분포현황(2020년 12월 말 기준)

	객실 수 (Rooms)	경쟁사 (Target Competitors)	고객층/호텔규모
아메리카대륙	3,906	Marriott Autograph Collection, Curio Collection by Hilton, Tapestry Collection by Hilton	비즈니스, 레저, 대·소규모 회의, 소셜이벤트, 협회 100-400 rooms
유럽, 아프리카, 서남아시아	-		
아시아태평양	-		

출처 : Hyatt Annual Report 2020

18) 주아 드 비브르 호텔(JdV by Hyatt) "A boutique collection with heart"

출처 : 하얏트 개발 공식홈페이지

jdv는 삶의 기쁨(joie de vivre)을 의미하는 말이다. 주변 지역에 대한 깊이 있는 이해가 담겨 있고 각 호텔은 주변 환경에서 영감을 얻어 독특한 멋을 자랑하며 각 지역의 문화와 공간에서 영감을 얻은 객실은 편안하고 세련되며, 세심한 현대적 편의시설을 갖추고 있다. jdv는 활기차고, 밝고, 마음이 젊은 사람들을 위한 브랜드이다. 2021년 6월 말 기준 전 세계 총 20개 호텔, 2,901개 객실이 운영되고 있다.

〈표 4-94〉 JdV by Hyatt의 분포현황(2020년 12월 말 기준)

	객실 수 (Rooms)	경쟁사 (Target Competitors)	고객층/호텔규모
아메리카대륙	1,888	Kimpton, Canopy, Autograph Collection	비즈니스, 레저, 소규모 회의 50-250 rooms
유럽, 아프리카, 서남아시아	-		
아시아태평양	202		

출처 : Hyatt Annual Report 2020

⑤ IHG

(1) 탄생 및 역사

IHG
HOTELS & RESORTS

IHG(InterContinental Hotels Group)는 영국에서 출발한 240년이 넘는 긴 역사를 지닌 호텔그룹이다. IHG는 크게 인터컨티넨탈 호텔(InterContinental Hotel)과 홀리데이인(Holiday Inn) 두 개의 브랜드 그룹에 기초를 두고 있다.

먼저, IHG의 뿌리라고 할 수 있는 회사는 1777년 영국의 William Bass가 설립한 Bass Brewery(양조장)이다. 양조장 사업을 기본으로 하면서 'Bass Hotel'이라는 이름으로 호텔 사업에도 뛰어들게 되는데 여기에는 1988년 영국 정부가 개별 양조장이 소유할 수 있는 선술집(pub)의 수를 제한한다는 규제를 만들게 되면서 앞으로의 사업확장에 있어 한계가 있음을 인지한 후부터 사업방향을 양조장에서 호텔로 전환하게 된 배경이 있다. 따라서 Bass PLC는 자회사인 Bass Hotels & Resorts를 통해 1988년 홀리데이 인 브랜드(1952년 미국 테네시주의 멤피스에서 탄생한 브랜드)를 인수하게 되면서 호텔사업을 확장해 나가게 된다.

이후 1990년 Bass Company는 북아메리카에 남아 있던 Holiday Inn 사업부문을 매입하게 되면서 홀리데이인 브랜드 인수절차를 모두 마치고 International Hotel 기업으로 발돋움하는 발판을 마련하게 된다. 그리고 Holiday Inn Express 브랜드를 새로 개발해 선보이게 된다. 한편, 이 무렵 Holiday Corporation은 구조조정을 통해 두 개의 기업으로 분리되어 독립적으로 운영되기 시작하는데, 하나는 영국의 Bass PLC가 인수한 Holiday Inn과 Crowne Plaza이고, 다른 하나는 Holiday Corporation에서 분사한 새 회사 Promus Company로 Embassy Suite, Hampton inn, Homewood Suites와 Harrsh's Cashino 등을 보유해서 운영하게 된다. 그리고 이때 Promus Company가 운영하던 호텔 브랜드들은 후에 힐튼그룹으로 주인이 바뀌어 오늘날까지 이어지게 된다.

IHG의 또 하나의 대표 브랜드인 인터컨티넨탈(InterContinental)은 1946년 미국의 최대 국영 항공사였던 팬암사(Pan American World Airways Inc. : PanAm)가 설립한 호텔 브랜드인데 IHC(InterContinental Hotels Corporation)라는 회사에 속해 운영되었던 브랜드였다. 팬암항공사는 이 호텔을 승무원들을 위한 숙박시설로 사용하기 위해 브라질의 벨렘(Belem)에 첫 번째 호텔을 세우게 되었다고 한다. 이후 몇 번의 매각 절차를 통해, 1998년 IHC는 최종적으로 British Brewery Bass 그룹에 매각되면서 Bass 그룹이 운영하는 호텔로 합류하게 되었다.

InterContinental Hotels & Resorts의 인수 이후 Bass 그룹은 2000년 맥주 주조와 관련된 모든 양조사업을 접으면서 본격적으로 호텔사업에만 전념하기로 한다. 2001년에는 회사이름을 Bass에서 Six Continents PLC로 변경하게 되고 주류 관련 부분 사업은 모두 매각하게 된다. 2003년 Six Continents PLC는 다시 호텔과 소프트드링크 사업만 전담하는 IHG(InterContinental Hotels Group) PLC와 소매업 부분인 Mitchells & Butlers PLC 부분으로 나눠지게 되고 우리가 지금 알고 있는 IHG는 바로 이때 만들어지게 된다.

다양한 호텔회사를 인수합병하면서 확장하며 성장해온 IHG의 역사가 다소 복잡하므로 대략적인 호텔의 역사를 [그림 4-28]에 정리하였으니 참고하며 정리해보기 바란다.

출처 : 저자작성

[그림 4-28] IHG 역사 개요

☐ IHG의 연혁

:::: 1777~1899 ::

1777년

윌리엄 바스(William Bass)가 영국 Burton-
on-Trent에 양조장을 오픈함

출처 : IHG 공식홈페이지

1875년

Bass가 영국 최초로 상표등록을 함

:::: 1900~1949 ::

1935년

Bass가 영국 런던 증권거래소에 상장됨

출처 : IHG 공식홈페이지

1946년

팬암항공사(Pan American World Airways
Inc.)의 창립자 Juan Trippe에 의해
InterContinental 브랜드 탄생

출처 : IHG 공식홈페이지

1949년

브라질 벨렘(Belem)에 첫 번째
InterContinental Hotel 오픈

출처 : IHG 공식홈페이지

1950~1959

1952년

미국 테네시주 멤피스에서
Holiday Inn 탄생

1954년

새로운 비즈니스 형태인 프랜차이즈를
Holiday Inn 브랜드 확장에 적용하여 전 세
계적으로 브랜드를 성장시키는 데 성공함

출처 : IHG 공식홈페이지

**창업자 케몬스 윌슨(Kemmons Wilson)과 Holiday
Inn 간판**

1956년

Holiday Inn이 300,000개 객실을 보유한 세
계 최초의 회사가 되면서 세계 최고의 호텔
브랜드가 됨

출처 : IHG 공식홈페이지

**1952년 멤피스에서 연 첫 홀리데이 인 오픈식에
참석한 윌슨의 아이들**

1960~1969

1965년

Holiday Inn이 IBM과 기술협약으로 세계 최초 호텔예약 전산
시스템(CRS : Computerised hotel reservation system)인 홀리
덱스(Holidex) 출시

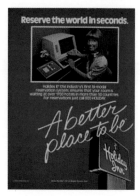

출처 : IHG 공식홈페이지

1970~1979

1972년

Holiday Inn이 전 세계로 확장하며 뻗어감.
3일에 하나씩 새로운 호텔이 개관할 정도로
미국에서 눈부신 성장을 거둠

출처 : IHG 공식홈페이지

**미국 고속도로에서 친숙하게 볼 수 있었던
홀리데이 인 광고 표지판**

1977년

Holidex가 항공사 및 여행사 예약시스템과
직접 연결하여 모든 여행산업 예약을 한 곳
에서 해결하는 최초의 호텔예약시스템으로
발전함

출처 : IHG 공식홈페이지

1980~1989

1981년

부티크 호텔 콘셉트인 Kimpton Hotels & Restaurants 브랜드의 탄생

Bill Kimpton은 유럽여행에서 경험한 맞춤식 숙박에 대한 욕구에서 영감을 얻어 더욱 아름답고, 지내기 좋고, 세련된 숙박형태인 부티크의 개념을 창안해 냄

출처 : IHG 공식홈페이지

1983년

홀리데이 인은 미국 메릴랜드 록빌(Rockville, Maryland)에 첫 번째 크라운 플라자(Crowne Plaza)를 오픈함

크라운 플라자는 비즈니스 여행객들에게 새로운 스타일의 서비스와 시설을 제공함

출처 : IHG 공식홈페이지

1983년

홀리데이 인은 업계 최초 로열티 프로그램(Priority Club)을 시작함

1985년

기업명을 Holiday Inns, Inc.에서
→ Holiday Corporation으로 변경

출처 : IHG 공식홈페이지

1988년

Bass그룹이 Holiday Inn International을 인수합병하면서 호텔산업에 본격적으로 진출하기 시작함

1989년

새로운 영국 법안(주요 양조업자가 소유할 수 있는 술집의 수를 제한)이 발휘되면서 Bass는 호텔투자를 늘리며 사업의 방향을 전환함

출처 : IHG 공식홈페이지

1990~1999

1990년

Bass가 Holiday Inn 전체인수를 완료함(북미권 호텔 사업권까지 모두 인수, 체인소유, 프랜차이즈, 위탁경영호텔을 포함 Hotel Service Division과 Holidex 관리권 모두 인수) 새로운 브랜드 Holiday Inn Express 출시

출처 : IHG 공식홈페이지

1995년

캔들우드 스위트(Candlewood Suite) 브랜드 탄생
설립자는 잭 데보어(Jack DeBoer)
무료 고객 세탁서비스와 24시간 물품보관함을 처음으로 운영하면서 장기투숙(extended stay) 개념을 도입함

출처 : IHG 공식홈페이지

1995년

Holiday Inn이 세계 최초로 인터넷으로 호텔예약을 시작함

출처 : IHG 공식홈페이지

1997년

Bass가 스테이브리지 스위트(Staybridge Suites by Holiday Inn) 브랜드를 출시하고 북미 전역에 진출함

출처 : IHG 공식홈페이지

1998년

Bass가 인터컨티넨탈 호텔 앤 리조트(Inter-Continental Hotels & Resorts) 브랜드를 인수

출처 : IHG 공식홈페이지

2000~2009

2000년

Bass가 호주의 Southern Pacific Hotels Corporation과 미국의 Bristol Hotels & Resorts Inc.을 인수
호텔사업에 집중하기로 사업방향을 전환

출처 : IHG 공식홈페이지

2001년

Bass는 사업의 글로벌 확장을 강조하면서 사명을 Six Continents PLC로 변경함
1,000여 개의 술집(pubs)을 매각하고 호텔체인을 늘려감

출처 : IHG 공식홈페이지

2003년

IHG 탄생

Six Continents PLC는 회사를 2개로 나누는데, 그중 호텔 및 청량음료 사업부문을 담당하는 InterContinental Hotels Group PLC와 소매업을 담당하는 Mitchells & Butlers PLC. 로 분할함

출처 : IHG 공식홈페이지

2003년

IHG가 Candlewood Suites 인수

기존의 Staybridge Suites 장기투숙 브랜드를 보완하는 Candlewood Suites 브랜드의 추가는 미국에서 큰 존재감을 갖게 함

출처 : IHG 공식홈페이지

2004년

IHG가 부티크 브랜드 호텔 인디고(Hotel Indigo) 출시

미국 애틀랜타 미드타운에서 시작하였으며 호텔 중 어떤 것도 서로 비슷하지 않도록 개성 넘치는 호텔을 설계함

출처 : IHG 공식홈페이지

2005년

IHG가 청량음료 사업인 Britvic PLC 지분을 매각하고 호텔산업분야에 중점을 둠

출처 : IHG 공식홈페이지

2006년

IHG Academy를 중국에 설립
전 세계 호텔, 학교 및 지역사회 간 사람들
의 환대서비스 기술을 발전시키기 위해 시
작되었으며 현재는 전 세계에서 수천 명의
인재를 양성하고 있음

출처 : IHG 공식홈페이지

2007년

새로운 브랜드 Holiday Inn Resort 출시
IHG는 업계 최대규모의 투자인 10억 달러
규모의 투자를 홀리데이 인 브랜드 패밀리
에 감행함

2008년

Holiday Inn Club Vacations 출시
Orange Lake Resorts와 Holiday Inn 설립자
Kemmons Wilson과의 제휴로 탄생함

출처 : IHG 공식홈페이지

2009년

IHG의 Green Engage™ 시스템 출시로 전
세계 호텔이 에너지, 탄소, 물 및 폐기물을
측정, 모니터링, 관리 및 보고할 수 있도록
지원

출처 : IHG 공식홈페이지

2010~2019

2010년

IHG는 모든 플랫폼에서 예약 앱을 최초로
제공함
전 세계 어디에 있든지 고객들과 호텔을 연
결할 수 있게 됨

출처 : IHG 공식홈페이지

2012년

미국에서 EVEN 브랜드 출시

출처 : IHG 공식홈페이지

2012년

중국시장을 위해 특별히 설계된 브랜드
HUALUXE 출시

출처 : IHG 공식홈페이지

2013년

현재 업계에서 가장 크고 가장 오래된 로열티 프
로그램인 Priority Club Rewards를 IHG Rewards
Club으로 재출시

출처 : IHG 공식홈페이지

2015년

IHG가 미국의 유명 브랜드인 Kimpton Hotels & Restaurants 브랜드 매입

출처 : IHG 공식홈페이지

2017년

IHG가 avid 브랜드를 출시하면서 IHG 포트폴리오에 새롭고 수준 높은 미드스케일의 호텔 브랜드를 추가함

출처 : IHG 공식홈페이지

2018년

IHG가 Regent Hotels & Resorts 브랜드 지분의 51%를 매입하여 럭셔리 부문의 최상위에서 강력한 입지를 확보함
IHG가 영국 럭셔리 호텔시장에서의 선두를 차지
새로운 업스케일브랜드 VOCO 출시

출처 : IHG 공식홈페이지

2019년

IHG가 럭셔리브랜드인 식스 센스 호텔리조트 스파(Six Senses Hotels Resorts Spas)를 인수함
미국시장에서 새로운 upper-midscale, all suite 호텔 브랜드 애트웰 스위트(Atwell Suites) 브랜드 출시

출처 : IHG 공식홈페이지

2019년

IHG는 일회용품 플라스틱 쓰레기를 줄이기
위해 욕실 내 어메니티를 미니어처 사이즈
에서 대형사이즈로 변경하기로 발표한 최
초의 글로벌 호텔회사

출처 : IHG 공식홈페이지

(2) 호텔 분포현황 및 발전

IHG는 전 세계 16개 브랜드, 100개국 이상에서 5,900여 개의 호텔과 890,000여 개의
객실을 운영하는 글로벌 호텔기업이다. 16개 브랜드는 크게 4개의 분류, Luxury &
Lifestyle, Premium, Essentials, Suites로 구분하고 있다. 분포현황은 아메리카대륙이 58%
로 가장 많으며 다음으로는 유럽·중동·아시아 및 아프리카(26%), 마지막으로 중국
(16%) 순이다.

(총 883,819개의 객실 수 중 분포된 객실 수를 백분율로 계산)

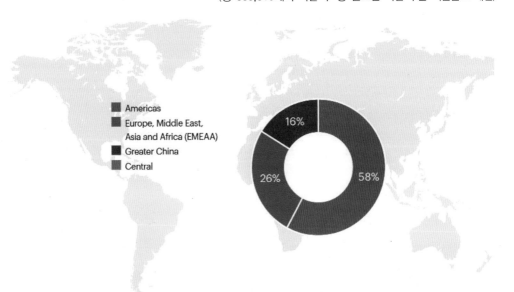

출처 : annual report and form 20F 2020, www.ihgplc.com/en/investors/annual-report

[그림 4-29] IHG Hotels & Resort의 전 세계 분포 객실 수 현황(2021년 기준)

지역별 세부 분포현황을 보면 아래 그림과 같이 아메리카대륙에 44,290개 호텔이 있으며(건설 중인 곳 포함. 2021년 기준), 전체의 절반을 넘는 58%를 차지하는 것을 알수 있다.

Global	Americas	EMEAA	Greater China

5,959
Open hotels

1,820
Pipeline hotels

883,819
Open rooms

273,883
Pipeline rooms

Figures include IHG's 127 unbranded, PAL and InterContinental Alliance hotels
(40,491 rooms), and 13 hotels in the pipeline.

출처 : IHG 공식홈페이지(www.ihgplc.com/en/about-us/our-global-presence)

[그림 4-30] IHG 글로벌 호텔 분포현황(2021년 기준)

Global	Americas	EMEAA	Greater China

4,290
Open hotels

967
Pipeline hotels

510,810
Open rooms

100,268
Pipeline rooms

Figures include IHG's 103 unbranded, PAL and InterContinental Alliance hotels
(23,686 rooms), and 12 hotels in the pipeline.

출처 : IHG 공식홈페이지(www.ihgplc.com/en/about-us/our-global-presence)

[그림 4-31] IHG 아메리카 대륙 호텔 분포현황(2021년 기준)

Global	Americas	EMEAA	Greater China

1,141
Open hotels

393
Pipeline hotels

226,570
Open rooms

77,835
Pipeline rooms

Figures include IHG's 16 unbranded hotels (9,842 rooms), and 0 hotel in the
pipeline.

출처 : IHG 공식홈페이지(www.ihgplc.com/en/about-us/our-global-presence)

[그림 4-32] IHG 유럽 · 중동 · 아시아 및 아프리카 대륙 호텔 분포현황(2021년 기준)

Global   Americas   EMEAA   <u>Greater China</u>

528
Open hotels

460
Pipeline hotels

146,439
Open rooms

95,780
Pipeline rooms

Figures include IHG's 8 unbranded hotels (6,963 rooms) and 1 hotel in the pipeline.

출처 : IHG 공식홈페이지(www.ihgplc.com/en/about-us/our-global-presence)

[그림 4-33] IHG 중국 대륙 호텔 분포현황(2021년 기준)

IHG의 사업운영모델은 대부분이 프랜차이즈(Franchised) 방식(71%)이며, 그 다음은 위탁경영(Managed) 방식(28%)이다.

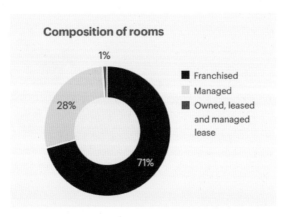

출처 : IHG Annual Report 2020 overview

[그림 4-34] IHG 운영방식 분포(객실 수 기준)

브랜드별 분포현황에 대해서는 다음 브랜드 계열설명 및 현황에서 별도로 다루기로 하겠다.

[그림 4-35]는 IHG의 16개 브랜드의 2020년 기준 포트폴리오 및 간략한 분포현황을 나타내고 있다. 그림에서 나타내는 것을 살펴보면 IHG에서 가장 많은 분포를 보이는 것은 Holiday Inn이며, 그중에서도 Holiday Inn Express인 것을 알 수 있다. Holiday Inn은 약 1,300여 개이고, Holiday Inn Express는 약 3,000여 개의 호텔이 전 세계에서 운영되고 있다.

따라서 IHG를 한마디로 요약하자면 아메리카대륙에 주로 분포하며, 주로 프랜차이즈 형태로 확장되고 있는 전 세계 16개 브랜드, 6,000여 개의 호텔, 890,000여 개 객실을 보유한 240여 년의 역사를 가진 글로벌 호텔기업이라고 하겠다. 또한, IHG의 대표 브랜드로는 호텔 수가 가장 많은 중저가 Essential 계열의 Holiday Inn과 Holiday Inn Express, Luxury 계열의 Intercontinental Hotels & Resorts, Premium 계열의 Crwone Plaza라고 하겠다.

Luxury & Lifestyle	Open hotels | rooms	Pipeline hotels | rooms	Premium	Open hotels | rooms	Pipeline hotels | rooms
SIX SENSES	17 | 1,147	30 | 2,206	VOCO	19 | 5,227	29 | 8,187
REGENT	7 | 2,190	6 | 1,535	HUALUXE	12 | 3,433	26 | 6,870
INTERCONTINENTAL HOTELS & RESORTS	206 | 70,286	70 | 17,625	CROWNE PLAZA	420 | 116,518	96 | 25,950
KIMPTON HOTELS & RESTAURANTS	74 | 13,302	31 | 6,025	EVEN HOTELS	16 | 2,415	32 | 5,328
HOTEL INDIGO	127 | 15,826	104 | 15,858	Suites	Open hotels | rooms	Pipeline hotels | rooms
Essentials	Open hotels | rooms	Pipeline hotels | rooms	ATWELL SUITES	0 | 0	21 | 2,047
Holiday Inn Express	2,974 | 310,780	683 | 87,992	STAYBRIDGE SUITES	305 | 33,110	159 | 17,823
Holiday Inn*	1,232 | 225,377	259 | 50,837	Holiday Inn Club Vacations	28 | 8,679	1 | 105
avid	34 | 3,042	181 | 16,385	CANDLEWOOD SUITES	361 | 31,996	80 | 6,883
			Total**	5,959 | 883,819	1,820 | 273,883

* Holiday Inn figures include Holiday Inn Resort properties. ** Figures include IHG's 127 unbranded, PAL and InterContinental Alliance Hotels (40,491 rooms) and 13 hotels in the pipeline.

출처 : IHG 공식홈페이지, Introducing IHG, 2021.3.31, p.10

[그림 4-35] IHG 브랜드 포트폴리오 및 분포현황(2021년 기준)

(3) IHG의 경영철학

다음은 IHG Annual Report 2020에 삽입된 전략보고서(Strategic Report)에 삽입된 내용의 일부이다. IHG가 어떠한 기업목표를 가지고 성장하고 있는 기업인지 가늠해 볼 수 있는 내용이다. IHG는 주로 프랜차이즈 경영방식으로 전 세계로 빠르게 호텔 수를 늘리는 글로벌 호텔기업이다. 따라서 고객 못지않게 호텔을 소유한 소유주 (owner)들에 대해서도 매우 중요하게 생각하고 있음을 아래 전략보고서 내용을 보면 잘 알 수 있다.

1) 기업의 목적(Our Purpose) : True Hospitality for Good

IHG는 기업의 목적을 좋은 것을 위한 환대에 두고 있다.

2) 기업의 야망(Our Ambition) : To deliver industry-leading net rooms growth

IHG는 대부분 프랜차이즈 방식으로 전 세계로 프로퍼티 수를 늘려가는 호텔기업이다. 따라서 기업의 야망을 업계를 선도하는 객실 수의 증가를 목표로 지속적인 투자를 하고 있다.

3) IHG 전략(Strategy)

- IHG가 가진 규모의 전문성을 활용하여 탁월한 고객의 경험과 업계에서 가장 가치 있는 브랜드로 성장한다.
- 최고의 인재를 보유하고 채용하여 세계에서 가장 영향력 있는 긍정적 영향을 줄 수 있는 기업으로 성장한다.

4) 호텔 운영전략

① 우리는 사랑받고 신뢰받는 브랜드를 만든다

우리는 고객들에게 탁월한 품질과 의미 있는 고객들의 연결을 매 투숙 시마다 경험할 수 있는 최고의 브랜드 포트폴리오를 만들어가는 데 중점을 두고 있다.

② 고객이 우리 경영의 가장 중요한 중심이다

IHG에는 두 가지 유형의 고객이 있다. 하나는 호텔을 이용하는 고객(비즈니스 및 레저)이며, 다른 하나의 고객은 바로 호텔 소유자(owner)이다. 따라서 기업의 모든 경영계획에 있어서 이들 고객을 가장 우선적으로 중심에 두는 것은 매우 중요하다.

이러한 사고방식과 통찰력을 지속적으로 유지해 나갈 때 맞춤형 서비스와 우리 브랜드에 대한 수요를 늘릴 수 있는 해결책들을 모색할 수 있을 것이다. 또한, 고객들의 선호도를 높이고, 소유자들에게 업계 최고의 객실 순성장을 주도하여 결과로 돌려줄 수 있을 것이다.

③ 디지털 분야의 강점을 창조한다

오늘날 디지털 분야에 있어 우선적으로 접근하는 것은 매우 중요한 사항이다. 이러한 디지털 강점은 고객들에게 원활한 경험, 즉 직접예약을 유도하고, 시간과 돈을 절약하며, 올바른 데이터와 통찰력, 기술과 플랫폼을 통해 고객들을 원활하게 연결하고 호텔 소유자들을 위한 높은 성과로 보답하게 해줄 것이다.

④ 우리는 우리의 직원들과 지역사회 그리고 지구를 생각한다

우리는 우리의 직원을 존중하고 우리의 직원들에게 투자하며 지역사회에 긍정적으로 책임감 있고 지속 가능한 경영을 통해 우리가 사는 지구환경을 보호하는 일에 열정적으로 임한다.

(4) IHG 브랜드 계열 및 현황

LUXURY & LIFESTYLE

1) 식스센시스(SIX SENSES) "Out of the Ordinary"

1995년 몰디브에서 탄생한 수준 높은 고가의 럭셔리(highend luxury) 브랜드이며 2019년 IHG에서 'Six Senses Hotels Resorts Spas'를 인수하면서 산하에 있는 Six Senses Resorts, Six Senses Spas, Evason, Six Senses Residences로 세분된 브랜드 4개가 모두

IHG계열로 들어오게 되었다. 주로 유럽, 중동, 동남아시아 지역에 집중적으로 분포하고 있다. 동남아, 인도양을 기반으로 웰니스(wellness)와 지속가능성(sustainability), 자연 친화적 요소에 초점을 맞추는 경영이 가장 큰 특징이며, 사람들의 시선을 사로잡는 놀라운 자연미를 갖춘 장소에 위치하여 자연과 함께 최상의 투숙경험을 하고 돌아갈 수 있도록 하고 있다. 교통 접근성은 다소 떨어지더라도 프라이빗하며 한적하고 자연경관이 매우 우수한 곳에 위치하며 가격이 매우 비싸다는 특징이 있다. 현재 12여 개국에 분포하고 있는 식스센시스는 전 세계에서 최고로 아름다운 호텔, 리조트, 스파를 운영하고 있다. 스파에서 웰니스를 도출해서 고객 및 지구의 건강을 촉진하고자 하는 웰니스와 지속가능성의 두 가지 콘셉트를 조화롭게 접목시키는 호텔 브랜드이다.

출처 : www.sixsenses.com/en/resorts

〈표 4-95〉 Six Senses의 분포현황(2021년 기준)

	호텔 수 (Properties)	객실 수 (Rooms)	브랜드 특성 및 포지셔닝
전 세계	17	1,147	Highend Luxury
전 세계 건설 중(Pineline)	30	2,206	
아메리카대륙	1	18	
유럽 · 중동 · 아시아 및 아프리카	15	1,007	
중국	1	122	

출처 : IHG 공식홈페이지(www.ihgplc.com/en/about-us/our-global-presence)

2) 리젠트(REGENT) "Excellence expected(and received)"

REGENT

출처 : IHG 공식홈페이지(www.ihg.com)

1970년 Robert H. Burns라는 전설적인 호텔리어가 일본 도큐 그룹과 합작으로 만든 브랜드이다. 한때 글로벌하게 확장하면서 잘 성장하였지만 여러 회사에 매각되는 과정을 거쳐 결국 2018년 IHG에서 리젠트 지분의 51%를 매입하면서 합류하게 되었다. 브랜드 이름인 'Regent'는 전설적인 즐거운 모험을 의미한다. 타이베이, 싱가포르, 상하이 등 중화권의 다섯 곳과 베를린, 포르토 몬테네그로 등 유럽에 두 곳, 총 7개 프로퍼티를 가지고 있는 호텔 수가 많지 않은 브랜드이다.

〈표 4-96〉 Regent의 분포현황(2021년 기준)

	호텔 수 (Properties)	객실 수 (Rooms)	브랜드 특성 및 포지셔닝
전 세계	7	2,190	Luxury
전 세계 건설 중(Pineline)	6	1,535	
아메리카대륙	0	0	
유럽 · 중동 · 아시아 및 아프리카	3	771	
중국	4	1,419	

출처 : IHG 공식홈페이지(www.ihgplc.com/en/about-us/our-global-presence)

3) 인터컨티넨탈(INTERCONTINENTAL) "Live the InterContinental Life"

1946년 지금은 역사 속으로 사라진 팬 아메리칸 항공사(Pan American Airways)의 호텔사업으로 브라질의 벨렘(Belem)에서 탄생한 브랜드이며 IHG에서 1998년에 매입하면서 IHG의 브랜드 포트폴리오로 합류하였다. 한국에도 서울에 3곳 인터컨티넨탈 코엑스, 그랜드 인터컨티넨탈(삼성역), 인터컨티넨탈 알펜시아 호텔이 운영되고 있어 매우 친숙한 호텔 브랜드이기도 하다. 전 세계에 골고루 분포하고 있으며 최근 합류한 럭셔리브랜드(Six Senses, Regent)들이 합류되기 전까지 오랫동안 IHG의 대표 럭셔리 브랜드 역할을 해왔다.

출처 : IHG 공식홈페이지(www.ihg.com)

70년이 넘는 역사 동안 흥미롭고 매력적인 여행지들이 갖는 화려한 매력과 강렬한 즐거움, 그리고 국제적인 노하우와 현지문화 지식을 결합해 지역에 따라 리조트형 혹은 도시형 호텔로 다른 콘셉트로 운영되고 있다.

〈표 4-97〉 InterContinental의 분포현황(2021년 기준)

	호텔 수 (Properties)	객실 수 (Rooms)	브랜드 특성 및 포지셔닝
전 세계	206	70,286	
전 세계 건설 중(Pineline)	70	17,625	
아메리카대륙	45	16,5370	Luxury
유럽 · 중동 · 아시아 및 아프리카	109	32,761	
중국	52	20,988	

출처 : IHG 공식홈페이지(www.ihgplc.com/en/about-us/our-global-presence)

4) 킴튼(KIMPTON) "A different way to stay"

1981년에 탄생한 미국 최초의 부티크 호텔체인이다. 호텔로는 유일하게 브랜드 이름에 Hotels & Resorts가 아닌, 'Hotels & Restaurants'이 붙어 있다. 1981년 빌 킴튼이라는 사람이 유럽여행을 하다가 특색 있는 호텔에 감명받아 만들게 된 브랜드라고 한다. 미국 샌프란시스코에 첫 번째 호텔이 오픈하였으며, 사려 깊은 특전과 편의시설, 독창적인 미팅 및 이벤트 기획, 대담하고 유머러스한 디자인, 철저한 개인 맞춤형 게스트 서비스를 통해 여행자들이 진정으로 정성 어린 서비스를 누린다고 느끼게 만드는 것으로 정평이 나 있다. 미국 브랜드인 만큼 북미지역에 대부분의 호텔이 집중 분포하고 있다.

출처 : IHG 공식홈페이지(www.ihg.com)

〈표 4-98〉 KIMPTON의 분포현황(2021년 기준)

	호텔 수 (Properties)	객실 수 (Rooms)	브랜드 특성 및 포지셔닝
전 세계	74	13,302	Lifestyle Boutique
전 세계 건설 중(Pineline)	31	6,025	
아메리카대륙	65	11,314	
유럽 · 중동 · 아시아 및 아프리카	8	1 ,859	
중국	1	129	

출처 : IHG 공식홈페이지(www.ihgplc.com/en/about-us/our-global-presence)

5) 호텔 인디고(Hotel INDIGO) "Making travel inspiring"

IHG가 2004년 미국 조지아주 애틀랜타 미드타운에서 새롭게 론칭한 부티크 브랜드이다. 20세기 말 새롭게 유행하기 시작했던 라이프스타일 부티크 개념을 살리고 비즈니스호텔이 갖는 한계를 넘어 최근의 트렌드를 반영하여 론칭했던 브랜드라고 할 수 있다. 즉, 체인호텔들의 획일적인 모습에서 벗어나, "세상에 두 개의 같은 호텔은 없다(no properties are the same).", 호텔 프로퍼티(property)를 "이웃(neighborhood)"이라고 칭한다거나 하는 새로운 요소를 많이 접목시켰다. 주로 북미와 유럽지역에 집중적으로 분포하고 상대적으로 아시아지역에는 매우 적다.

출처 : IHG 공식홈페이지(www.ihg.com)

〈표 4-99〉 Hotel INDIGO의 분포현황(2021년 기준)

	호텔 수 (Properties)	객실 수 (Rooms)	브랜드 특성 및 포지셔닝/경쟁사
전 세계	127	15,826	
전 세계 건설 중(Pineline)	104	15,858	Lifestyle
아메리카대륙	67	8,773	Boutique
유럽 · 중동 · 아시아 및 아프리카	47	5,209	Hyatt Andaz
중국	13	1,844	

출처 : IHG 공식홈페이지(www.ihgplc.com/en/about-us/our-global-presence)

PREMIUM

6) 보코(VOCO) "Stay Interesting"

출처 : IHG 공식홈페이지(www.ihg.com)

'보코(VOCO)'는 라틴어에서 유래한 말로 그 뜻은 '초대하다', '모이다'이다. 고객을 호텔로 초대하여 즐거운 모임을 한다는 의미로 세심하고 유쾌한 보코 호텔의 특징을 잘 표현하는 이름이다. 보코는 출장, 주말 모임, 가족 행사 등 목적이 무엇이든, 편안한 호텔에서 친절한 호스트가 개성 있고 고급스러운 분위기를 연출한다. 보코는 새로운 개발사업이나 기존 사업 변화에 있어 다양하고 유연한 디자인 콘셉트를 제공하고 있다. 2018년 중동, 아시아, 유럽 등 해외시장을 타깃으로 론칭한 독특한(distinctive) 콘셉트의 업스케일 브랜드 호텔이다.

우리나라에는 2023년 경기도 평택에 개장을 예정하고 있으며 보코가 우리나라에 들어온다면 인터컨티넨탈, 홀리데이 인, 홀리데이 인 익스프레스에 이어 4번째로 들어오는 IHG의 브랜드가 될 예정이다.

〈표 4-100〉 VOCO의 분포현황(2021년 기준)

	호텔 수 (Properties)	객실 수 (Rooms)	브랜드 특성 및 포지셔닝
전 세계	19	5,227	Distinctive Upscale Boutique
전 세계 건설 중(Pineline)	29	8,187	
아메리카대륙	1	49	
유럽 · 중동 · 아시아 및 아프리카	17	5,030	
중국	1	148	

출처 : IHG 공식홈페이지(www.ihgplc.com/en/about-us/our-global-presence)

7) 화럭스(HUALUXE) "Capturing the spirit of Chinese hospitality"

출처 : IHG 공식홈페이지(www.ihg.com)

2012년 중국지역 개발을 위해 론칭된 첫 번째 업스케일 인터내셔널 호텔 브랜드이다. 중국 고객들을 위해 특별히 만들어진 최초의 고급 인터내셔널 호텔 브랜드로 화럭스의 '화'는 빛날 화(HUA)와 디럭스(Deluxe)의 '럭스'의 합성어로 만들어진 이름이다. 고급 브랜드 서비스와 실내 디자인의 모든 세부요소에는 중국의 문화와 유산이 스며들어 있다. 중국식 예절, 자연과의 교감, 높은 위상 및 넉넉한 공간을 특히 강조했다. 중국만을 대상으로 만들어진 브랜드이기 때문에 다른 지역에서는 볼 수 없다.

〈표 4-101〉 HUALUXE의 분포현황(2021년 기준)

	호텔 수 (Properties)	객실 수 (Rooms)	브랜드 특성 및 포지셔닝
전 세계	12	3,433	
전 세계 건설 중(Pineline)	26	6,870	
아메리카대륙	0	0	Upscale
유럽 · 중동 · 아시아 및 아프리카	0	0	
중국	12	3,433	

출처 : IHG 공식홈페이지(www.ihgplc.com/en/about-us/our-global-presence)

8) 크라운 플라자(CROWNE PLAZA) "Making business travel work"

출처 : IHG 공식홈페이지(www.ihg.com)

1983년 미국 메릴랜드 록빌에 첫 번째 홀리데이 인 크라운 플라자가 오픈했다. 크라운 플라자는 Holiday Inn에 의해 만들어진 브랜드이다. IHG에는 1990년 Holiday Inn 브랜드의 북미 사업권을 포함한 인수절차가 마무리되던 해에 합류하게 되었다. 비즈니스 여행객을 타깃으로 전 세계 주요 도심, 관문 도시 및 리조트 지역에서 풀서비스를 제공하는 업스케일 호텔을 추구한다. 분포된 호텔 수도 많은 편이고 전 세계에 골고루 분포하는 편이다. 일본에는 제법 많이 진출하였지만 우리나라는 현재 영업 중인 곳이 하나도 없다.

⟨표 4-102⟩ CORWNE PLAZA의 분포현황(2021년 기준)

	호텔 수 (Properties)	객실 수 (Rooms)	브랜드 특성 및 포지셔닝
전 세계	420	116,518	
전 세계 건설 중(Pineline)	96	25,950	
아메리카대륙	129	33,323	Upscale/Classic
유럽 · 중동 · 아시아 및 아프리카	186	46,245	
중국	105	36,950	

출처 : IHG 공식홈페이지(www.ihgplc.com/en/about-us/our-global-presence)

9) 이븐 호텔스(EVEN Hotels) "Where wellness is built in"

출처 : IHG 공식홈페이지(www.ihg.com)

⟨표 4-103⟩ EVEN Hotels의 분포현황(2021년 기준)

	호텔 수 (Properties)	객실 수 (Rooms)	브랜드 특성 및 포지셔닝
전 세계	16	2,415	
전 세계 건설 중(Pineline)	32	5,328	
아메리카대륙	15	2,244	Lifestyle Wellness
유럽 · 중동 · 아시아 및 아프리카	0	0	
중국	1	171	

출처 : IHG 공식홈페이지(www.ihgplc.com/en/about-us/our-global-presence)

2012년 탄생한 브랜드이다. 더욱 건강하고 기분 좋은 숙박을 원하는 여행자들을 위한 라이프스타일을 제공하며, 웰니스(wellness), 웰빙(well-being) 콘셉트를 내세우고 있다. 웰빙관련 전문 직원들이 최고의 피트니스 프로그램, 건강에 좋은 음식, 자연적이고 편안

한 공간을 선사하고, 여행자들이 필요로 하는 정보와 서비스를 제공하기 위해 별도의
웹사이트(wellwellwell.com)를 운영하고 있다. 이곳 웹사이트에서는 웰니스와 관련한 여
러 콘텐츠를 제공하는데 가령 여행, 운동, 식단 등에 관한 정보 등이다. 전 세계적으로
호텔 수는 16개로 매우 적으며 중국의 1곳을 제외하면 모두 미국에 분포하고 있다.

ESSENTIALS

10) 홀리데이 인(Holiday Inn) "Joy of travel for all"

출처 : IHG 공식홈페이지(www.ihg.com)

IHG가 보유한 전체 프로퍼티(property) 중 대부분(약 80%)의 비중을 차지하는 IHG의
대표 브랜드이다. 1952년 미국에서 처음 브랜드가 탄생하였으며, 1988년 IHG의 전신인
Bass 그룹이 Holiday Inn을 인수하면서 지금의 IHG 브랜드로 합류하게 되었다. 합리적
인 가격에 풀서비스를 제공하는 호텔이며 호텔 부대시설도 다양하게 모두 갖추고 있다.

〈표 4-104〉 Holiday Inn의 분포현황(2021년 기준)

	호텔 수 (Properties)	객실 수 (Rooms)	브랜드 특성 및 포지셔닝
전 세계	1,232	225,377	Midscale Full service
전 세계 건설 중(Pineline)	259	50,837	
아메리카대륙	726	119,925	
유럽 · 중동 · 아시아 및 아프리카	392	73,593	
중국	114	31,859	

출처 : IHG 공식홈페이지(www.ihgplc.com/en/about-us/our-global-presence)

Holiday Inn은 색으로 서브 브랜드가 구분되는데, 홀리데이 인은 연두색 컬러가 포인트이다. 로고에도 있지만, 호텔 내 인테리어에서도 연두색 컬러를 메인 테마색으로 사용하고 있어 세계 어느 나라를 가든지 비슷한 이미지를 받을 수 있도록 하고 있다.

11) 홀리데이 인 익스프레스(Holiday Inn Express) "Simple, smart travel"

출처 : IHG 공식홈페이지(www.ihg.com)

〈표 4-105〉 Holiday Inn Express의 분포현황(2021년 기준)

	호텔 수 (Properties)	객실 수 (Rooms)	브랜드 특성 및 포지셔닝
전 세계	2,974	310,780	Upper Economy Selected service
전 세계 건설 중(Pineline)	683	87,992	
아메리카대륙	2,427	220,788	
유럽 · 중동 · 아시아 및 아프리카	331	47,579	
중국	216	42,413	

출처 : IHG 공식홈페이지(www.ihgplc.com/en/about-us/our-global-presence)

홀리데이인의 서브 브랜드로 1991년에 탄생하였다. 1990년 Bass가 Holiday Inn의 북미 사업부분까지 모두 인수절차를 마무리하면서 탄생하게 된 것이다. 프로퍼티 수도 매우 많아서 전 세계 2,900여 개의 호텔이 있으니 IHG가 보유한 전체 호텔 수의 약 절반에 해당하는 호텔이 홀리데이 인 익스프레스인 셈이다. 로고의 색은 홀리데이인과 다르게 파란색이다. 중저가 숙박시설을 필요로 하는 비즈니스 여행객들을 포함해 다양한 고객층을 타깃으로 하고 있다. 아코르그룹의 이비스 버짓(ibis Budget)의 경우도 비슷한 파란색을 테마로 하고 있으며 홀리데이인과 유사한 콘셉트의 호텔을 지향하고 있지만 설립연도로 보면 홀리데이인이 훨씬 더 앞서(20년) 탄생하였다. 깨끗하고 한결같은 편안한

숙소, 제한된 서비스를 제공하는 호텔이며, IHG의 가장 빠르게 성장하는 브랜드이기도
하다.

12) 아비드(avid) "Where the rest is easy"

출처 : IHG 공식홈페이지(www.ihg.com)

2017년에 탄생한 브랜드이다. 홀리데이인 익스프레스보다 더 낮은 가격대로 운영되
는 브랜드이다. 저렴한 가격에 불필요한 서비스에 대해서 비용 지불할 필요 없이 합리적
인 투숙을 즐길 수 있으며, 서비스 품질은 높게 유지하려는 콘셉트를 가지고 있다. 현재
는 멕시코에 1곳이 있으며 나머지는 모두 미국에만 분포하고 있다.

〈표 4-106〉 aivd의 분포현황(2021년 기준)

	호텔 수 (Properties)	객실 수 (Rooms)	브랜드 특성 및 포지셔닝/경쟁사
전 세계	34	3,042	
전 세계 건설 중(Pineline)	181	16,385	
아메리카대륙	34	3,042	Budget Limited service
유럽 · 중동 · 아시아 및 아프리카	0	0	
중국	0	0	

출처 : IHG 공식홈페이지(www.ihgplc.com/en/about-us/our-global-presence)

SUITES

13) 엣웰 스위트(ATWELL SUITES) "Inspire the journey"

출처 : IHG 공식홈페이지(www.ihg.com)

전 객실이 스위트로 구성되며, 호텔고객이 만족스러울 수 있는 맞춤 숙박을 위해 모든 면에서 옵션을 제공하게 된다. 투숙객들의 시각에서 편의를 배려해 설계한 공용공간과 매력적 분위기의 바, 스타일리시한 스위트룸을 제공한다. 2021년 현재 브랜드만 론칭되었으며 운영하는 호텔은 오픈되지 않았다.

14) 스테이브리지 스위트(STAYBRIDGE) "Break from the travel norm"

1997년에 탄생한 브랜드로 Staybridge Suites by Holiday Inn이라는 이름으로 시작하였다가 Staybridge Suite로 이름이 변경되었다. 장기숙박 전용 브랜드인 Staybridge Suites

출처 : IHG 공식홈페이지(www.ihg.com)

호텔은 모든 공간에 커뮤니티의 느낌과 편안함, 편리함을 담아내어 고객들이 마치 집에 온 것과 같은 기분을 느낄 수 있도록 해준다. 물론 객실에 주방시설을 포함해 생활 시설이 구비되어 있다. 대부분은 미국, 캐나다, 멕시코 북미지역에 분포하고 있다.

〈표 4-107〉 staybridge suites의 분포현황(2021년 기준)

	호텔 수 (Properties)	객실 수 (Rooms)	브랜드 특성 및 포지셔닝/경쟁사
전 세계	305	33,110	
전 세계 건설 중(Pineline)	159	17,823	
아메리카대륙	288	30,436	Extended stay
유럽 · 중동 · 아시아 및 아프리카	17	2,674	
중국	0	0	

출처 : IHG 공식홈페이지(www.ihgplc.com/en/about-us/our-global-presence)

15) 홀리데이인 클럽 베케이션(Holiday Inn Club Vacations) "The joy of life-time vacations"

출처 : IHG 공식홈페이지(www.ihg.com)

2008년에 탄생한 브랜드로 타임셰어(Timeshare) 브랜드이다. 즐거움과 가족 감각으로 잊을 수 없는 경험을 선사하고 있다. 넓은 빌라, 즐거운 편의시설 및 흥미진진한 목적지에서 휴식을 취하고 다시 연결할 수 있는 다양한 방법을 제시해 준다. 해변가 탈출구와 산악 휴양지에서 테마파크와 엔터테인먼트 수도에 이르기까지 다양한 지역에 위치하고 있으며 현재 모든 프로퍼티가 미국에만 분포하고 있다.

〈표 4-108〉 Holiday In Club Vacations의 분포현황(2021년 기준)

	호텔 수 (Properties)	객실 수 (Rooms)	브랜드 특성 및 포지셔닝/경쟁사
전 세계	28	8,679	
전 세계 건설 중(Pineline)	0	0	
아메리카대륙	28	8,679	Timeshare Extended stay
유럽 · 중동 · 아시아 및 아프리카	0	0	
중국	0	0	

출처 : IHG 공식홈페이지(www.ihgplc.com/en/about-us/our-global-presence)

16) 캔들우드 스위트(Candlewood Suites) "Your space to settle in"

출처 : IHG 공식홈페이지(www.ihg.com)

1995년에 탄생된 브랜드이며 IHG에는 2003년 스테이브리지 스위트(Staybridge Suites)를 보완하기 위해 인수하게 되면서 합류하게 되었다. 스테이브리지 스위트보다 더욱 캐주얼한 장기투숙 브랜드이다. 장기투숙 브랜드인 메리어트의 레지던스 인, 하얏트의 하얏트 하우스의 모태가 된 서머필드 스위트 두 개의 호텔을 만든 잭 데보어(Jack Deboer)

〈표 4-109〉 Candlewood Suites의 분포현황(2021년 기준)

	호텔 수 (Properties)	객실 수 (Rooms)	브랜드 특성 및 포지셔닝/경쟁사
전 세계	361	31,996	
전 세계 건설 중(Pineline)	80	6,883	
아메리카대륙	361	31,996	Extended stay
유럽 · 중동 · 아시아 및 아프리카	0	0	
중국	0	0	

출처 : IHG 공식홈페이지(www.ihgplc.com/en/about-us/our-global-presence)

가 만든 호텔 브랜드이다. Candlewood Suites 호텔은 고급스러움 대신 제한적 서비스를
통해 저렴한 가격에 장기숙박을 할 수 있는 형태의 브랜드이며, 집에 온 듯한 편안함을
누리고 최상의 가성비도 가질 수 있는 브랜드라 할 수 있다. 모두 북미지역에 분포하고
있으며 캐나다, 멕시코에 일부가 있으며 대부분은 미국에 분포하고 있다.

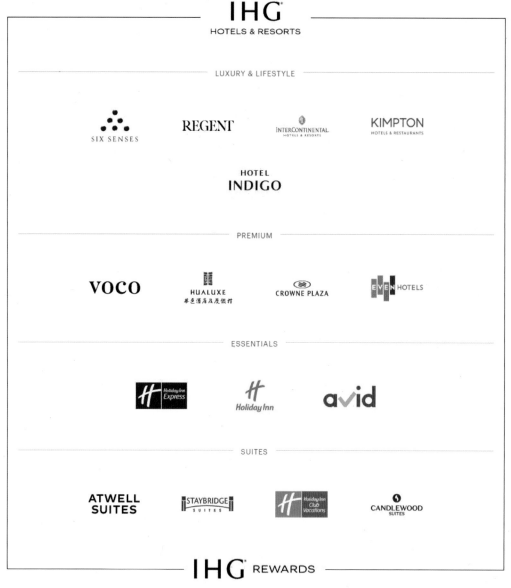

출처 : IHG 공식홈페이지

[그림 4-36] IHG 브랜드 포트폴리오(2021년 기준)

⑥ Wyndham Hotels & Resorts

(1) 탄생 및 역사

1981년 미국 텍사스주 댈러스에서 Trammell Crow에 의해 설립되었으며, 현재 미국 뉴저지 파시파니(Parsippany, New Jersey)에 본사를 두고 있는 세계 최대 호텔 프랜차이즈 그룹이다. 8,900여 개의 지점을 보유한 세계에서 가장 큰 호텔 프랜차이저이다. 보유한 호텔 브랜드의 안정적인 운영과 혁신적인 마케팅을 지원하는 전략적 파트너로서 호텔 프랜차이즈 업계를 선도하고 있다.

원덤 리워즈 프로그램은 원덤의 호텔 로열티 프로그램이며, 원덤을 이용하는 이들에게 매력적인 요소로 작용하고 있다. 원덤 리워즈는 전 세계 8,700만 명이 넘는 회원을 보유하고 있다(2021년 기준). 카테고리는 Blue, Gold, Platinum과 Diamond로 나눠져 있다. 비즈니스, 레저고객뿐만 아니라 미팅 플래너에게도 혜택이 다양한 멤버십 프로그램으로, 타 리워즈 프로그램과 다른 특징을 갖는다. 그것은 바로 최소 소비 비용, 최대 포인트를 원하는 이들을 위해 원덤 리워즈는 최대한 심플한 프로그램과 신속하고 의미 있는 리워즈 혜택을 부여하고 있는 것이다. 즉, 어떤 브랜드에서 머물던지 숙박 시 1,000포인트를 보장하고, 동일한 포인트로 9,000여 개의 원덤 호텔에서 무료 숙박이 가능하고 전 세계 20여 개 항공사 마일리지로도 전환이 가능하며, 제휴된 200여 개 이상의 매장상품을 구매할 수 있는 상품 리워즈로도 전환 가능한 최초의 멤버십 프로그램이다.

원덤은 다양한 포트폴리오와 세계에서 가장 큰 호텔그룹으로서 마켓별, 브랜드별 시스템을 갖추어 호텔 프랜차이즈의 매력을 충분히 가지고 있지만 브랜드 인지도 문제는 해결해야 할 점이다. 즉, 고객들이 '라마다'는 알지만 '원덤'은 생소하게 느끼는 것이다. 또한, 라마다 이외의 브랜드에 대해서도 인지도가 다소 떨어지는 점도 해결해야 할 과제다.

□ Wyndham Hotels & Resorts의 연혁

1981~2006 윈덤호텔, 윈덤 인터내셔널, 윈덤월드와이드

연도	History
1981	Wyndham Hotel 브랜드가 미국 텍사스주 댈러스(Dallas, Texas)에서 Trammell Crow (Trammell Crow Company의 사장)에 의해 처음으로 탄생
1990~1995	HFS(Hospitality Franchise Systems Inc. : 호텔 프랜차이즈를 인수하기 위한 수단으로 만들어진 회사)가 1995년까지 Days Inn, Howard Johnson, Ramada, Super8 브랜드들을 모두 인수 *HFS가 윈덤 호텔&리조트의 전신이라 할 수 있음
1997	HFS는 다른 사업영역으로까지 계속 사업을 확장하여 CUC International과 합병하면서 Cendant Corporation을 만듦
1998	Patriot American Hospitality : 1995년 텍사스 중 댈러스에 설립된 부동산투자신탁회사(Real Estate Investment Trust : REIT)가 윈덤호텔을 인수함. 나중에 이 회사가 Wyndham International로 이름을 변경하게 됨
2005년 초	블랙스톤그룹(Blackstone Group : 1985년 설립된 세계 최대의 사모펀드 운용회사)이 Wyndham International을 매입함
2005년	Cendant가 Wyndham Hotel 브랜드를 블랙스톤그룹으로부터 매입함
2006년	Cendant를 4개의 사업부로 분리하는 과정에서 호텔과 타임셰어 사업부가 윈덤 월드와이드(Wyndham Worldwide)로 분할됨

출처 : 위키백과(https://en.wikipedia.org)

2008~2018 윈덤호텔그룹(Wyndham Hotel Group)

윈덤 월드와이드(Wyndham Worldwide)의 사업부인 윈덤호텔그룹(Wyndham Hotel Group)은 75개국 이상에 위치한 21개 브랜드, 9,000개 이상의 호텔이며 이코노미에서부터 업스케일에 이르기까지 다양한 브랜드를 보유하며 브랜드시장에서 경쟁하였다. 이 무렵 윈덤호텔그룹은 전 세계 40,000명 이상의 직원을 보유하였으며 윈덤호텔매니지먼트(Wyndham Hotel Management)를 통해 업스케일 숙박시설에 대한 관리를 제공하였다.

연도	History
2008	윈덤이 미국 프랜차이즈시스템(U.S. Franchise System)을 글로벌 하얏트 코퍼레이션(Global Hyatt Corporation)에 매입하면서 마이크로텔(Microtel)과 호손스위트(Hawthorn Suites) 브랜드를 갖게 됨
2010	윈덤이 TRYP 호텔 브랜드를 스페인의 Sol Meliá Hotels & Resorts로부터 인수함. 이후 TRYP by Wyndham으로 이름을 변경하여 운영함
2016년 말	윈덤이 라틴아메리카의 선도적인 호텔 Fën Hotels을 인수하여 아르헨티나, 페루, 코스타리카, 우루과이, 파라과이, 볼리비아 및 미국에 걸쳐 26개의 관리 계약을 추가함 여기에는 우루과이와 파라과이에 Fën이 건설한 2개의 새로운 Wyndham Grand 호텔이 포함됨. Fën Hotels의 시그니처 Esplendor Boutique Hotel 및 Dazzler Hotel 브랜드가 추가됨에 따라 Wyndham Hotel Group의 고유 브랜드 포트폴리오는 18개로 성장함
2017년 10월	윈덤은 유럽과 미국에서 50개 이상의 중상급 호텔을 모아 놓은 최초의 소프트 브랜드 제품인 Trademark Hotel Collection을 출시
2018년 4월	호텔 브랜드 이름에 윈덤(Wyndham)이 포함되도록 대부분의 브랜드를 리브랜딩(rebranding)함 "Days Inn by Wyndham", "Ramada by Wyndham", "Super 8 by Wyndham"
2018년 5월	윈덤이 라 퀸타(La Quinta) 호텔 브랜드를 매입함

출처 : 위키백과(https://en.wikipedia.org)

2018~현재 윈덤호텔앤리조트(Wyndham Hotel & Resorts)

현재의 윈덤호텔앤리조트는 2018년에 탄생하게 되었으며 현재까지 전 세계 95개국 약 8,900개 이상의 호텔을 보유한 세계 최다 호텔 보유 프랜차이저 호텔그룹으로 운영되고 있다.

연도	History
2018.3.31	윈덤이 호텔산업을 분할하면서 Wyndham Hotels & Resorts가 탄생함 80개국 이상에서 20개 브랜드와 9,000개 이상의 호텔을 보유한 호텔그룹으로 현재까지 운영 중임

출처 : 위키백과(https://en.wikipedia.org)

(2) 호텔 분포현황 및 발전

2021년도 현재 윈덤은 전 세계 95개국에 약 8,900여 개의 호텔, 80만 객실을 보유하고 있는 세계에서 가장 큰(최다 호텔 수 보유) 호텔 프랜차이저이다(2021년 기준). 윈덤의 가장 큰 강점이라고 볼 수 있는 부분이 바로 이 규모라고 할 수 있다. 주로 프랜차이즈

방식으로 전 세계로 빠르게 성장해 왔기 때문에 규모 면에 있어서 다른 어떤 호텔그룹도 따라올 수 없는 힘을 가지고 있다. [그림 4-37]을 보면 윈덤은 세계적인 호텔그룹들인 메리어트, 초이스, 힐튼, IHG보다 월등히 많은 호텔을 보유하고 있는 것을 알 수 있다. 21개 브랜드 8,900여 개 호텔로 6개 대륙 모두에 분포하고 있다.

출처 : https://development.wyndhamhotels.com/

[그림 4-37] 윈덤 호텔 & 리조트 브랜드 분포현황(2021년 7월 기준)

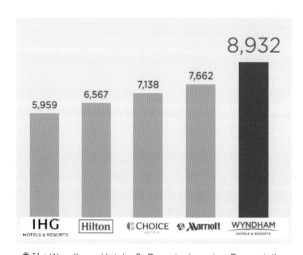

출처 : Wyndham Hotels & Resorts Investor Presentation

[그림 4-38] 윈덤의 글로벌 분포현황 호텔 수(2021년 7월 기준)

분포의 특성을 살펴보면, 윈덤의 호텔들은 주로 아시아지역에 많이 분포하고 있다. 또한, 아시아태평양 지역 중에서도 한국은 중국 다음으로 가장 많은 객실을 가지고 있는 윈덤의 중요 시장 중 하나이다. 국내의 윈덤 호텔 브랜드는 2015년 첫 라마다 브랜드 론칭 이후로 현재 라마다, 라마다 앙코르, 라마다 프라자, 데이즈, 하워드존슨까지 5개 브랜드(23개 호텔)가 진출해 있다(2021년 기준).

    윈덤의 호텔 브랜드는 총 21개로 6가지로 세분화된 시장(market segmentation)을 가지고 있고 럭셔리 호텔에서부터 합리적인 가격의 호텔 브랜드를 고루 갖추고 있다([그림 4-39] 참고). 이 중 수퍼 8은 북미 전역에 고루 자리 잡은 브랜드로, 캐나다, 중국에도 많은 호텔이 운영 중이며 미국의 대표 호텔 체인으로 인식되고 있다. 라마다, 하워드 존슨 브랜드, 데이즈 인이 큰 마켓 비중을 차지하고 있다. 한국에서는 현재 서울을 비롯해 송도, 제주, 청주, 광주, 동탄, 수원, 군산 등의 지역에 라마다가 있으며 비교적 합리적인 가격에 회의, 컨벤션, 가벼운 식사, 이벤트 등이 가능하다. 비즈니스와 레저고객 모두가 이용할 수 있다.

WYNDHAM
HOTELS & RESORTS

UPSCALE	LIFESTYLE	MIDSCALE	ECONOMY	EXTENDED STAY
WYNDHAM	TRYP BY WYNDHAM	LA QUINTA BY WYNDHAM	Super 8 BY WYNDHAM	HAWTHORN SUITES BY WYNDHAM
WYNDHAM GRAND	TM TRADEMARK COLLECTION BY WYNDHAM	RAMADA BY WYNDHAM	Days Inn BY WYNDHAM	
DOLCE HOTELS AND RESORTS BY WYNDHAM	DAZZLER BY WYNDHAM	BAYMONT BY WYNDHAM	MICROTEL BY WYNDHAM	
	esplendor BY WYNDHAM	AmericInn BY WYNDHAM	Howard Johnson BY WYNDHAM	
		WINGATE BY WYNDHAM	Travelodge BY WYNDHAM	
		WYNDHAM GARDEN		
		RAMADA encore BY WYNDHAM		
202 HOTELS	219 HOTELS	2,892 HOTELS	5,734 HOTELS	109 HOTELS

출처 : Wyndham Hotels & Resorts Annual Report 2020

[그림 4-39] 윈덤 호텔 브랜드 포트폴리오 및 브랜드별 호텔 수(2020년 기준)

    윈덤은 럭셔리부터 이코노미까지 다양한 포트폴리오를 갖추고 있긴 하지만, 대부분은 full service가 아닌 select-service를 제공하는 호텔이다. 그 비중이 무려 99%에 이르고 있다는 사실은 윈덤에서 꼭 기억해야 하는 한 가지 중요한 특징이라 할 수 있다. [그림 4-40]을 보면 미국 호텔들의 서비스 수준에 있어 윈덤은 99%가 제한된 서비스 (select-service)로 구성된 호텔들이며, 반면 메리어트는 제한된 서비스 비중이 29%이고 71%가 풀 서비스를 제공하고 있는 것을 확인할 수 있다. 이러한 제한된 서비스를 하는 호텔의 경우 인건비와 운영비가 적게 들고, 운영수익이 높으며, 건설비용 등이 저렴하기 때문에 소규모로 호텔 비즈니스를 하고자 하는 호텔 소유자들에게 매우 매력적인 점으로 작용할 수 있다. 바로 이런 점 때문에 윈덤이 세계 최다호텔 수를 보유한 호텔그룹이 되었다고 볼 수 있겠다.

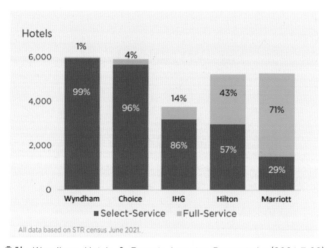

출처 : Wyndham Hotels & Resorts Investor Presentation(2021.7.28)

[그림 4-40] 윈덤의 미국 호텔들의 제한된 서비스와 풀 서비스 비교

윈덤은 호텔 수와 프랜차이즈 비율에서도 모두 세계 최고이다. [그림 4-41]을 보면 초이스 호텔그룹에 이어 두 번째로 프랜차이즈로 사업을 많이 하는 호텔그룹이라는 것을 알 수 있다.

윈덤 호텔그룹의 전 세계 분포현황을 살펴보면 〈표 4-110〉과 같다. 전 세계 모든 지역에 골고루 분포하고 있으나 그중에서도 미국에 압도적으로(69.1%) 분포하고 있으며 호텔 서비스 수준에 따라 살펴보면 저가 호텔(Economy) 형태가 5,433개(전체 property 중 60.8%)로 압도적으로 많은 비율을 차지하고 있음을 알 수 있다. 정리해 보면, 윈덤 호텔그룹은 미국지역에 주로 저가호텔 형태로 많이 분포된, 세계 최다호텔 수를 보유한,

주로 프랜차이즈 형태로 프로퍼티(property)를 늘려나가고 있는 글로벌 호텔기업이라고
할 수 있다.

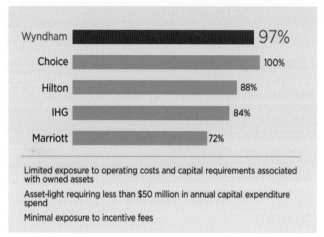

출처 : Wyndham Hotels & Resorts Investor Presentation(2021.7.28)

[그림 4-41] 프랜차이즈 호텔의 비율

〈표 4-110〉 Wyndham 전 세계 분포현황(2020년 12월 31일 기준)

	North America		Asia Pacific				
	U.S	Canada	Greater China	Rest of Asia	EMEA	LATAM	Total
Properties	6,175	499	1,418	160	469	220	8,941
Properties %	69.1%	5.6%	15.9%	1.8%	5.2%	2.4%	100%
Rooms	487,293	40,739	144,520	27,804	66,186	29,367	795,909
Economy	3,695	382	1,199	30	69	58	5,433
Midscale	2,182	100	158	96	252	77	2,865
Extended Stay	84	–	–	–	5	–	89
Life Style	57	11	1	2	104	44	219
Upscale	48	3	60	21	39	40	211
Affiliated	109	3	–	11	–	1	124

*EMEA(Europe, the Middle East, Eurasia, Africa) *LATAM(Latin America, the Caribbean)

출처 : Wyndham Annual Report 2021, p.7

〈표 4-111〉 Wyndham의 전 세계 분포현황(객실 수/2021년 2분기 기준)

GLOBAL FOOTPRINT THROUGH Q2 2021		
System Size by Region	Rooms	Pipeline Highlights
United States	484,800	**190,000+** Global Rooms
Greater China	148,600	
Rest of Asia Pacific	28,300	**36%** U.S. **64%** International
Europe, the Middle East and Africa	66,700	51% Conversion 12% Conversion
Canada	39,600	
Latin America	30,000	**74%** New Construction **26%** Conversion
Total	798,000	

출처 : Wyndham Hotels & Resorts Fact Sheet(2021년도 2분기)

(3) 윈덤의 경영철학

1) 사명(Mission)

> "We make hotel travel possible for all. Wherever people go, Wyndham will be there to welcome them."

윈덤의 사명은 세계 모든 사람들이 호텔 여행을 할 수 있도록 하는 것이다. 세계 어디를 가든 윈덤 호텔을 만날 수 있고 그만큼 다양한 곳에서 다양한 서비스를 고객들에게 제공하며 고객들을 환영하겠다는 기업이념이 들어 있는 말이다. 윈덤의 전 세계에 분포하고 있는 호텔들은 이 사명을 전 세계에서 실시간으로 실행함으로써 중요한 역할을 하게 되는 것이다.

2) 기업문화(Culture)

윈덤을 대표하는 기업문화는 "저를 믿으세요.(Count on Me)" 서비스 문화이다. 이것은 모든 직원들이 고객과 파트너들 그리고 지역사회에 반응하며 그들을 존중하고 그들에게 훌륭한 경험을 제공할 수 있도록 만드는 원동력이 된다.

3) 핵심 가치(Core Value)

원덤의 가치는 경영에 있어서 의사결정을 하는 데 사용되는 원칙을 의미한다. 이 가치들은 원덤의 문화를 정의하고 원덤이 경영을 이끌어가는 데 힘을 주는 역할을 한다.

Our Core Values

Integrity (진실성)	우리는 높은 기준을 유지하고 모든 일을 진실하고 투명하게 운영합니다.
Accountability (책임)	우리는 우리의 약속을 존중하고 결과를 제공합니다.
Inclusive (폭넓은)	우리는 사람, 문화, 아이디어 및 경험의 차이를 존중합니다. 우리는 모두를 환영합니다.
Caring (동정심)	우리는 관대하게 우리의 시간, 관심과 행동을 제공합니다.
Fun (재미)	우리는 우리가 하는 일을 사랑합니다. 그리고 그 감정을 고객과 소유주들에게 전달합니다.

출처 : https://development.wyndhamhotels.com/mission-values-and-vision/

21 ICONIC BRANDS

출처 : Wyndham Hotels & Resorts Fact Sheet(2021년도 2분기)

[그림 4-42] Wyndham Hotels & Resort 보유 브랜드(2021년 기준)

(4) 윈덤 브랜드 계열 및 현황

DISTINCTIVE

1) 윈덤 그랜드(Wyndham Grand) "Approachable by Design"

출처 : www.wyndhamhotels.com

윈덤그룹이 보유한 브랜드 중 최상급 럭셔리 브랜드 중 하나로 윈덤의 대표 브랜드라고 할 수 있다. 2020년까지는 윈덤의 Upscale 브랜드로 분류되었으나 2021년 윈덤이 새로운 브랜드 계열인 디스팅티브(Distinctive) 계열을 추가하면서 윈덤 그랜드는 업스케일보다 뛰어난 특징을 가진 럭셔리 호텔이라는 의미로 Distinctive 계열로 소속이 변경되었다.

〈표 4-112〉 Wyndham Grand의 분포현황(2021년 기준)

	호텔 수 (Properties)	객실 수 (Rooms)	브랜드 특성 및 포지셔닝
전 세계	60	17,778	
U.S.	10	3,009	
Canada	–	–	카테고리 : Upper-Upscale
China	30	9,810	규모 : 150-1,500 타깃층 : 부유한 비즈니스 및 레저여행객
Rest of Aisa	6	1,404	지역 : 도시 * 리조트
EMEA	14	3,555	
LATAM	–	–	

*EMEA(Europe, the Middle East, Eurasia, Africa) *LATAM(Latin America, the Caribbean)
출처 : Wyndham 개발 공식홈페이지; Wyndham Annual Report 2021, p.7

윈덤 그랜드(Wyndham Grand)는 호텔서비스뿐만 아니라 호텔의 디자인적인 측면에 있어서도 섬세함과 고급스러움, 럭셔리함을 담아내기 위한 노력을 하고 있는 브랜드이다. 전 세계에서 가장 아름다운 곳에 위치하면서 각종 고급 편의시설, 세련된 장식 및 탁월한 서비스를 제공하는 윈덤의 최상급 브랜드로 고객들에게 잊을 수 없는 투숙경험을 제공하기 위해 노력하고 있다.

2) 레지스트리 컬렉션 호텔(Registry Collection Hotels) "Surrender to Extraordinary"

출처 : 레지스트리 공식홈페이지(www.registrycollectionhotels.com)

최근 윈덤그룹에 추가된 최고급 컬렉션브랜드이다. 2021년 6월 윈덤그룹의 21번째 브랜드로 멕시코 칸쿤에 오픈하였다. 아직은 이 호텔 한 개만 운영되고 있는 신생브랜드이다. 브랜드 포트폴리오 계열에서 보면 최고급 브랜드이며, 또 하나 특징적인 것은 개별 호텔들의 특징을 살려서 각 지역에 개성있게 호텔을 구성하고 운영할 수 있는 컬렉션 타입의 브랜드라는 사실이다. 역시 레지스트리 브랜드도 윈덤 리워즈 로열티 프로그램에 속해 있으므로 이곳을 이용하는 고객들은 다른 윈덤의 8,900여 개 호텔들과 마찬가지로 리워즈 혜택을 받을 수 있게 된다.

레지스트리호텔은 사려 깊은 디자인, 훌륭한 서비스, 세심한 부분까지 신경쓰는 서비스로써 멋진 여행지에서 놀라운 여행 경험을 할 수 있도록 설계된 호텔이다. 최근 세계적인 체인그룹들이 브랜드 포트폴리오상 획일적이지 않은 개별적인 개성을 중시하는 호텔 브랜드 콘셉트로 많이 추가하는 컬렉션계열의 럭셔리 브랜드인 만큼 앞으로의 발전도 기대된다.

UPSCALE

3) 윈덤(Wyndham) "Simply Comfortable"

출처 : www.wyndhamhotels.com

전 세계적으로 분포하는 윈덤 호텔은 고객의 편안함을 목표로 모든 것이 설계되었다. 비즈니스와 레저 여행객 모두를 위해 설계된 윈덤(Wyndham)은 편안하고 편리한 숙박을 제공한다. 고객을 환영하는 로비, 편안한 수면을 주는 집과 같이 편안한 객실, 잘 설계된 피트니스센터, 다목적 회의공간과 같은 시설이 집과 같은 편안함을 제공한다.

〈표 4-113〉 Wyndham의 분포현황(2021년 기준)

	호텔 수 (Properties)	객실 수 (Rooms)	브랜드 특성 및 포지셔닝
전 세계	132	32,799	카테고리 : Upscale 규모 : 150–1,500실 타깃층 : 비즈니스, 레저고객 지역 : 도시&리조트
U.S.	31	91,09	
Canada	–	–	
China	30	8,712	
Rest of Aisa	14	2,517	
EMEA	17	3,344	
LATAM	40	9,117	

*EMEA(Europe, the Middle East, Eurasia, Africa) *LATAM(Latin America, the Caribbean)
출처 : Wyndham 개발 공식홈페이지; Wyndham Annual Report 2021, p.7

4) 돌체(DOLCE) "The Airt of Inspiration"

출처 : www.wyndhamhotels.com

프랑스 나파밸리(Napa Valley)에서 포르투갈 토레스 베드라스(Torres Vedras)에 이르기까지 돌체 바이 윈덤(Dolce by Wyndham)의 경외심을 불러일으키는 장소는 손님들이 연결하고 창조하고 발견할 수 있는 상상력이 풍부한 환경을 제공하고 있다. 첨단기술과 정교한 식음료 서비스가 결합된 최첨단 회의공간은 돌체 브랜드의 특징이기도 하다. 골프 코스, 원기를 회복시키는 스파, 세계에서 가장 유명한 와이너리와의 근접성은 회의, 축하 및 추억을 만드는 휴가를 위해 손님을 끌어들이기 충분한 돌체 브랜드의 강점이라할 수 있다.

〈표 4-114〉 DOLCE의 분포현황(2021년 기준)

	호텔 수 (Properties)	객실 수 (Rooms)	브랜드 특성 및 포지셔닝
전 세계	19	4,318	
U.S.	7	1,400	
Canada	3	276	카테고리 : Upper-Upscale
China	–	–	규모 : 200-600실
Rest of Aisa	1	342	타깃층 : 그룹, 비즈니스 및 레저 여행객
EMEA	8	2,300	지역 : 도시&리조트
LATAM	–	–	

*EMEA(Europe, the Middle East, Eurasia, Africa) *LATAM(Latin America, the Caribbean)
출처 : Wyndham 개발 공식홈페이지; Wyndham Annual Report 2021, p.7

LIFESTYLE

5) TRYP by Wyndham "Powered by the City"

출처 : www.wyndhamhotels.com

TRYP by 윈덤(Wyndham)은 세계에서 가장 흥미진진한 목적지의 에너지를 전달하여 현지인처럼 탐험할 수 있도록 도와준다. 세련된 호텔은 도시의 영향을 받은 디자인, 사교적인 로비공간, 현대적인 편의시설을 갖추고 있다.

〈표 4-115〉 TRYP의 분포현황(2021년 기준)

	호텔 수 (Properties)	객실 수 (Rooms)	브랜드 특성 및 포지셔닝
전 세계	86	11,806	
U.S.	9	1,101	
Canada	–	–	카테고리 : Upper-Midscale
China	1	95	규모 : 80-250
Rest of Aisa	1	191	타깃층 : 도시 탐험가
EMEA	55	7,530	지역 : 도시, 시내중심
LATAM	20	2,889	

*EMEA(Europe, the Middle East, Eurasia, Africa) *LATAM(Latin America, the Caribbean)
출처 : Wyndham 개발 공식홈페이지; Wyndham Annual Report 2021, p.7

6) 에스플렌더 바이 윈덤(Esplendor by Wyndham) "Boutique Hotel Experience"

출처 : www.wyndhamhotels.com

에스플렌더(Esplendor)는 고요한 세련미와 세계적 수준의 편의시설을 독특한 환경에서 훌륭하게 조화시키고 있다. 현재 에스플렌더는 라틴아메리카 지역에만 분포하고 있는 부티크 호텔 브랜드이다. 숨 막히는 라틴아메리카 지역의 멋진 부티크 호텔을 보유하고 있으며 고객들에게 혁신적이고 편안하며 진정한 경험을 제공한다. 세심한 맞춤형 서비스를 강조하여 독창적인 여행 경험을 제공할 수 있도록 세련되게 디자인되었으며 고전적인 감각과 현대적인 편의시설이 현지 문화와 조화를 이루고 있다.

〈표 4-116〉 Esplendor의 분포현황(2021년 기준)

	호텔 수 (Properties)	객실 수 (Rooms)	브랜드 특성 및 포지셔닝
전 세계	7	668	
U.S.	-	-	카테고리 : Boutique Hotel 포지셔닝 : A Unique Experience 특징 : 라틴아메리카(도시&리조트) 타입 : 새로운 및 역사적 빌딩 타깃층 : 세련된 비즈니스 및 레저여행자
Canada	-	-	
China	-	-	
Rest of Aisa	-	-	
EMEA	-	-	
LATAM	7	668	

*EMEA(Europe, the Middle East, Eurasia, Africa) *LATAM(Latin America, the Caribbean)

출처 : Wyndham 개발 공식홈페이지; Wyndham Annual Report 2021, p.7

7) 다즐러 바이 윈덤(Dazzler by Wyndham) "The Best of Us for the Best of You"

출처 : https://development.wyndhamhotels.com/brand

    다즐러 바이 윈덤(Dazzler by Wyndham) 부티크 컬렉션은 비즈니스와 레저 여행을 위한 최고의 선택으로 현대적인 장식, 호화롭고 편안한 공간 및 수준 높은 맞춤 서비스를 제공하여 비즈니스 또는 레저 여행객들에게 안식처를 제공한다.

    Dazzler는 기업 여행객과 여행 고객에게 도시 최고의 레스토랑, 지역 명소 및 비즈니스 지역에 대한 액세스를 제공한다. 성장 중인 어퍼 미드스케일 라이프스타일(Upper-midscale lifestyle) 브랜드인 다즐러는 라틴아메리카의 활기찬 도심에서 신축 혹은 기존 호텔을 개보수하는 방식으로 고객과 호텔 소유주에게 놀라운 가치를 제공하고 있다.

〈표 4-117〉 Dazzler by Wyndham의 분포현황(2021년 기준)

	호텔 수 (Properties)	객실 수 (Rooms)	브랜드 특성 및 포지셔닝
전 세계	13	1,687	
U.S.	-	-	카테고리 : Upper-Midscale
Canada	-	-	포지셔닝 : A Unique Experience
China	-	-	특징 : 라틴아메리카(도시&리조트)
Rest of Aisa	-	-	타깃층 : 기업 및 레저여행자
EMEA	-	-	지역 : 도시, 시내중심
LATAM	13	1,687	

*EMEA(Europe, the Middle East, Eurasia, Africa) *LATAM(Latin America, the Caribbean)
출처 : Wyndham 개발 공식홈페이지; Wyndham Annual Report 2021, p.7

8) 트레이드마크 컬렉션 바이 윈덤(Trademark Collection by Wyndham) "Independence Redefine"

출처 : https://development.wyndhamhotels.com/brand

전 세계 유명 목적지에 위치한 트레이드마크 컬렉션 바이 윈덤(Trademark Collection by Wyndham)은 중상급 규모의 독립호텔들을 모아놓은 컬렉션 브랜드이다. 따라서 각 지역에 있는 호텔들은 모두 그 장소, 건물의 특성을 가지고 독특한 특성이 있다. 트레이드마크는 비즈니스 혹은 레저여행 모두에게 적합한 다양한 위치에 있는 독특한 호텔들로 구성되어 있으며, 각 호텔의 소유주들은 자신 호텔만의 독특한 특성을 유지하면서 윈덤 호텔그룹과의 파트너십을 통해 이점을 누릴 수 있다.

〈표 4-118〉 Trademark의 분포현황(2021년 기준)

	호텔 수 (Properties)	객실 수 (Rooms)	브랜드 특성 및 포지셔닝
전 세계	113	18,127	
U.S.	48	7,338	
Canada	11	1,639	카테고리 : Upper-Midscale & Above
China	-	-	포지셔닝 : A Unique Experience
Rest of Aisa	1	90	타깃층 : 레저 및 비즈니스 고객
EMEA	49	8,751	지역 : 도시, 시내중심
LATAM	4	309	

*EMEA(Europe, the Middle East, Eurasia, Africa) *LATAM(Latin America, the Caribbean)
출처 : Wyndham 개발 공식홈페이지; Wyndham Annual Report 2021, p.7

MIDSCALE

9) 라퀸타 바이 윈덤(La Quinta by Wyndham) "Wake Up on the Bright Side"

출처 : https://development.wyndhamhotels.com

전형적인 라퀸타 건물의 외관(Prototype)

1968년에 탄생한 브랜드로 현대적이며, 확신적, 낙관적인 콘셉트를 가진 브랜드이다. 현대적인 객실 및 편의시설에서 품격 있는 숙박서비스를 제공한다. 밝은 쪽에서 깨어 있다는 슬로건에서 알 수 있듯 비즈니스 또는 레저 여행객들에게 친근한 분위기와 사려 깊은 밝은 투숙서비스를 제공한다. 이 브랜드는 중간규모의 비즈니스 및 레저 여행객들에게 어필할 수 있는 우수한 숙박시설을 갖추고 있으며 엄선된 서비스를 제공하고 있다. 전 세계적으로 900개 이상의 호텔이 분포하고 있다.

〈표 4-119〉 La Quinta의 분포현황(2021년 기준)

	호텔 수 (Properties)	객실 수 (Rooms)	브랜드 특성 및 포지셔닝
전 세계	937	91,811	
U.S.	919	89,200	카테고리 : Upper-Midscale 규모 : 70-150+ 타깃층 : 레저 및 비즈니스 고객 지역 : 도시, 시내중심 운영 : 프랜차이즈
Canada	2	133	
China	–	–	
Rest of Aisa	1	188	
EMEA	3	665	
LATAM	12	1,625	

*EMEA(Europe, the Middle East, Eurasia, Africa) *LATAM(Latin America, the Caribbean)
출처 : Wyndham 개발 공식홈페이지; Wyndham Annual Report 2021, p.7

10) 윈게이트 바이 윈덤(Wingate by Wyndham) "Modern Life in Balance"

출처 : https://development.wyndhamhotels.com

전형적인 윈게이트 건물의 외관(Prototype)

윈게이트 바이 윈덤(Wingate by Wyndham)은 비즈니스 여행객을 위한 중저가 호텔 체인으로 1996년에 'Wingate'라는 이름으로 처음 오픈한 후 2007년에 Wyndham그룹에 소속되면서 'Wingate by Wyndham'으로 명칭이 변경되었다. 고객을 위해 무료 아침식사,

매력적인 로비, 인체공학적 작업공간, 환영 라운지, 유연한 회의공간을 제공한다. 모든
장소에는 피트니스센터가 있으며 일부는 편안한 수영장 공간을 갖추고 있어 스트레스를
해소할 수 있다.

〈표 4-120〉 WINGATE의 분포현황(2021년 기준)

	호텔 수 (Properties)	객실 수 (Rooms)	브랜드 특성 및 포지셔닝
전 세계	174	16,177	
U.S.	160	14,541	카테고리 : Midscale
Canada	10	1,011	규모 : 100-150
China	3	449	타깃층 : 사무직 비즈니스 및 출장객
Rest of Aisa	-	-	지역 : 도시, 교외지역
EMEA	-	-	운영 : 프랜차이즈
LATAM	1	176	

*EMEA(Europe, the Middle East, Eurasia, Africa) *LATAM(Latin America, the Caribbean)
출처 : Wyndham 개발 공식홈페이지; Wyndham Annual Report 2021, p.7

11) 윈덤 가든(Wyndham Garden) "Travel at Ease"

출처 : https://development.wyndhamhotels.com

전형적인 윈덤 가든 건물의 외관(Prototype)

원덤 가든은 1998년에 탄생한 브랜드로 조용하고, 편안한 분위기의 콘셉트를 가지고 있다. 고객이 원하는 효율적이고 환영적인 요소를 제공하는 최고의 편의시설 및 기술, 최고의 서비스를 제공한다. 매일 아침식사, 무료 WiFi 및 유연한 회의공간과 같은 편의 시설을 갖추고 있어 스트레스 없는 숙박을 제공한다. 비즈니스 또는 레저 여행 모두 주요 비즈니스, 공항 및 교외지역 근처에 편리한 호텔을 제공한다.

〈표 4-121〉 Wyndam Garden의 분포현황(2021년 기준)

	호텔 수 (Properties)	객실 수 (Rooms)	브랜드 특성 및 포지셔닝
전 세계	123	20,216	카테고리 : Upper-Midscale 규모 : 100-110+ 타깃층 : 편리함을 원하는 여행객들 지역 : 도시, 교외지역, 공항 근처 운영 : 위탁경영, 프랜차이즈
U.S.	65	10,873	
Canada	3	651	
China	11	2,166	
Rest of Aisa	5	636	
EMEA	17	2,835	
LATAM	22	3,055	

*EMEA(Europe, the Middle East, Eurasia, Africa) *LATAM(Latin America, the Caribbean)
출처 : Wyndham 개발 공식홈페이지; Wyndham Annual Report 2021, p.7

12) 아메리카인(AmericInn) "America's Welcoming Neighbor"

출처 : https://development.wyndhamhotels.com

전형적인 아메리카인 건물의 외관(Prototype)

아메리카인 바이 윈덤(AmericInn by Wyndham)은 미국에만 분포하는 호텔로서 중서부 북부지역에서 가장 빠르게 성장하는 중형 브랜드이다. 스마트하고 현대적이며 단순하고 직관적인 편의시설을 제공하고 있다. 따뜻한 무료 아침식사, 최신 객실, 피트니스센터 및 매력적인 실내 수영장을 제공한다. 일부 지역에서 AmericInn은 온 가족이 즐길 수 있는 즐거움을 제공하기도 한다.

〈표 4-122〉 AmericaInn의 분포현황(2021년 기준)

	호텔 수 (Properties)	객실 수 (Rooms)	브랜드 특성 및 포지셔닝
전 세계	204	12,107	
U.S.	204	12,107	카테고리 : Midscale 규모 : 50-100 타깃층 : 가족, 비즈니스여행객, 스포츠팀, 단체고객 지역 : 교외, 고속도로 주변
Canada	–	–	
China	–	–	
Rest of Aisa	–	–	
EMEA	–	–	
LATAM	–	–	

*EMEA(Europe, the Middle East, Eurasia, Africa) *LATAM(Latin America, the Caribbean)
출처 : Wyndham 개발 공식홈페이지; Wyndham Annual Report 2021, p.7

13) 라마다 바이 윈덤(Ramada by Wyndham) "Sample the World"

출처 : https://development.wyndhamhotels.com

라마다(Ramada)는 1953년 Marion W. Isbell and Michael Robinson에 의해 처음으로 탄생한 브랜드이다. 1990년 윈덤 월드와이드가 라마다 미국 프랜차이즈 시스템을 인수하고, 2002년에는 캐나다, 2004년에는 라마다 전 세계 시스템 관리 권한을 인수하면서

라마다 전체가 윈덤소속이 되었다. 라마다는 70년 가까이 전 세계 비즈니스 및 레저 여행객에게 서비스를 제공해 온 윈덤 호텔 앤 리조트의 상징적인 브랜드이다. 그 이름은 스페인어 'rama(나뭇가지를 의미함)'에서 왔는데, 덤불이나 가지로 만든 'ramadas'라고 하는 임시 야외 구조물을 '그늘진 휴게소(shady resting place)'라고 부르기도 했다.

전 세계적인 포트폴리오와 인지도 있는 브랜드를 가진 라마다의 시그니처 터치 포인트는 빨간색을 사용한(Pops-of-Red) 디자인, 친절한 서비스, 유연한 식음료 옵션을 포함하고 있다. 전 세계 어디를 방문하든 같은 수준의 서비스를 라마다를 통해 경험할 수 있으므로 마치 전 세계를 시식하는 것처럼 슬로건도 "Sample the World"로 내걸고 있다.

⟨표 4-123⟩ Ramada의 분포현황(2021년 기준)

	호텔 수 (Properties)	객실 수 (Rooms)	브랜드 특성 및 포지셔닝
전 세계	838	118,613	카테고리 : Mid & Upper Midscale 규모 : 100-500 타깃층 : 풍요로우면서 실용적인 비즈니스 & 레저여행객 지역 : 도시 및 공항 근처
U.S.	321	37,866	
Canada	80	7,695	
China	123	26,251	
Rest of Aisa	75	14,141	
EMEA	210	28,886	
LATAM	29	3,774	

*EMEA(Europe, the Middle East, Eurasia, Africa) *LATAM(Latin America, the Caribbean)
출처 : Wyndham 개발 공식홈페이지; Wyndham Annual Report 2021, p.7

14) 라마다 앙코르(Ramada Encore)

출처 : www.wyndhamhotels.com/ko-kr/ramada/seoul-south-korea

라마다의 계열 브랜드로 전 세계에 70여 개의 호텔이 분포하고 있는데, 특징적인 것은 전 세계 북미지역을 제외한 지역에만 분포하고 있다는 점이다. 라마다의 계열 브랜드이면서 라마다보다는 조금 작은 규모와 저렴한 가격을 특징으로 하고 있다. 현재 우리나라에는 총 30개의 라마다 브랜드 중 9개가 라마다 앙코르 브랜드로 운영되고 있으며, 각각 김포 한강, 서울 마곡, 서울 동대문, 평택, 천안, 정선, 이스트(제주), 부산역, 해운대에 위치하고 있다(2021년 기준).

〈표 4-124〉 Ramad Encore의 분포현황(2021년 기준)

	호텔 수 (Properties)	객실 수 (Rooms)	브랜드 특성 및 포지셔닝
전 세계	70	11,787	
U.S.	–	–	카테고리 : Midscale 규모 : 100-200(평균160실) 타깃층 : 비즈니스 & 레저여행객 지역 : 도시 및 공항 근처(북미 제외)
Canada	–	–	
China	21	3,216	
Rest of Aisa	15	4,288	
EMEA	22	2,584	
LATAM	12	1,699	

*EMEA(Europe, the Middle East, Eurasia, Africa) *LATAM(Latin America, the Caribbean)
출처 : Wyndham 개발 공식홈페이지; Wyndham Annual Report 2021, p.7

15) 베이몬트(Baymont) "The Hotel Next Door"

베이몬트 바이 윈덤(Baymont by Wyndham)은 1973년 Marcus Corporation의 CEO인 Steven Marcus에 의해 제한된 서비스와 할인된 가격의 모델체인을 만들겠다는 생각으로 탄생하게 되었다. 가장 빠르게 성장하는 중형 호텔 프랜차이즈 중 하나인 Baymont by Wyndham은 American Hotels, La Quinta, Fairfield Inn by Marriott와 같은 중저가 계열의 호텔이다. 이러한 호텔들은 디럭스 콘티넨탈식 조식과 수영장 및 편안한 숙소가 제공되는 곳이라는 것을 의미한다. 하지만 이들 호텔에는 호텔 내 레스토랑이나 비싼 컨벤션시설은 갖추고 있지 않다.

출처 : https://development.wyndhamhotels.com

전형적인 베이몬트 건물의 외관(Prototype)

　처음 탄생 당시의 이름은 'Budgetel'이었지만, 1999년 초에 'Baymont Inn'으로 이름이 변경되었고, 2004년에 Marcus Corporation이 베이몬트 체인을 라퀸타 코퍼레이션(La Quinta Corporation)에 매각하게 된다. 이후 2006년에 다시 Cendant Hotel Group이 인수하면서 오늘날까지 운영되고 있다(Cendant가 나중에 Wyndham Hotels & Resorts로 이름을 변경함).

　베이몬트의 슬로건은 "The Hotel next door"이다. 이는 "호텔이용객을 내 이웃처럼 대한다"라는 의미로 이웃에 있는 호텔처럼 편안하고 집을 떠나 있는 동안에도 낯설지 않은 편안함과 친근함으로 서비스하는 마치 이웃 같은 존재가 되겠다는 의미이다. 즉, 고객이 편안하게 생각하고(relaxed), 고향에 온 것처럼 느끼며(hometown), 고객에게 이웃(neighbor)을 가져다주겠다는 의미이다. 베이몬트는 식음료서비스가 제공되지 않는 미드스케일 호텔이며, 대신 조식으로 와플을 제공한다.

〈표 4-125〉 Baymont의 분포현황(2021년 기준)

	호텔 수 (Properties)	객실 수 (Rooms)	브랜드 특성 및 포지셔닝
전 세계	519	39,644	
U.S.	513	39,056	카테고리 : Midscale 규모 : 50-150 타깃층 : 가족 같은 분위기를 원하는 레저 및 비즈니스 여행객 지역 : 작은 시골마을, 교외
Canada	5	470	
China	-	-	
Rest of Aisa	-	-	
EMEA	-	-	
LATAM	1	118	

*EMEA(Europe, the Middle East, Eurasia, Africa) *LATAM(Latin America, the Caribbean)

출처 : Wyndham 개발 공식홈페이지; Wyndham Annual Report 2021, p.7

VALUE/ECONOMY

16) 마이크로텔 바이 윈덤(Microtel by Wyndham) "Brilliantly Efficient"

출처 : https://development.wyndhamhotels.com

전형적인 마이트로텔 건물의 외관(Prototype)

Dubbed Microtel Inn & Suites 설립자 로렌 애슐리는 1988년 객실가격에 민감한 소비자를 위해 일반객실의 절반 크기와 절반의 가격으로 객실을 이용할 수 있는 호텔체인을 설립하게 된다. 1989년 미국 뉴욕 로체스터(Rochester, NY)에 하루 숙박료 $24로 첫 번째 호텔을 오픈하게 된다. 이후 6년간 22개 호텔체인으로 확장해 나갔으나 USFS(US Franchise Systems, Inc.)에 의해 인수되었다. USFS는 13년 동안 다시 280개로 호텔체인을 확장했으며, 2008년 Wyndham Worldwide에 인수되면서 2012년 Dubbed Microtel Inn & Suites는 윈덤그룹 소속 브랜드가 되었다.

세련되고 현대적인 느낌을 주는 단순하면서도 간소화된 숙박을 원하는 여행자를 위한 브랜드이다. 스마트한 디자인, 현대적인 객실 및 탁월한 서비스는 모든 숙박을 매우 간단하게 도와준다. 무료 WiFi 및 아침식사와 같은 사려 깊은 편의시설과 피트니스센터 및 일부 장소에 수영장이 있다. 신축을 통해 새로운 호텔을 확장하는 브랜드이다.

〈표 4-126〉 Microtel의 분포현황(2021년 기준)

	호텔 수 (Properties)	객실 수 (Rooms)	브랜드 특성 및 포지셔닝
전 세계	345	25,370	
U.S.	300	21,200	카테고리 : Economy 규모 : 50-100 타깃층 : 실용적이고 정통한 비즈니스 및 레저 여행객 지역 : 도시, 교외
Canada	20	1,719	
China	4	579	
Rest of Aisa	14	1,037	
EMEA	–	–	
LATAM	7	835	

*EMEA(Europe, the Middle East, Eurasia, Africa) *LATAM(Latin America, the Caribbean)
출처 : Wyndham 개발 공식홈페이지; Wyndham Annual Report 2021, p.7

17) 데이즈 인(Days Inn) "A Fresh Burst of Energy"

1970년 Cecil B. Day가 미국 조지아주의 티비섬(Tybee Island)에 처음으로 지은 호텔에서 탄생한 브랜드이다. Days Inn of America, Inc.는 1972년부터 프랜차이즈를 시작했는데 채 8년도 되지 않아 미국, 멕시코와 캐나다 지역에 300개 이상의 호텔을 소유할 만큼 성장하게 되었다. 그리고 1992년 Wyndham Worldwide가 Days Inn 브랜드를 인수하게 된다.

출처 : https://development.wyndhamhotels.com/brand

전형적인 데이즈 인 건물의 외관(Prototype)

〈표 4-127〉 Days Inn의 분포현황(2021년 기준)

	호텔수 (Properties)	객실 수 (Rooms)	브랜드 특성 및 포지셔닝
전 세계	1,600	123,352	
U.S.	1,370	101,756	카테고리 : Upper-Economy/Value
Canada	113	8,874	규모 : 50-300
China	44	7,206	타깃층 : 레저 및 비즈니스 여행객
Rest of Aisa	14	1,999	지역 : 작은 소도시, 도시, 시내 중심지, 도로
EMEA	54	3,059	주변, 공항과 목적지
LATAM	5	458	

*EMEA(Europe, the Middle East, Eurasia, Africa) *LATAM(Latin America, the Caribbean)
출처 : Wyndham 개발 공식홈페이지; Wyndham Annual Report 2021, p.7

데이즈 인 윈덤은 중저가 호텔체인의 선두주자이며, 무료조식, 활기찬 서비스, 작은 일에까지 세심하게 신경 써주는 서비스를 제공하고 있다. 전 세계 여행자들에게 익히 잘 알려진 태양 모양의 로고와 새로운 Dawn(던 : 새벽이라는 뜻) 객실 디자인은 편안한 숙박시설과 편리한 지역적 이점을 살려 데이즈 인의 강점으로 작용하고 있다. 1,600여 개의 호텔을 전 세계에 보유하고 있는 Days Inn은 전 세계에서 가장 큰 중저가 브랜드 중 하나이며, 높은 브랜드 인지도를 가지고 있다.

18) 슈퍼 에잇 바이 윈덤(Super 8 by Wyndham) "An American Road Original"

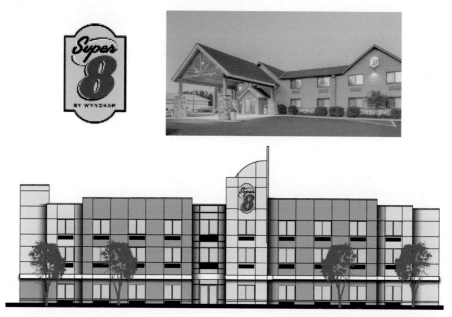

출처 : https://development.wyndhamhotels.com

전형적인 슈퍼 에잇 건물의 외관(Prototype)

전 세계 4개 대륙에 약 2,700여 개의 호텔이 있는 Super 8은 전 세계 다른 어떤 저가 브랜드보다 더 많은 호텔을 보유하고 있다. 이 브랜드는 1974년에 처음 오픈하였다. 오픈 당시 호텔의 이름은 'Super 8 Motel'이었으며, 객실 60실 규모에 1박당 가격이 $8.88였다. 1993년 Wyndham Worldwide가 이 브랜드를 인수하여 'Super 8 Hotel'로 이름을 변경하고, 미국, 캐나다, 중국 전역에 체인을 냈다.

Super 8 by Wyndham에서는 무료 유럽식 조식과 무료 WiFi를 제공한다. 그리고 회의가 가능한 비즈니스 시설, 피트니스센터, 수영장 등의 부대시설을 갖추고 있으며, 애완동물을 허용하는 특징도 있다.

Super 8의 상징인 노란색 바탕에 빨간색 간판은 미국의 상징적인 브랜드로 알려져 있으며, 고객의 50% 이상이 당일 방문고객(워크인)인 것을 보더라도 여정에서 만났을 때 가장 신뢰할 수 있는 브랜드이기에 고객들로부터 당일 선택을 받는다고 할 수 있을 것이다. 전형적인 미국 모텔개념이라고 보면 된다. 저렴한 가격에 숙박서비스를 받을 수 있는 저가호텔이며 호텔 수로 보면 Days Inn보다 훨씬 많은 수를 보유하고 있으며 주로 미국과 캐나다, 중국에 집중적으로 분포하고 있다.

〈표 4-128〉 Super 8의 분포현황(2021년 기준)

	호텔 수 (Properties)	객실 수 (Rooms)	브랜드 특성 및 포지셔닝
전 세계	2,723	164,880	
U.S.	1,506	90,530	
Canada	125	8,061	카테고리 : Upper-Economy/Value
China	1,082	64,599	규모 : 50-100(평균 65실)
Rest of Aisa	–	–	타깃층 : 레저 및 비즈니스 여행객
EMEA	10	1,690	지역 : 모든 주요 고속도로 주변
LATAM	–	–	

*EMEA(Europe, the Middle East, Eurasia, Africa) *LATAM(Latin America, the Caribbean)
출처 : Wyndham 개발 공식홈페이지; Wyndham Annual Report 2021, p.7

19) 하워드존슨 바이 윈덤(Howard Johnson By Wyndham) "A Smile in Every Town"

하워드존슨은 1925년 기업가 하워드 디어링 존슨(Howard Dearing Johnson)이 처음 론칭한 브랜드이다. 하지만 설립 당시 Howard Johnson은 호텔이 아닌 레스토랑 체인이었다. 1960년대 미국에서 아주 잘 알려진 규모도 아주 큰 레스토랑 체인이었다. 또한 1970년대에는 1,000개가 넘은 프랜차이즈와 회사 소유로 운영되는 레스토랑 아울렛을 가지고 있을 정도로 그 규모가 상당했다.

그런 하워드존슨이 호텔업을 시작하게 된 것은 1954년 사바나(Savannah)가 프랜차이즈사업으로 '모텔 랏지(Motel Lodge)'를 설립하여 시작하면서부터였다. 이것은 1990년 Wyndham Worldwide가 인수해서 확장해 나가게 되었다.

출처 : https://development.wyndhamhotels.com

하워드존슨의 내외부 모습

대부분의 지역에서 무료 아침식사 및 WiFi, 객실 내 커피, 일간신문을 무료로 제공하며, 수영장, 피트니스센터, 연회장을 갖추고 있다.

〈표 4-129〉 Howard Johnson의 분포현황(2021년 기준)

	호텔 수 (Properties)	객실 수 (Rooms)	브랜드 특성 및 포지셔닝
전 세계	310	40,311	
U.S.	168	13,143	
Canada	20	1,384	20카테고리 : Economy/Value
China	69	21,437	규모 : 50~100
Rest of Aisa	2	924	타깃층 : 가족단위 레저고객, 비즈니스 여행객
EMEA	5	500	지역 : 모든 주요 고속도로 주변
LATAM	46	2,923	

*EMEA(Europe, the Middle East, Eurasia, Africa) *LATAM(Latin America, the Caribbean)
출처 : Wyndham 개발 공식홈페이지; Wyndham Annual Report 2021, p.7

20) 트래블로지(Travelodge) "Your Base camp for Adventure"

출처 : https://development.wyndhamhotels.com

트래블로지 건물의 내외부 모습

출처 : https://travelodgestl.com/

Travelodge의 마스코트 Sleepy Bear

트래블로지(Travelodge)는 1939년 미국 캘리포니아 남부에서 Scott King에 의해 the Travelodge Corporation이 세워지면서 시작되었으며, 1940년 샌디에이고(San Diego)에 첫 번째 트래블로지(TraveLodge : 초기에는 영문명에 L을 대문자로 표기하였음)가 문을 열게 된다. 캘리포니아에 뿌리를 둔 여유로운 분위기로 유명한 Travelodge by Wyndham은 양질의 편의시설과 숙면을 추구하는 가치 중심 여행자를 위한 브랜드이다. 친절한 서비스와 저렴한 요금은 손님들이 다시 일상으로 돌아가기 전에 휴식을 취하고 재충전할 수 있도록 한다. 미국 전역에 수백 개의 호텔이 있으며 그중 65%가 국립공원 근처에 위치하는 Travelodge는 모험을 위한 베이스캠프를 제공한다. 1940년에 처음 문을 연 이래로 트래블로지 브랜드는 슬리퍼 베어 마스코트와 같은 강력한 브랜드 아이콘으로 브랜드 인지도를 높임으로써 캘리포니아 헤리티지 스토리를 미국 대륙 전역에 퍼뜨리는 데 기여하였다.

〈표 4-130〉 Travelodge의 분포현황(2021년 기준)

	호텔 수 (Properties)	객실 수 (Rooms)	브랜드 특성 및 포지셔닝
전 세계	455	32,602	
U.S.	351	24,091	
Canada	104	8,511	카테고리 : Economy/Value
China	–	–	규모 : 40-100
Rest of Aisa	–	–	타깃층 : 레저여행객
EMEA	–	–	지역 : 북미지역, 도시 & 교외(국립공원 근처)
LATAM	–	–	

*EMEA(Europe, the Middle East, Eurasia, Africa) *LATAM(Latin America, the Caribbean)
출처 : Wyndham 개발 공식홈페이지; Wyndham Annual Report 2021, p.7

EXTENDED STAY

21) 호손 스위트 바이 윈덤(Hawthorn Suites by Wyndham) "Stay Longer Stay Better"

전형적인 호손 스위트 건물의 외관(Prototype) 및 내외부 전경

Hawthorn Suites by Wyndham은 1983년에 건설되고 1985년 Haytt Hotel Chain의 소유주인 프리츠커 가문(Pritzker Family)에 인수되었다. 이후 10년간 프리츠커 소유로 10개의 호텔이 17개까지 늘어나며 성장하게 되는데, 1996년 프리츠커는 US Franchise Systems, Inc.에 호손 스위트의 프랜차이즈 권한을 매각하게 된다. 그 후 1998년에는 USFS(US Franchise Systems, Inc.)가 호손을 완전히 매입하는 절차를 마무리하게 되고 이후 꾸준하고 가파른 성장을 하여 호텔 수가 100개까지 늘어나게 된다. 2008년 윈덤 호텔&리조트가 US Franchise Systems을 매입하면서 호손 스위트 브랜드는 윈덤그룹 계열로 들어오게 된다.

〈표 4-131〉 Hawthorn의 분포현황(2021년 기준)

	호텔 수 (Properties)	객실 수 (Rooms)	브랜드 특성 및 포지셔닝
전 세계	89	8,014	
U.S.	84	7,527	카테고리 : Midscale /Extended Stay 규모 : 60-150 타깃층 : 장기체류 고객, 편안함에 중점을 두는 레저여행객, 비즈니스고객, 그룹고객 지역 : 교외지역, 공항 근처
Canada	–	–	
China	–	–	
Rest of Aisa	–	–	
EMEA	5	487	
LATAM	–	–	

*EMEA(Europe, the Middle East, Eurasia, Africa) *LATAM(Latin America, the Caribbean)
출처 : Wyndham 개발 공식홈페이지; Wyndham Annual Report 2021, p.7

호손 스위트 바이 윈덤은 장기체류 브랜드로 객실과 편의시설을 갖추고 있어 여행자에게 집과 같은 편안함을 선사한다. Hawthorn은 손님을 환영하는 경험을 제공하여 더 오래 머물고 싶은 마음을 불러일으키게 된다. 무료 Wi-Fi, 구내 세탁 서비스, 완비된 주방시설, 건강한 무료 아침식사 및 피트니스센터를 갖춘 Hawthorn Suites는 장기간 방문하는 동안 고객이 순조롭게 지내는 데 필요한 모든 것을 제공하고 있다.

회의, 특별행사 또는 단체 여행객들을 위한 비즈니스 중심 편의시설을 갖추고 있어, 다양한 장기체류객들의 수요를 충족시킬 수 있는 브랜드이다.

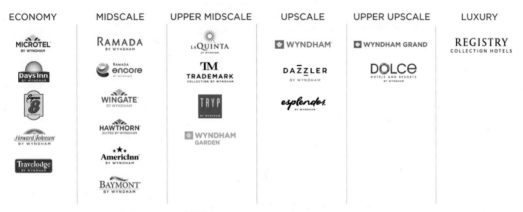

출처 : Wyndham Hotels & Resorts Investor Presentation(2021.7), p.33

[그림 4-43] Wyndham Hotels & Resorts Brand Portfolio

출처 : 윈덤 호텔 공식홈페이지(www.wyndhamhotels.com)

[그림 4-44] 윈덤 호텔 브랜드 포트폴리오(2021년 기준)

⑦ Best Western

(1) 탄생 및 역사

베스트웨스턴은 제2차 세계대전이 끝
난 후 1년 뒤인 1946년부터 시작되었다.
그 당시만 하더라도 호텔의 개념은 도시나

BW | Best Western.
Hotels & Resorts

길가에 작은 규모로 가족경영형태로 운영되던 것이 일반적이었다. 바로 이 무렵 베스트
웨스턴을 설립한 M.K. 게르틴(Guertin)에 의해 캘리포니아의 독립호텔들이 여행객들에
게 서로의 호텔을 비공식적으로 추천하는 '리퍼럴 시스템(referral system)' 네트워크를
구축하게 된다.

'베스트웨스턴'이라는 이름이 만들어진 유래는 1946년부터 1964년까지 호텔이 미국
미시시피강 서부(western)에 위치했기 때문이었다. 베스트웨스턴은 당시 미시시피강 동
부에 있던 '퀄리티 인(Quality Inn)'이라는 또 다른 호텔 체인과 파트너십을 맺어 협력하
기도 했으나 성공을 거두지는 못했다. 이에 1964년 베스트웨스턴은 '베스트이스턴(Best
Eastern)'이라는 이름으로 기존의 베스트웨스턴과 로고도 같은 호텔체인을 새롭게 론칭
했으나 1967년 그 이름을 버리고 결국 '베스트웨스턴'이라는 이름으로 미국 전역에 걸쳐
사업을 확장하게 된다. 그 결과 1970년대에는 '세계 최대의 단일 브랜드 호텔 체인'이라
는 수식어가 늘 따라다닐 정도로 그 명성이 대단했다. 베스트웨스턴의 상징적인 "황금왕
관(Gold Crown)" 로고는 1964년부터 사용하기 시작했으며 1993년부터는 파랑과 노랑색
으로 대비되는 글자에 빨간색 왕관이 있는 모양의 로고를 사용하기 시작해 2015년까지
사용했다. 그리고 지금 우리가 알고 있는 왕관이 없는 글자로만 이루어진 로고는 2015년
부터 교체되어 사용하고 있다.

베스트웨스턴 호텔 & 리조트는 미국 애리조나주 피닉스에 본사를 두고 있으며 현재
전 세계 100여 개국에 총 4,700개 이상의 호텔을 운영하는 호텔그룹이다. 총 18개의 브
랜드를 가지고 있는데 이는 Best Western Hotels & Resorts에 속한 10개 브랜드, World
Hotels Collection에 속한 4개 브랜드, SureStay Hotel Group에 속한 4개 브랜드로 구분
할 수 있다.

70년 이상의 환대를 기념하는 Best Western Hotels & Resorts는 100여 개 국가와 지역에 위치한 수상 경력에 빛나는 글로벌 호텔 네트워크로, 모든 유형의 여행객을 위한 숙박시설을 제공한다.

베스트 웨스턴, 베스트 웨스턴 플러스, 베스트 웨스턴 프리미어, 비브, 글로, 이그제큐티브 레지던시 바이 베스트 웨스턴, 새디, 에이든, BW 프리미어 컬렉션, BW 시그니처 컬렉션 등 베스트웨스턴 소속 10개 브랜드를 비롯한 총 18개의 독특한 호텔 브랜드를 보유하고 있다. 월드호텔스 컬렉션(WorldHotels Collection)의 인수를 통해 베스트 웨스턴 호텔 & 리조트는 이제 월드호텔 럭셔리, 월드호텔 엘리트, 월드호텔 디스팅티브 및 월드호텔 크래프트 컬렉션 브랜드를 추가하게 되었다. 또한, 슈어스테이 호텔그룹(SureStay Hotel Group)의 인수를 통해 포트폴리오를 완성, 베스트 웨스턴은 SureStay, SureStay Plus, SureStay Collection, 그리고 SureStay Studio를 추가하였다.

출처 : Best Western Timeline and Story, 공식홈페이지

[그림 4-45] Best Western 로고의 변천사

최고의 웨스턴 호텔 & 리조트는 업계 수상과 찬사를 받고 있다. 이러한 인정은 지난 12년 연속 AAA(American Automobile Association)/CAA(Canadian Automobile Association)의 올해의 숙박 파트너로 선정되는 결과를 가져왔으며, 북미 호텔 고객 만족도 연구인

J.D. Power에서 SureStay Hotel Group이 2019년부터 2년 연속 이코노미 호텔체인 중에서 고객 만족도 1위에 선정되었다. 그리고 베스트웨스턴 프리미에는 2021년 미국 호텔 고객만족도 조사에서 업스케일 호텔 체인 중 고객만족도 2위에 선정된 바 있다. 한편, 미국 뉴스 및 세계 보고서(U.S. News & World Report)에서 베스트 웨스턴 리워드(BWR)를 7년 연속 로열티 프로그램 1위에 선정하기도 하였다. 비즈니스 트래블 뉴스는 2020 호텔 브랜드 설문조사에서 베스트웨스턴을 미드스케일 호텔 브랜드 1위, 베스트웨스턴 플러스를 어퍼 미드스케일(Upper Midscale)호텔 브랜드 2위로 선정한 바 있다.

□ Best Western의 연혁

1946~1966

연도	History
1946	Best Western Motels는 비즈니스에서 23년의 경험을 가진 호텔리어 M.K. Guertin에 의해 설립. 이 체인은 각 호텔 간의 비공식적인 네트워크를 통해 여행자에게 서로의 호텔을 추천하는 형태 "추천 시스템(referral system)"으로 시작
1951	American Motel Magazine에 실린 게스트 사설에서 Guertin이 일반 여행객들에게 호텔을 광고하는 것의 중요성에 대해 언급함. 이것은 그당시 숙박업계에서 매우 혁신적인 접근 방식으로 여겨졌음
1962	베스트웨스턴은 유일하게 미국 전역을 대상으로 예약할 수 있는 서비스를 가지고 있었음. 회원호텔들을 구분하기 위해 테두리에 밧줄모양이 있는 왕관로고를 사용하기 시작함
1963	699개 회원호텔들과 35,201개 객실을 갖춘 업계에서 가장 큰 모텔체인이 됨
1964	미시시피강 동쪽에 있는 모텔그룹과 통합해 Best Eastern Inc.로 사명을 변경함
1966	Best Western과 Best Eastern을 하나로 합해 the Best Western으로 이름을 변경함 본사를 캘리포니아 롱비치(Long Beach, CA)에서 애리조나 피닉스(Phoenix, AZ)로 이전함 Best Western 사업확장을 위한 주요 내용이 발표됨

출처 : Best Western Timeline and Story, 공식홈페이지

1972~1981

연도	History
1972	호텔들이 6개 주요 신용카드를 받도록 함 "보증된(guaranteed)" 숙박료에 대한 개념이 생기고 예약을 보증하기 위한 하룻밤 요금을 청구하도록 하는 개념이 도입됨 호텔들에게 "노쇼(no-show)" 고객에 대해 요금을 부과할 수 있는 권한을 부여함

1974	리퍼럴(referral) 조직이라는 이미지를 탈피하기 위해 이름에서 '모텔(motel)'이라는 단어를 없애고 다른 풀서비스 숙박 체인들과 직접 경쟁하기 시작함
1975	호주와 뉴질랜드에 진출하여 해외로 진출하기 시작
1976	멕시코로 진출해서 호텔이 100개 이상 생김
1977	급속한 성장으로 세계에서 가장 큰 숙박체인이 됨
1980	베스트웨스턴 멤버가 전 세계 2,654개 호텔리어로 성장
1981	8월 애리조나 피닉스의 애리조나 여성센터 내에 위성예약센터 설립 베스트웨스턴이 오스트리아, 프랑스, 스웨덴, 스위스, 독일지역으로 확장됨

출처 : Best Western Timeline and Story, 공식홈페이지

1993~2007

연도	History
1993	브랜드 정체성(identity) 연구에서는 새로운 Best Western 로고와 정체성(identity)을 채택할 것을 권장 11월 30일에 회원들은 새로운 로고 채택을 승인하고 공식적으로 Gold Crown 로고를 폐기함 Best Westerns는 일본, 베네수엘라, 러시아 및 리투아니아에서 개장
1995	인터넷을 통해 150개 회원호텔들에 대한 모든 정보를 볼 수 있는 정보리스트가 처음으로 생김. 이로 인해 개인용 컴퓨터(PC)를 이용한 정보검색이 즉각적으로 이루어짐
2001	베스트웨스턴이 아시아에 첫 지사를 오픈(태국 방콕)하였으며 이곳에서 대부분의 아시아 대륙과 중동을 커버하게 됨
2002	10년간의 노력 끝에 중국에 Best Western China가 출범함
2004	호텔업계에서 가장 큰 HSIA(High Speed Internet Access)를 시작해서 고속인터넷서비스 시대를 시작함 불과 8개월 만에 북미지역의 일부 공공장소와 최소 15%의 객실에 무료무선 또는 요선 HSIA를 구축함 NASCAR(전미스톡자동차경주협회)의 최초의 공식 호텔이 됨
2005	bestwestern.com을 통해 하루 평균 백만 달러의 예약을 시작
2006	창립 60주년을 기념하여 1946년 객실요금 프로모션을 진행함 행운의 고객들에게는 회사가 시작된 60년 전의 숙박료인 $5.40로 특별 1박 요금이 제공됨
2007	우수한 고객관리업계를 선도하는 첫 단계 중 하나인 온라인 설문조사를 통해 고객만족도를 추적하기 시작함 AAA/CAA의 선호하는 숙박 파트너로 선정되었으며 Harley-Davidson과 다년간 파트너십을 시작함

출처 : Best Western Timeline and Story, 공식홈페이지

2011~현재

연도	History
2011	Best Western은 65주년을 기념하여 Best Western, Best Western Plus 및 Best Western Premier 기술어를 북미시장에 선보임 세계에서 가장 큰 호텔 패밀리 태그라인이 미국과 캐나다에 도입됨
2012	Best Western은 북미지역에 고급 청소기술을 도입하여 하우스 키핑 직원이 UV 지팡이, 검은색 조명 및 클린 리모컨을 사용하여 새로운 고객관리 표준을 설정할 수 있는 최초의 호텔 브랜드가 됨
2014	스타일, 기술 및 참여에 중점을 둔 도시형 부티크 콘셉트인 Vīb와 세계 주요 시장에서 엄선된 고품질 호텔의 소프트 브랜드인 BW Premier Collection을 발표
2015	새로운 마스터 브랜드 로고를 발표함 새로운 Best Western Hotels & Resorts 마스터 브랜드 로고는 회사의 현재 파란색을 현대적인 색조로 업데이트하고 현대적이고 친근하며 기억에 남는 독특한 핸드 레터링을 사용했는데, 전 세계 호텔 및 리조트 회사임을 명확하게 정의하고 각인하는 역할을 하게 됨 브랜드의 전통적인 빨간색 사용을 선택하고 시그니처 레터링을 통합하고 현대적인 테이퍼드 라인을 사용하여 "Plus"라는 단어를 더욱 강조하는 Best Western Plus 로고의 새로운 디자인을 발표 모바일 앱의 모양에서 영감을 받은 다이아몬드 모양은 상위 미드스케일 세그먼트 내에서 보다 고급스러운 느낌을 주어 베스트 웨스턴 호텔 브랜드 로고와 구별됨 우아함과 스타일을 발산하는 독특한 디자인 요소와 함께 클래식하면서도 현대적인 글꼴을 사용하여 Best Western Premier 로고의 새로운 디자인을 발표함. BWP 모노그램은 입체적인 타원형 형태로 아이코닉한 표현을 선사. Premier 워드마크는 맞춤형 레터링을 사용하며 테이퍼드(tapered) 라인으로 강조되어 Best Western 마스터 브랜드와 연결됨. 2차 시장, 교외 및 고속도로 시장을 위해 설계된 광범위한 중형 부티크 콘셉트인 GLō를 발표함
2016	창립 70주년 기념 및 SureStay Hotel Group 소개
2017	11번째 브랜드인 BW Signature Collection by Best Western을 도입함
2018	새로운 브랜드 Sadie, Aiden 도입 미국에 첫 번째 Vib, GLō 호텔을 오픈함
2019	전 세계 최고의 목적지에 있는 약 300여 개의 독특하고 특별한 호텔과 리조트 컬렉션을 대표하는 유명한 글로벌 호텔 브랜드 WorldHotels을 인수하여 약 360개 호텔, 81,248객실을 추가함 베스트 웨스턴은 또한 프리미엄 이코노미 장기체류 옵션인 SureStay StudioSM을 출시하여 SureStay Hotel Group 서비스를 확장함

출처 : Best Western Timeline and Story, 공식홈페이지

출처 : 베스트웨스턴 코리아 및 개발 공식홈페이지

[그림 4-46] 베스트웨스턴 호텔그룹 브랜드 포트폴리오(2021년 기준)

(2) 호텔 분포현황 및 발전

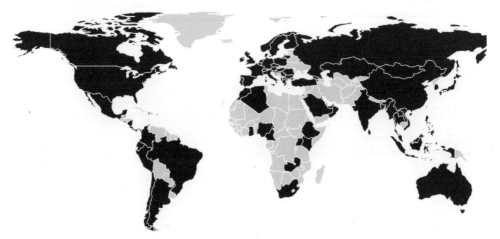

출처 : Best Western Featured Destinations

[그림 4-47] 전 세계 Best Western 분포도

[그림 4-47] 지도에서 파란색으로 표시된 부분이 전 세계 베스트웨스턴이 약 100여 개국 이상 4,700여 개 이상 호텔을 운영하는 분포현황이다. 〈표 4-132〉에서 보면, 호텔 수를 기준으로 볼 때 북미지역에 전체의 절반 이상(약 57%)이 분포하고 있으며, 그 다음 은 유럽으로 약 33%를 차지하고 있다.

〈표 4-132〉 Best Western의 주요 지역별 호텔 및 객실 수 분포현황(2018.6.1 기준)

	Number of Hotels	Number of Rooms
North America	2,068	176,213
Europe	1,189	85,286
Australia/South Pacific	119	4,947
South America	105	8,691
Asia	105	15,169
Africa	18	1,345
Middle East	25	2,683
Total	3,629	294,334

출처 : Best Western International, Inc., Annual Report, p.88, 2018.8.10

〈표 4-133〉 Best Western Brand Portfolio(2021년 기준)

BW | Best Western.
Hotels & Resorts

	Classic	Collection/ Soft Brand				Extended stay
UPSCALE	BWP PREMIER BEST WESTERN.	BW Premier COLLECTION by BEST WESTERN	ViB BEST WESTERN			
UPPER MIDSCALE	BW Best Western PLUS.	BW SIGNATURE COLLECTION by BEST WESTERN	GLO	Sadie BEST WESTERN	Aiden by BEST WESTERN	Executive Residency
MIDSCALE	BW Best Western.					

출처 : 저자작성

브랜드별로 분포현황을 구분해 보면 [그림 4-48]과 같이 미드스케일 체인호텔에 속하는 베스트웨스턴이 전 세계 호텔 3,629개 중 2,101개로 약 58%를 차지하고 있어 베스트웨스턴 그룹 전체를 통틀어 가장 대표적인 브랜드임을 알 수 있다.

	Brand	Chain Scale*	Global	North America Only	
			Hotels / Rooms	Hotels / Rooms	Pipeline of Hotels
Established	Best Western	Midscale	2,101 / 153,189	1,117 / 85,003	49
	Best Western PLUS	Upper Midscale	1,193 / 105,542	829 / 74,462	113
	PREMIER BEST WESTERN	Upscale	122 / 15,083	35 / 3,942	31
Recently Launched	BW Premier COLLECTION	Upscale (soft brand)	85 / 11,910	25 / 7,702	7
	Vib	Upscale / Upper Midscale	1 / 30	New brand	17
	BW SIGNATURE COLLECTION	Upper Midscale (soft brand)	14 / 1,034	2 / 201	3
	Executive Residency	Upper Midscale	4 / 292	3 / 244	33
	GLO	Upper Midscale	New brand	New brand	32
	SureStay SureStay PLUS	Economy	82 / 5,779	55 / 4,379	35
	SureStay COLLECTION	Economy	27 / 1,475	2 / 280	2

출처 : Best Western International, Inc., Annual Report, p.88, 2018

[그림 4-48] 베스트웨스턴 브랜드별 분포현황(2018년 기준)

(3) 베스트웨스턴의 경영철학

1) 리퍼럴(Referral)경영방식

베스트웨스턴은 각 체인호텔 소유주(owner)의 운영방식과 경영철학, 특징 및 개성을 존중하는 리퍼럴(Referral)경영방식으로 운영되는 대표적인 체인그룹이다.

베스트웨스턴의 가장 큰 경영적 특징은 리퍼럴 방식이기 때문에 브랜드 본사가 각 지점 및 호텔의 소유주에게 운영방식이나 개성 등에 대해 거의 개입하지 않고 각 호텔이 자유롭게 운영할 수 있도록 하고 있다. 또한, 체인 본부에서 각 호텔에 전달해야 할 사항이 있다면 일방적인 통보형태를 따르지 않고, 각 지역의 지사를 통해서 체인 호텔들 각각의 의견을 듣고 체인본사와 체인호텔들 모두가 만족할 수 있는 정책을 최대한 수렴하여 진행할 수 있도록 노력하고 있다. 이는 다른 글로벌 호텔체인그룹들이 사용하는 거의 일방적인 통보방식에 비해 매우 자유로운 쌍방 소통방식을 취하고 있다고 볼 수 있다.

2) 베스트웨스턴의 '멤버(member)'의 의미

베스트웨스턴은 체인호텔들을 '멤버'라고 지칭한다. 즉, 각 멤버들이 모두 모여서 베스트웨스턴이라는 브랜드를 형성하게 되지만 그들 각 멤버들의 모습은 각자가 다른 개성과 특색을 가진 존재가 된다는 의미로 보면 된다. 전 세계 100여 개국에 4,700여 개의 호텔이 분포하고 있으며 이 많은 호텔들을 획일성이 아닌 다양성과 개성으로 운영하고 있다는 것은 다른 글로벌 체인그룹에서 찾아볼 수 없는 특별한 방법이라 하겠다.

> "As a Best Western Hotel owner I like that I have a voice
> in shaping the direction of the brand."
> −Bill Garlow, Best Western Owner−
> 출처 : Best Western Development, Member−Owner Benefits

멤버 입장에서 보면 자신의 의견 즉, 목소리를 낼 수 있다는 것은 매우 좋은 이점이 될 수 있다. 베스트웨스턴의 멤버가 되었을 때 누릴 수 있는 이점은 다음과 같다.

회원 소유주의 이점(Member-Owner Benefits)

- 세계적인 브랜드 인지도와 본사 측에서의 강력한 지원
- 낮은 프랜차이즈 비용으로 인한 수익 증가
- 우수한 글로벌 호텔 브랜드에 비해 가장 경쟁적인 비용
- 업계 평균보다 짧은 계약기간
- 일상적인 내용에서부터 회사의 미래 방향에 대한 목소리를 낼 수 있다는 점
- 전 세계 온라인 예약 채널
- 글로벌 국가 및 지역 마케팅 서비스
- 수천 명의 호텔리어의 대량구매 및 교섭력

출처 : Best Western Development, Member-Owner Benefits

3) 베스트웨스턴의 지사(head office)의 중요성

베스트웨스턴 브랜드가 아시아에 처음 브랜드를 론칭하기 시작한 것이 2001년이며, 같은 해에 한국에도 베스트웨스턴 코리아가 설립되었다. 베스트웨스턴 코리아는 한국 내 베스트웨스턴 체인을 개발하고 마케팅, 호텔개관 및 운영에 필요한 각종 컨설팅을 제공하는 역할을 해오고 있다.

베스트웨스턴은 멤버들(체인호텔들)의 의견을 반영하는 데 있어서 매우 적극적인 태도를 보인다. 따라서 미국 본사에서는 4,700여 개의 전 세계 멤버들의 의견을 듣고 소통하기 위해 각 지역의 지사를 많이 활용하고 있다. 즉, 지사는 본사와 멤버들을 연결하는 중간다리 역할을 한다고 볼 수 있겠다. 또한, 본사가 지정하고 있는 여러 가지 중요한 성과항목(시설, 서비스, 고객만족도 등)의 점수를 종합하여 가장 높은 점수를 받은 지사에게는 성과에 대한 상을 수여하기도 한다. 매년 본사 주최로 개최되는 인터내셔널 미팅에서 각 지역의 지사들이 한자리에 모이게 되는데 이때 성과가 좋은 지사에게는 시상을 하게 된다. 이를 통해 각 지역 지사의 위상을 높이고 동기를 부여하는 동시에 멤버들을 홍보할 수 있는 좋은 기회를 부여하고 있다고 할 수 있겠다.

4) 경영원칙과 철학

멤버들이 베스트웨스턴 브랜드 서비스에 항상 만족하기를 바라는 마음을 바탕으로

삼고 있다. 즉 멤버들이 불만족해서 탈퇴하는 일이 없도록 최선을 다한다는 의미로 보면 되겠다. 베스트웨스턴은 다른 글로벌 체인 그룹들에 비해서 상당히 짧은 1년 계약 갱신을 원칙으로 하고 있다. 즉, 멤버들이 불만족하다면 언제든 탈퇴하기도 쉽다는 의미일 수 있다. 하지만 그럼에도 불구하고 베스트웨스턴에 가입한 한국의 베스트웨스턴 호텔 중에 아직 불만족 때문에 탈퇴한 사례는 없다고 한다.

(4) 베스트웨스턴 브랜드 계열 및 현황

UPSCALE

1) 베스트 웨스턴 프리미어(Best Western Premier) "Welcome to The Premier Life"

출처 : Best Western Brand Portfolio

고급 시장에서 경쟁하는 개발자를 위한 브랜드이다. 베스트웨스턴 프리미어는 진정으로 기억에 남을 숙박을 위한 우수한 안락함 및 서비스와 함께 고급 편의시설과 기능을 갖춘 세련된 분위기와 스타일을 제공하고 있다.

〈표 4-134〉 Best Western Premier 분포현황(2019년 기준)

	운영 중인 호텔 수 (Active)	건설 중인 호텔 수 (Pipeline)	북미기준 호텔성과
전 세계	127	53	ADR(Average Daily Rate) : $128.96
North America	42	33	Average RevPAR : $88.04

출처 : 베스트웨스턴 브로슈어

2) BW 프리미어 컬렉션 바이 베스트웨스턴(BW Premier Collection by Best Western) "World Class Accommodations for the World Class Traveler."

출처 : Best Western Brand Portfolio

BW Premier Collection by Best Western은 세심하게 선별된 가장 독점적인 호텔 컬렉션으로 오늘날의 여행자에게 다양하고 독창적인 호텔에서 럭셔리한 경험을 선사하게 된다. 베스트웨스턴 브랜드 계열에서는 Upscale이면서 동시에 Softbrand에 속하는 브랜드라고 할 수 있다. 각 호텔들은 각기 다른 지역이 가지는 고유한 개성을 반영하고 있으며,

이러한 정체성은 목적지와 확실하게 연결되어 그 호텔만의 특성을 살릴 수 있는 훌륭한 부티크 호텔을 만들어낸다. 로비에서 객실에 이르기까지 모든 세심한 것까지도 신경을 쓰고 있으며 이러한 호텔에서의 투숙경험은 전혀 경험해 보지 못한 기억에 남고 정교하며 완전히 우수한 서비스를 제공하게 된다.

호텔 내에 식당과 칵테일바, 라운지, 피트니스 시설, 스파 등의 시설을 갖추고 있다.

〈표 4-135〉 BW Premier Collection by Best Western 분포현황(2019년 기준)

	운영 중인 호텔 수 (Active)	건설 중인 호텔 수 (Pipeline)	북미기준 호텔성과
전 세계	90	28	N/A
North America	35	10	

출처 : 베스트웨스턴 브로슈어

3) 빕 베스트웨스턴(Vib Best Western) "A Vibrant Experience For Today's Connected Traveler."

출처 : Best Western Brand Portfolio

Vib은 스타일, 기술 및 참여에 중점을 둔 도시형 부티크 콘셉트의 호텔 브랜드이며 2014년에 탄생하였다. 최근 호텔시장의 트렌드를 반영하여 세련된 디자인과 편의성에 중점을 두고 설계되었으며, 중상류 계열(Upper Midscale)에서 고급시장(Upscale)에 이르기까지 고객층을 대상으로 서비스를 제공하고 있다. 전 세계에 5개의 호텔이 있으며 미국, 터키, 태국, 남아프리카에 분포하고 있다.

UPPER MIDSCALE

4) 베스트웨스턴 플러스(Best Western Plus) "Wherever Life Takes You, Best Western Is There."

출처 : Best Western Brand Portfolio

Best Western Plus는 세련되고 잘 꾸며진 객실부터 현대적인 편의시설까지 모든 비즈니스 및 레저 여행객 모두의 요구를 충족시키도록 신중하게 설계되었다. Best Western의 서비스와 특징을 모두 가지고 있되 좀 더 업그레이드된 어메니티와 고품질의 가구, 향상된 스타일과 편안함을 제공하고 있다. 클래식 혹은 현대적인 건물 외관과 로비, 업그레이드 된 인테리어와 세련된 욕실 어메니티, 무료 조식서비스를 특징으로 들 수 있다.

〈표 4-136〉 Best Western Plus 분포현황(2019년 기준)

	운영 중인 호텔 수 (Active)	건설 중인 호텔 수 (Pipeline)	북미기준 호텔성과
전 세계	1,224	154	ADR(Average Daily Rate) : $110.65
North America	857	100	Average RevPAR : $77.14

출처 : 베스트웨스턴 브로슈어

5) BW 시그니처 컬렉션 바이 베스트웨스턴(BW signature collection by Best Western) "Sense of place for an exceptional stay"

출처 : Best Western Brand Portfolio

베스트웨스턴의 BW 시그니처 컬렉션(BW Signature Collection by Best Western)은 전 세계에서 고객에게 독특하고 현지 호텔 경험을 제공하는 Best Western Hotels & Resorts의 풍부한 역사를 이어가는 브랜드이다. 어퍼 미드스케일 계열의 소프트브랜드인 것이다. 업스케일의 BW 프리미에 컬렉션보다 서비스 수준은 다소 낮지만 각자 호텔이 나름의 개성을 지니는 소프트브랜드라는 점에서는 공통점이 있다. 엄선된 중상급 호텔 컬렉션은 독립적인 호텔리어에게 글로벌 체인그룹의 힘을 활용하면서 자신의 개성을 유지할 기회를 제공할 수 있다는 이점을 지닌다.

〈표 4-137〉 BW Signature Collection by Best Western 분포현황(2019년 기준)

	운영 중인 호텔 수 (Active)	건설 중인 호텔 수 (Pipeline)	북미기준 호텔성과
전 세계	54	20	N/A
North America	11	6	

출처 : 베스트웨스턴 브로슈어

6) 이그제큐티브 레지던시 바이 베스트웨스턴(Executive Residency by Best Western) "Feel Right at Home"

오늘날 호텔업계에서 가장 빠르게 성장하는 부문 중 하나의 요구를 충족시키기 위해 탁월한 장기 숙소를 제공하고 있는 브랜드이다. 스타일리시한 안락함과 편안함, 합리적인 가격에 마치 집과 같은 추가기능들을 모두 갖춘 Executive Residency by Best Western은 체류하는 동안 즐겁게 보낼 수 있도록 설계되었다. Executive Residency는 유연한 공간, 세련된 디자인 및 브랜드 시그니처 요소가 결합되어 고객에게 풍부한 장기 체류 경험을 제공하는 동시에 호텔에 대한 충성도와 반복 예약을 구축하는 어퍼 미드스케일 호텔이다.

한편, 베스트웨스턴 플러스와 결합하여 듀얼 브랜딩 형태의 서비스를 제공할 수도 있다. 듀얼 브랜딩의 경우, 한 건물에 두 가지 브랜드가 같이 있으므로 공용공간(체크인 체크아웃을 위한 로비공간, 식음료 서비스 공간, 그리고 고객들이 긴장을 풀 수 있는 공간 등)을 함께 나누어 사용할 수 있다.

출처 : Best Western Brand Portfolio

〈표 4-138〉 Executive Residency by Best Western 분포현황(2019년 기준)

	운영 중인 호텔 수 (Active)	건설 중인 호텔 수 (Pipeline)	북미기준 호텔성과
전 세계	7	N/A	N/A
North America	4	1	

출처 : 베스트웨스턴 브로슈어

7) GLō Best Western "Lighting The Way"

오늘날의 디지털 세계에서 여행자는 집 밖에서도 끊임없이 연결되고 재충전의 힘을 얻을 수 있는 경험을 원한다. GLō에서는 기술이 완벽하게 통합되어 탐험과 엔터테인먼트를 손쉽게 고객들이 경험할 수 있다. 전체적으로 현대적이며 스타일리시한 디자인과 활기 넘치는 색채감이 밝고 경쾌한 느낌을 준다.

출처 : Best Western Brand Portfolio

신축 부티크 호텔 브랜드로 설계되는 GLō는 호텔에 도착할 때부터 강렬한 인상을 받게 되고 이어 능률적이고 현대적인 객실에 감탄하게 되며, 세련되고 비용 효율적인 측면에 만족하게 된다.

GLō는 2015년에 탄생한 브랜드로 현재 미국에만 11개의 호텔이 분포하고 있다. 최고의 가치, 디자인 및 편안함을 기대하는 정통한 여행자에게 적합하고 부티크 스타일의 경험을 제공하는 중형 규모(Upper-Midscale)의 브랜드이다. 정통 비즈니스 여행객이나 가족단위 여행객을 타깃고객층으로 하고 있다. 위치한 주요 지역은 도시 중심이나 외곽 지역이며 전 세계로 분포되어 있는 브랜드이다.

8) 새디 베스트웨스턴(Sadie Best Western) "Always alluring always an adventure"

새디는 2018년에 탄생한 베스트웨스턴의 부티크 라이프스타일 호텔이다. 현재 미국 플로리다 템파에 첫 번째 호텔을 오픈하였으며 향후 미국에 4곳, 폴란드에 1곳이 건설될 예정이다. 모험적이고 개성 넘치는 디자인, 고급스럽고 유연한 맞춤형 디자인 부티크 및 라이프스타일 호텔을 지향하고 있다.

출처 : Best Western Brand Portfolio

경쟁상대로 삼고 있는 호텔로는 Ace Hotel, CitizenM, Mama Shelter, Nomad, NYLO 이며 모두 부티크 라이프스타일 호텔들이다.

9) 에이든 바이 베스트웨스턴(Aiden by Best Western) "Transform Unsuspecting Locations"

Aiden은 2018년 새디와 함께 탄생한 베스트웨스턴의 캐주얼 부티크 라이프스타일 브랜드이다. 모험적이고 개성 있는 고급 중형 규모(Upper Midscale)의 유연한 맞춤형 디자인 부티크 호텔의 성격을 띠고 있다. 트렌디하면서 모던한 성격과 현지 매력으로 '여기에만 있는 경험(Only here experience)'을 만들어내며, 스타일과 재치를 결합하여 독특한 매력을 만들어낸다. 캐주얼하면서도 문화적 성격을 띠는 Aiden의 카리스마 넘치는 요소들은 해당 지역을 방문한 고객들에게 잊지 못할 현지 모험을 충분히 경험할 수 있게 한다.

출처 : Best Western Brand Portfolio

　Aiden이 경쟁상대로 삼고 있는 호텔로는 Ace Hotel, Avid, Graduate Hotels, Independent, Moxy이며 모두 부티크 라이프스타일 호텔들이다.

　전 세계에 22개의 호텔이 있으며 그중 대부분은 미국에(13개) 있는데, 우리나라에도 서울 청담동에 에이든 호텔 1개가 운영 중이다. 한국의 에이든은 Best Western Hotels & Resorts에서 한국에 처음으로 선보인 라이프스타일 부티크 호텔이기도 하다. 세련되고 젊은 감각이 강조된 인테리어와 청담동이라는 명품거리, 최신패션 트렌드, 엔터테인먼트의 중심지라는 특징과 잘 어우러져 매력적인 현지 아이콘이 되고 있다. 비즈니스맨과 여행객들에게 편안함과 동시에 실용성을 제공하고 있다.

MIDSCALE

10) 베스트웨스턴(Best Western) "Wherever Life Takes You, Best Western Is There."

출처 : Best Western Brand Portfolio

    베스트웨스턴 호텔그룹의 주력 브랜드 베스트웨스턴은 미드스케일 호텔에 속하며, 집과 같은 편안함과 편안한 객실, 무료 아침식사, 무료 초고속 인터넷 및 비즈니스센터에서 복사와 팩스 서비스를 제공하고 있다. 주요 타깃층은 레저와 비즈니스 여행객들이다. 베스트웨스턴 호텔은 거의 모든 지역에서 만날 수 있는 시대를 초월한 숙박모델이라고 하겠다.

〈표 4-139〉 Best Western 분포현황(2019년 기준)

	운영 중인 호텔 수 (Active)	건설 중인 호텔 수 (Pipeline)	북미기준 호텔성과
전 세계	1,982	162	ADR(Average Daily Rate) : $100.84
North America	1,099	63	Average RevPAR : $65.34

출처 : 베스트웨스턴 브로슈어

8 Lotte Hotels & Resorts

(1) 탄생 및 역사

롯데호텔앤리조트(Lotte Hotels & Resorts)는 대한민국 최대규모의 호텔

그룹이자, 국내뿐 아니라 아시아 및 전 세계로 그 범위를 확장하고 있는 글로벌 호텔로 성장하는 기업이다. 롯데그룹의 사명은 '샤롯데'에서 비롯되었다. 괴테의 세계적인 명작 《젊은 베르테르의 슬픔》에 나오는 여주인공 '샤롯데'에서 따온 아름다운 이름으로 '샤롯데'는 소설을 넘어 전 세계 독자들에게 사랑받는 '만인의 연인'이란 의미이다.

롯데호텔의 뿌리는 1938년 4월 서울 중구 소공동에 세워진 반도호텔이다. 호텔을 세운 사람은 일본 신흥재벌 노구치 시타가후(野口遵, 1873~1944)로 그는 허름한 옷차림에 작은 체구를 가졌다고 한다. 노구치는 총독부 철도국에서 당시 운영하고 있던 최고급 호텔인 조선호텔에 묵으려고 들어갔는데 그의 허름한 작업복 차림을 보고 호텔 직원이 문전박대하자 화가 나서 반도호텔을 직접 세웠다고 한다.

이 호텔은 지하 1층, 지상 8층의 건물로 당시 국내 최대 규모였다. 1~5층은 임대사무실, 6~8층은 호텔로 사용하였다고 하는데 노구치는 5층에 개인사무실을 두고 조선호텔을 내려다보는 것을 좋아했다고 전해진다. 반도호텔은 해방 이후 미군사령부의 지휘 본부로 사용되기도 했다. 하지만 1960년대 중반 이후 대형 호텔들이 새로 건설되면서 반도호텔은 경쟁력을 조금씩 잃어갔으며 결국 1974년 재일교포 신격호에게 매각되어 철거되었다.

1973년 롯데그룹이 (주)호텔롯데를 세우며 반도호텔을 인수해 1979년 반도호텔이 있었던 자리에 지하 3층, 지상 38층, 1,000개의 객실, 18개의 레스토랑을 보유한 '롯데호텔서울'을 새로 선보였다. 1984년 5월에는 (주)부산롯데호텔을 설립했다. 1988년 호텔롯데는 올림픽 개최와 때를 맞춰 신관을 개관했으며, 같은 해 서울 송파구 잠실동에 롯데호텔의 두 번째 체인인 롯데호텔월드와 1997년 롯데호텔부산을 세웠다. 2000년과 2002년에는 각각 롯데호텔 제주와 울산을 개관하였으며 2002년 월드컵 때에는 FIFA월드컵™ 공식호텔로 지정되기도 하였다. 2009년에는 중저가 비즈니스 호텔인 롯데시티호텔 마포를

선보이기도 하였다. 2010년에는 충남 부여군에 호텔롯데의 첫 번째 콘도미니엄인 롯데
부여리조트를 열었으며, 해외체인호텔 1호점인 '롯데호텔모스크바'를 개관하였다.

2011년에는 국내 최초로 '호텔박물관'을 개관하기도 하였다. 2013년에는 롯데레전드
호텔 사이공과 롯데시티호텔 타슈켄트팰리스를 개관하였으며, 롯데제주리조트(주), 롯데
부여리조트(주)를 흡수합병하기도 하였다. 이듬해 2014년에는 롯데시티호텔 제주, 롯데
시티호텔 대전, 롯데호텔 괌, 롯데시티호텔 구로, 롯데호텔 하노이 등을 잇달아 개관하면
서 국내외로 성장세를 이어나갔다.

롯데호텔은 1979년 개관 이래 서울 소공동 본점과 월드, 제주, 울산점 등 국내 주요
도시와 러시아 모스크바, 상트페테르부르크, 블라디보스토크 및 사마라, 베트남 호찌민
및 하노이, 우즈베키스탄 타슈켄트, 미얀마 양곤, 미국령 괌, 미국 뉴욕 맨해튼, 일본 아
라이 등 해외 주요 거점 도시에 객실을 보유한 국내 1위 규모의 호텔그룹 브랜드이다.

☐ Lotte Hotels & Resort의 연혁

1930's~1970's

1936년 롯데호텔의 전신, 반도호텔 개관
1973년 롯데호텔 설립
1978년 롯데호텔 서울 부분 개관
1979년 롯데호텔 서울 개관

1980's

1980년 외국인 면세점 개관
1984년 롯데호텔 부산 설립
1988년 롯데호텔 서울 신관, 롯데호텔 월드
　　　　개관
1989년 롯데월드 어드벤처 개관

1990's

1993년 롯데호텔 대전 개관

1997년 롯데호텔 부산 개관

1988년 롯데호텔 서울 신관, 롯데호텔 월드
개관

1989년 롯데월드 어드벤처 개관

2000's

2000년 롯데호텔 제주 및 면세점 개관

2002년 롯데호텔 울산 개관

2003년 롯데호텔 대전 폐관

2006년 롯데호텔월드 그랜드 리뉴얼 오픈

2008년 롯데호텔서울 국내 최초 레이디스플
로어 오픈

2009년 롯데시티호텔 마포 개관

2010's

2010년 해외호텔 1호점 '롯데호텔 모스크바'
개관
콘도미니엄 1호점, 문화휴양리조트
'롯데부여리조트' 개관

2011년 '호텔박물관' 국내 최초 개관

2014년 롯데호텔 괌, 하노이 개관

2015년 롯데뉴욕팰리스 개관

2016년 L7 명동, 롯데시티호텔 명동 개관

2017년 시그니엘 서울, L7 강남 개관
롯데호텔 양곤, 상트페테르부르크 개관

2018년 L7 홍대, 롯데호텔서울(Executive Tower), 롯데호텔 블라디보스토크 개관

2020's

2020년 시그니엘 부산 개관

롯데호텔 시애틀 개관

(2) 호텔 분포현황 및 발전

□ 현황

2021년 8월 기준, 롯데호텔은 전 세계 주요 도시 7개국, 17개 도시에서 총 28개 호텔&리조트와 9,896개의 객실을 운영하고 있다. 브랜드는 총 4가지를 보유하고 있는데 그것은, '시그니엘, 롯데호텔, 롯데시티호텔, L7호텔'이다. 브랜드 포트폴리오는 다음 [그림 4-49]와 같다.

출처 : 롯데호텔 공식홈페이지(lottehotel.com)

[그림 4-49] 롯데호텔 브랜드 포트폴리오(2021년 기준)

전 세계적으로 총 2개의 럭셔리급 호텔(시그니엘), 총 16개의 어퍼업스케일 호텔(롯데호텔), 총 8개의 업스케일 호텔(롯데시티), 총 3개의 라이프스타일호텔(L7)을 보유하고 있다.

롯데호텔은 페닌슐라호텔(the Peninsula Hotels : 홍콩), 샹그릴라호텔(Shangri-La Hotels and Resorts : 홍콩), 만다린 오리엔탈 호텔그룹(Mandarin Oriental The Hotel Group : 홍콩)과 더불어 '아시아 TOP 3 브랜드 호텔'로 성장한다는 비전 아래 지속적인 변화와 혁신을 추구하고 있다. 또한, 전 부문에 걸친 Quality-Up을 위한 철학을 바탕으로 더욱 세련되고 정교한 품질의 서비스와 시설을 만들어가고 있다.

출처 : 롯데호텔 공식홈페이지(lottehotel.com)

[그림 4-50] 롯데호텔 전 세계 분포현황(2021년 기준)

〈표 4-140〉 롯데호텔앤리조트 국내 분포현황(2021년 기준)

지역	호텔이름
서울(10)	시그니엘 서울
	롯데호텔 서울
	롯데호텔 월드
	L7 명동
	L7 강남

	L7 홍대
	롯데시티호텔 마포
	롯데시티호텔 김포공항
	롯데시티호텔 구로
	롯데시티호텔 명동
부산(2)	시그니엘 부산
	롯데호텔 부산
제주(2)	롯데호텔 제주
	롯데시티호텔 제주
울산(2)	롯데호텔 울산
	롯데시티호텔 울산
대전(1)	롯데시티호텔 대전

출처 : 롯데호텔 공식홈페이지(lottehotel.com)

〈표 4-141〉 롯데호텔앤리조트 글로벌 분포현황

국가	호텔이름
미국(3)	롯데뉴욕 팰리스
	롯데호텔 시애틀
	롯데호텔 괌
러시아(4)	롯데호텔 모스크바
	롯데호텔 상트페테르부르크
	롯데호텔 블라디보스토크
	롯데호텔 사마라
일본(2)	롯데아라이 리조트
	롯데시티호텔 긴시초
베트남(2)	롯데호텔 사이공
	롯데호텔 하노이
미얀마(1)	롯데호텔 양곤
우즈베키스탄(1)	롯데시티호텔 타슈켄트팰리스

출처 : 롯데호텔 공식홈페이지(lottehotel.com)

(3) 롯데호텔 & 리조트의 경영철학

1) 비전(Vision)

Engrave Iconic Experience in the Guest's Heart.
(고객의 가슴에 상징적인 경험을 새겨넣다.)

출처 : 롯데호텔 공식홈페이지

2) 기업사명(Mission)

Make very moment of life delightful.
(삶의 순간을 기쁘게 만들자.)

출처 : 롯데호텔 공식홈페이지

3) 경영방침

Think of Brand(브랜드를 생각하다)
Communicate Transparently(투명하게 의사소통하다)
Embrace Change(변화를 수용하다)
Care for Society(사회를 배려하다)

출처 : 롯데호텔 공식홈페이지

4) 핵심가치(Core Value)

Strive to advance(발전을 위한 노력)
Share to inspire(영감을 주기 위한 공유)
Respect to sustain(유지에 대한 존중)
Engage to Impress(감동을 위한 참여)

출처 : 롯데호텔 공식홈페이지

(4) 롯데호텔 & 리조트 브랜드 계열 및 현황

LUXURY

1) 시그니엘(SIGNIEL) "Live beyond expectations"

출처 : 롯데호텔 공식홈페이지

시그니엘은 국내 서울과 부산 2곳에 위치하고 있는 롯데호텔앤리조트 최상급 럭셔리 브랜드이다. 시그니엘 서울은 국내 최고층(123층, 555m) 건물인 롯데월드타워 76층~101 층에 위치하고 있다. 한국의 아름다움을 현대적인 감각으로 풀어낸 235개의 객실(스위트 룸 42실 포함)에서 서울의 파노라믹한 스카이라인과 환상적인 야경을 조망할 수 있으며 일몰과 일출을 한자리에서 감상할 수 있는 국내 유일의 호텔이다. 또한, 시그니엘 부산 은 해운대의 랜드마크 '엘시티(LCT)타워' 3~19층에 위치하고 있으며 객실은 총 260개 규 모의 럭셔리호텔이다. 또한, 시그니엘은 롯데호텔앤리조트가 아시아에서 새롭게 선보이 는 랜드마크 호텔로 프리미엄 호텔이 제공하는 서비스를 넘어선 최고수준의 개인 맞춤 형 서비스로 시그니엘만의 고유한 스타일과 럭셔리한 품격을 제공한다.

〈표 4-142〉 SIGNIEL의 분포현황(2021년 기준)

	국가	객실 수(Rooms)
전 세계	1	495
한국(2)	서울	235
	부산	260

출처 : 롯데호텔 공식홈페이지

UPPER UPSCALE

2) 롯데호텔(Lotte Hotels) "Enriching moments at global destinations"

출처 : 롯데호텔 공식홈페이지

　　롯데호텔앤리조트의 시그니처 브랜드이며, 클래식 어퍼업스케일의 고급호텔이다. 편안하고 안락한 휴식형 객실, 다양한 레스토랑과 화려한 연회시설, 비즈니스와 레저를 모두 만족시킬 수 있는 편의시설, 이 모두를 갖춘 멀티공간을 제공하고 있다. 한국뿐만 아니라 글로벌 확장을 하고 있으며 현재 미국, 러시아, 베트남, 미얀마 총 4개국에 진출해 있다. 글로벌 호텔을 포함해 총 15개의 호텔이 운영되고 있다(2021년 기준).

〈표 4-143〉 Lotte Hotels의 분포현황(2021년 기준)

	국가	객실 수(Rooms)
전 세계	5	5,921
한국(5)	서울	1,015
	월드	477
	부산	650
	제주	500
	울산	200
미국(3)	뉴욕팰리스	909
	시애틀	189
	괌	222

러시아(4)	모스크바	300
	상트페테르부르크	150
	블라디보스토크	172
	사마라	193
베트남(2)	사이공	283
	하노이	318
미얀마(1)	양곤	343

출처 : 롯데호텔 공식홈페이지

UPSCALE

3) L7호텔 "A journey for inspiration"

출처 : 롯데호텔 공식홈페이지

〈표 4-144〉 L7의 분포현황(2021년 기준)

	국가	객실 수(Rooms)
전 세계	1	918
한국(3)	명동	245
	강남	333
	홍대	340

출처 : 롯데호텔 공식홈페이지

L7은 트렌디한 감각과 안락한 분위기가 어우러진 라이프스타일 호텔이다. 국내에만 총 3곳의 L7호텔이 운영되고 있으며 명동, 강남, 홍대에 각각 위치하고 있다. L7은 호텔이 위치한 지역의 특성을 디자인으로 담아내는 특징이 있다. 또한 창의적 문화와 예술적 감성을 많이 느낄 수 있는 특징이 있다.

4) 롯데시티호텔(Lotte City Hotels) "Modern convenience and design for balance travel"

출처 : 롯데호텔 공식홈페이지

〈표 4-145〉 Lotte City Hotels의 분포현황(2021년 기준)

	국가	객실 수(Rooms)
전 세계	3	2,558
한국(7)	마포	284
	김포공항	197
	명동	435
	구로	287
	대전	306
	울산	349
	제주	255
일본(1)	긴시초	213
우즈베키스탄(1)	타슈켄트팰리스	232

출처 : 롯데호텔 공식홈페이지

롯데시티호텔은 국내외 비즈니스 고객과 관광객을 위한 객실특화형 프리미엄 비즈니스호텔이다.

롯데시티호텔의 스타일리시한 객실과 모던한 서비스와 함께 고객들이 편안한 비즈니스 여행을 할 수 있도록 돕고 있다. 국내뿐 아니라 해외에도 진출해 있으며 한국에 총 7곳, 일본에 1곳, 우즈베키스탄에 1곳이 운영되고 있다.

5) 롯데리조트(Lotte Resort) "Modern convenience and design for balance"

출처 : 롯데호텔 공식홈페이지

롯데호텔앤리조트는 총 4개의 리조트를 운영하고 있다. 국내에는 속초, 부여, 제주에 위치하며, 일본에 1곳이 있다(2021년 기준).

〈표 4-146〉 Lotte Resort의 분포현황(2021년 기준)

	국가/도시	객실 수(Rooms)
전 세계	2	1,044
한국(3)	롯데리조트속초	392
	롯제리조트부여	322
	제주아트빌라스	73세대(단독빌라형태)
일본(1)	롯데아라이리조트	257
		1,044

출처 : 롯데호텔 공식홈페이지

○ 롯데호텔앤리조트의 해외호텔과 리조트

롯데호텔앤리조트가 운영하는 글로벌 진출을 시도한 호텔 & 리조트는 전 세계에 총 14개의 호텔 및 리조트(호텔 13개, 리조트 1개)가 있다.

1) 롯데뉴욕 팰리스(Lotte New York Palace, U.S)

출처 : 롯데호텔 매거진 LHM

미국 뉴욕 미드타운 맨해튼의 위엄 있고 역사적인 랜드마크인 롯데뉴욕 팰리스는 1882년 미국의 '철도왕' 헨리 빌라드(Henry Villard)의 고급저택(The Villard Houses)에서 시작되었다. 이후 이 고급저택은 뉴욕시 문화유산으로 선정되어 건물 전체가 뉴욕시의 상징이 되었다. 1972년 부동산 재벌 해리 헴슬리(Harry Helmsley)가 이 저택을 사들여 기존 건물을 철거하고 새로운 고층건물을 세우고 싶어했으나 빌라드의 유족이 뉴욕시에

이 건물을 문화유산으로 신청하면서 계획을 이루지 못하였고 대신 헴슬리는 저택 뒤편 부지에 55층 높이의 현대적 건물을 세웠는데 이들 건물이 현재 롯데뉴욕팰리스로 이어져 맨해튼의 상징이 되고 있다.

롯데뉴욕팰리스는 미국 최고의 할리우드 스타들이 자주 숙박하는 것으로 유명하며, 매년 9월 유엔총회가 열릴 때마다 전 세계 정상급 인사가 이 호텔에서 숙박한다. 규모는 5성급 733실, 6성급 176실 등 총 909실의 호화로운 객실을 가지고 있으며, 1~5층은 빌라드 하우스 헤리티지 건물, 9~39층은 5성급 호텔인 메인 하우스, 40~55층까지는 6성급 호텔인 타워로 구성된다. 타워의 최고층 샴페인 스위트는 약 5,000m² 전용면적에 3층 규모로, 뉴욕에서 가장 큰 스위트룸으로 유명하다.

2) 롯데호텔 시애틀(Lotte Hotel Seattle, U.S)

출처 : 롯데호텔 공식홈페이지

Sanctuary Grand Ball Room & Premier Suite

현재와 과거가 공존하는 롯데호텔 시애틀은 세계적인 산업 디자이너 필립 스탁(Philippe Starck)의 디자인으로 시애틀 다운타운의 또 다른 명소가 되었다. 또한, 미국의 첫 번째 감리교회로 100년 역사를 가진 생추어리(The Sanctuary)를 품고 있다. 파이프 오르간 장식과 스테인드 글라스로 유명한 The Sanctuary는 미국에서 가장 오래된 보자르(Beaux-Art) 건축물 중 하나로 꼽힌다. 전면이 유리로 아름답게 디자인 된 롯데호텔 시애틀은 주변 건물들을 비추며 시애틀의 스카이라인을 빛낸다. 롯데호텔 시애틀은 예술적이고 모던한 디자인의 객실과 전용 칵테일 라운지 겸 시그니처 레스토랑, 각기 색다른 개성을 뽐내는 컨퍼런스 룸, 컨시어지 서비스, 최신 피트니스 시설과 스파를 갖추고 있다. 총 189개의 객실을 보유하고 있다.

3) 롯데호텔 괌(Lotte Hotel Guam, U.S)

출처 : 롯데호텔 공식홈페이지

롯데호텔 괌은 대표적 휴양지인 투몬비치 앞에 위치하며 아름다운 오션프런트 뷰를 자랑한다. 공항으로부터 차로 15분 거리, 플레저 아일랜드로부터 도보로 5분 거리에 있으며 인근에는 다양한 고급레스토랑, 카페, 쇼핑센터가 있다. 세계적인 디자인 회사 HBA가 설계한 편안하고 세련된 디자인의 객실은 현대적인 감각을 담아냈으며, 투몬비치의 수평선을 감상할 수 있는 야외수영장에서 천상의 휴식을 즐길 수 있다. 총 222실의 객실을 보유하고 있다.

4) 롯데호텔 모스크바(Lotte Hotel Moscow, Russia)

출처 : 롯데호텔 공식홈페이지

롯데호텔 모스크바는 러시아를 대표하는 붉은 광장과 크렘린 궁전, 볼쇼이 극장과 근접한 금융과 쇼핑의 중심지 뉴 아르바트 거리에 있으며, 롯데호텔이 아시아지역 밖으로 처음 진출한 지점으로 롯데호텔만의 세심한 서비스와 감각적인 분위기를 그대로 담아 현재 러시아 최고의 호텔로 자리매김하였다. 총 300실의 객실을 보유하고 있다.

5) 롯데호텔 상트페테르부르크(Lotte Hotel St. Petersburg, Russia)

출처 : 롯데호텔 공식홈페이지

럭셔리 롯데호텔 상트페테르부르크는 1851년에 지어진 역사 깊은 건물에 자리 잡고 있으며 상트페테르부르크에서 가장 유명한 곳인 성 이삭 광장에 위치한다. 유명한 관광지 한가운데 위치한 롯데호텔 상트페테르부르크는 네프스키 프로스펙트 주요 거리와 세계적으로 유명한 에르미타주 박물관, 마린스키 극장과 가까운 곳에 있으며, 주요 랜드마크 및 수많은 상업지구와 근접해 있어 비즈니스뿐 아니라 여행에도 적합한 호텔이다. 총 150실의 객실을 보유하고 있다.

6) 롯데호텔 블라디보스토크(Lotte Hotel Vladivostok, Russia)

출처 : 롯데호텔 공식홈페이지

롯데호텔 블라디보스토크는 수준 높은 최초의 성급 호텔로 수많은 주요 사회 및 경제 행사의 대표적인 장소이다. 1997년에 건립되었으며 블라디보스토크의 비즈니스 및 문화 중심지에 자리 잡고 있으며, 호텔 근처에는 쇼핑센터, 슈퍼마켓, 주요 명소 및 레크리에이션 장소가 있다. 총 172실의 객실을 갖추고 있다.

7) 롯데호텔 사마라(Lotte Hotel Samara, Russia)

출처 : 롯데호텔 공식홈페이지

롯데호텔 사마라는 러시아 사마라 최초의 5성급 호텔로 도시 중심부에 자리하고 있어 이용이 편리하며 럭셔리한 숙박시설, 우아한 인테리어, 최상급 서비스를 제공하고 있다. 1,400명까지 수용 가능한 12개의 컨퍼런스 룸이 있어, 비즈니스 세미나에서 국제 포럼에 이르기까지 다양한 규모와 형태의 비즈니스 미팅, 연회에 알맞은 맞춤식 서비스를 제공한다. 총 193실의 객실을 보유하고 있다.

8) 롯데아라이리조트(Lotte Arai Resort, Japan)

출처 : 롯데호텔 공식홈페이지

롯데아라이리조트는 도쿄에서 신칸센으로 1시간 46분, 니가타 공항에서 자동차로 2시간 거리에 위치한 니가타현 묘코시에 위치한다. 묘코산에서 바다로 이어지는 산들과 멀리 펼쳐지는 전원 풍경이 아름다운 자연 속에 자리 잡고 있다. 또한, 부대시설로 온천, 수영장, 레스토랑, 카페, 비즈니스 센터를 포함한 최고의 시설을 제공하고 있다. 또한, 11개 코스의 스키장과, 스카이웨이, 아시아 최장 1,501m에 달하는 짚라인투어 등의 액티비티가 완비되어 아시아 최고의 레저시설을 제공하고 있다. 총 257실의 객실을 보유하고 있다.

9) 롯데시티호텔 긴시초(Lotte City Hotel Kinshicho, Japan)

출처 : 롯데호텔 공식홈페이지

롯데시티호텔 긴시초는 도쿄 절경을 바라볼 수 있는 곳에 있는 비즈니스호텔이다. 양질의 수면, 유유자적한 시간, 그리고 치유의 공간을 제공한다. 총 213실의 객실을 보유하고 있다.

10) 롯데호텔 사이공(Lotte Hotel Saigon, Vietnam)

출처 : 롯데호텔 공식홈페이지

롯데호텔 사이공은 호찌민시를 대표하는 5성급 호텔이며 유유히 흐르는 사이공강의 아름다운 풍광과 도시의 화려함을 동시에 느낄 수 있는 특별한 장소이다. 호찌민시의 관광지를 대표하는 레 탄 톤(Le Thanh Ton) 거리, 동 커이(Dong Khoi) 거리 그리고 오페라하우스가 도보로 5분 이내의 거리에 있으며, 호찌민시의 풍요롭고 아름다운 자연이 함께하는 롯데호텔 사이공에서 여행객들은 편안한 휴식을 즐기며 잊을 수 없는 추억을 쌓을 수 있다. 총 283실의 객실을 보유하고 있다.

11) 롯데호텔 하노이(Lotte Hotel Hanoi, Vietnam)

출처 : 롯데호텔 공식홈페이지

롯데호텔 하노이는 오랜 역사가 살아 있는 구도심과 새롭게 개발되는 비즈니스 특구 신도시를 연결하는 도시의 중심에서, 하노이의 전통과 현대가 조화롭게 공존하는 하노이의 미래를 조망한다. 하노이의 새로운 랜드마크로 자리매김한 65층 롯데센터 하노이의 상층부에 위치한 롯데호텔 하노이는 높은 수준의 서비스 품질과 최신의 시설로 특급호텔의 새로운 기준을 제시한다. 총 318실의 객실을 보유하고 있다.

12) 롯데호텔 양곤(Lotte Hotel Yangon, Myanmar)

출처 : 롯데호텔 공식홈페이지

롯데호텔 양곤은 미얀마인들의 성지인 쉐다곤 파고다의 북쪽, 양곤 최고 유원지인 인야호수의 서쪽에 위치한다. 아름다운 인야호수가 내려다보이는 객실, 대규모 국제행사 및 세미나를 위한 연회장, 다양한 레스토랑 등 차별화된 시설은 성공적인 비즈니스와 안락한 휴식을 선사한다. 총 343실의 객실을 보유하고 있다.

13) 롯데시티호텔 타슈켄트팰리스(Lotte City Hotel Tashkent Palace, Uzbekistan)

출처 : 롯데호텔 공식홈페이지

1958년에 건축되어 우즈베키스탄 문화유산 지정 건물인 롯데시티호텔 타슈켄트팰리스는 클래식한 외관이 매력적인 호텔이다. 공항에서 차로 10분 거리인 우즈베키스탄 중심지에 위치하며 알리쉐르 나보이 오페라 발레 극장, 무역센터, 중앙은행 등 주요 건물이 바로 옆에 있다. 현재 롯데시티호텔 타슈켄트팰리스는 2013년 10월 전체적인 리모델링을 거쳐 클래식한 외관과 세련된 인테리어가 조화를 이루고 있으며 총 232실의 객실을 보유하고 있다.

⑨ THE SHILLA

(1) 탄생 및 역사

호텔신라가 세워진 것은 1973년이다. 정부가 직접 운영하고 있던 서울 장충동 영빈관을 삼성 그룹이 인수해 지금의 호텔신라가 들어섰다. 영빈관은 1959년 이승만 대통령이 국빈용 숙소를 따로 지으라는 지시를 내리면서 계획됐다. 이후 4·19혁명과 5·16군사정변을 거치면서 두 차례 공사가 중단됐다가 1967년에 완성됐다. 정부는 1973년 경영난에 빠졌

THESHILLA

던 국영 워커힐 호텔과 영빈관을 민간기업에 팔기로 했다. 그해 삼성그룹은 영빈관 인수를 위해 그룹 안에 호텔사업부를 신설하였고, 같은 해 5월 호텔신라의 전신인 (주)임페리얼을 세웠고 두 달 뒤 영빈관을 인수했다. 워커힐 호텔은 선경그룹(지금의 SK그룹) 계열사였던 선경개발에 팔렸다. 그해, 11월 호텔신라 건물 기공식이 열렸다. 임페리얼은 회사 이름을 (주)호텔신라로 바꾸고 1979년 호텔신라가 문을 열게 된 것이다. 2001년 8월 이건희 삼성그룹 회장의 장녀인 이부진 씨가 호텔신라 기획팀 부장으로 입사하였으며, 2004년 경영전략팀 상무보로 승진했고 이듬해 상무에 올랐다. 2009년 전무가 된 이부진 씨는 2010년 호텔신라의 대표이사 사장으로 임명됐다.

☐ The Shilla의 연혁

1970년대

연도	내용
1973	삼성그룹 내 호텔사업부 창설 주식회사 임페리얼로 회사 설립
1979	서울 호텔新羅 전관 개관

1980년대

연도	내용
1986	신라면세점 서울점 오픈
1987	서비스교육권 개원
1989	신라면세점 제주점 오픈

1990년대

연도	내용
1990	제주신라호텔 개관
1995	호텔업계 최초 인터넷 서비스 개시
1996	새로운 CI 발표
1999	제109차 IOC 서울총회

2000년대

연도	내용
2000	신라면세점 신제주점 오픈 신라 인터넷 면세점 사이트 오픈(www.dfsshilla.com)
2002	호텔업계 세계 최초, 인포 모바일 시스템 구축
2004	제주신라호텔 세계리딩호텔연맹(LHW) 가입
2006	중국 "쑤저우 신라호텔" 개관(Jinji Lake Hotel in Suzhou)
2008	신라면세점 인천공항점 오픈

2010년대

연도	내용
2010	신라면세점 청주공항점 오픈 서울신라호텔 G20서울 정상회의 VIP투숙 호텔
2011	신라면세점 김포공항점 오픈 세계공항 면세점 최초 신라면세점 인천공항점 Louis Vuitton 입점
2013	서울신라호텔 리모델링 후 재개관(6개월간 완전영업중단) 신라스테이 동탄 오픈
2014	신라스테이 법인 설립(호텔신라 자회사 설립) 신라스테이 역삼 오픈
2015	신라스테이 제주, 서대문, 울산, 마포, 광화문 오픈 서울신라호텔 국내 첫 5성 호텔 선정
2016	신라스테이 구로, 천안 오픈 신라 I Park 면세점 오픈 신라호텔 한식당 "라연" 미쉐린 3스타 레스토랑 선정 신라면세점 푸껫(Phuket)점 오픈
2017	신라스테이 서초, 해운대 오픈 신라면세점 동경(Tokyo)점 시내면세점 오픈 신라호텔 한식당 "라연" 미쉐린 3스타 2년 연속 선정 신라면세점 홍콩 공항점 오픈
2018	신라면세점 인천공항점 2터미널, 제주공항점 오픈 서울신라호텔 한식당 "라연" 미쉐린 3스타 3년 연속 선정 서울신라호텔 한식당 "라연" 한국 레스토랑 최초로 '라 리스트' TOP 200 선정
2019	신라면세점 김포공항점, 마카우(Macau)공항점 오픈 신라호텔, 국내 호텔 최초 포브스트래블가이드 5성 호텔 선정 인터브랜드 Best Korea Brands 50 선정(6년 연속)

2020년대

연도	내용
2020	신라 모노그램(Monogram) 다낭(Danang) 오픈

(2) 호텔 분포현황 및 발전

The Shilla의 사업부분은 크게 TR(트래블 리테일: Travel Retail)과 호텔 앤 레저(Hotel & Leisure) 2개의 부분으로 나누어진다. TR부분은 신라가 운영하는 국내외 9개의 면세점과 온라인면세점을 말한다. 신라는 국내에 6개(서울시내, 제주시내, 인천국제공항, 제주국제공항, 김포국제공항, I park), 해외에 4개(싱가포르 창이국제공항, 홍콩 첵랍콕 공항, 마카우 공항, 태국 푸껫 시내면세)의 면세점을 운영하고 있다.

Hotel & Leisure 부분은 다시 호텔과 레저부분으로 구분되고 그중 호텔부분은 신라가 직접 소유하고 운영하는 서울과 제주의 The Shilla와 임차 혹은 위탁경영을 하는 호텔들로 구분된다. Shilla Stay는 임차방식, Shilla Monogram, 중국 진지레이크 신라호텔, 거제 삼성호텔은 위탁경영방식으로 운영하고 있다. 한편, 레저사업 부분은 회사 피트니스센터와 레포츠사업이 포함된다.

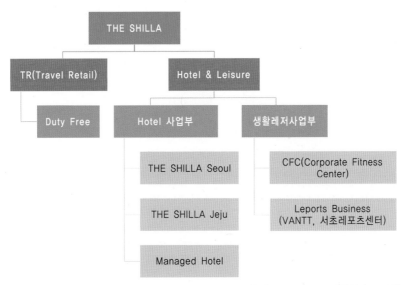

출처 : The Shilla 사업성과보고서(2021, 2분기)

[그림 4-51] THE SHILLA Business Portfolio

신라는 현재 국내 및 해외로 사업의 진출을 시도하고 있다. [그림 4-52]와 같이 해외에 진출한 산업은 주로 면세사업이며, 호텔사업의 경우 중국에 진지 레이크 호텔, 베트남 다낭에 신라 모노그램이 진출해 있다. 이 두 개 호텔 모두 직접 소유하는 형태가 아닌 위탁경영(management contract)형태로 운영되고 있다. 브랜드는 총 3개가 론칭된 상태이며, 브랜드 포트폴리오가 명확히 명시된 것은 없지만 각각의 호텔 특성을 고려하여 필자가 이해를 돕기 위해 [그림 4-53]에 포트폴리오를 만들어보았다. 더 신라의 경우는 서울과 제주가 클래식 럭셔리급에 해당하지만, 서울은 도시적 라이프스타일을 추구하고 있으며, 제주는 휴양지의

출처 : The Shilla 사업성과보고서, p.5(2021년 2분기)

[그림 4-52] The Shilla 사업분포현황

성격을 반영하여 리조트 형태를 띠고 있다. 신라 모노그램은 신라의 시그니처 요소와 현지 로컬 라이프스타일을 결합한 업스케일호텔이며, 신라스테이는 업스케일 형태의 비즈니스호텔이다.

출처 : 저자작성

[그림 4-53] 신라 브랜드 포트폴리오(2021년 기준)

THESHILLA	서울신라호텔	제주신라호텔

SHILLA MONOGRAM	신라모노그램 다낭

瓦 SHILLA STAY	신라스테이 광화문	신라스테이 마포	신라스테이 서대문
	신라스테이 역삼	신라스테이 서초	신라스테이 구로
	신라스테이 삼성	신라스테이 동탄	신라스테이 천안
	신라스테이 울산	신라스테이 해운대	신라스테이 서부산
	신라스테이 제주		

출처 : 호텔신라 공식홈페이지

[그림 4-54] 호텔신라 브랜드별 정리

(3) 호텔신라의 경영철학

1) 비전(VISION)

> "Premium Lifestyle Leading Company"
> 최고의 품격과 신뢰를 바탕으로 고객이 꿈꾸는 라이프스타일을 제공하는 글로벌 선도기업
> 출처 : 호텔신라 공식홈페이지

2) 기업사명(MISSION)

> 우리는 최고의 라이프스타일 전문가로서 더 많은 인류에게 품격과 자부심을 경험케 한다.

신라인으로서 미션	우리는 Premium Lifestyle을 선도하는 신라인으로서 각각의 분야에서 최고의 전문가로 성장한다.
고객에 대한 미션	우리는 더 많은 고객이 다양한 생활영역에서 신라만의 품격과 자부심을 경험케 한다.
사회에 대한 미션	우리는 지속적인 혁신과 성장을 통해 인류가 더 나은 삶을 누릴 수 있도록 기여한다.

출처 : 호텔신라 공식홈페이지

3) 핵심가치(Core Values)

모든 사업에 최고를 지향합니다.

모든 고객에게 정성을 다합니다.

모든 사업부에서 혁신을 추구합니다.

모든 신라인은 서로를 존중합니다.

출처 : 호텔신라 공식홈페이지

(4) 호텔신라 브랜드 계열 및 현황

LUXURY

1) 서울 신라호텔(The Shilla Seoul) "Urban Lifestyle Hotel"

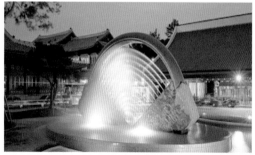

한국의 전통미와 현대적 감각을 겸비하고 있는 서울 신라호텔은 1979년 오픈하여 40여 년의 역사를 지닌 우리나라 삼성그룹이 운영하는 호텔그룹이다. 세계 최고의 어번

(urban) 라이프스타일 호텔로 고객들에게 최고급 호스피탤리티(Hospitality) 서비스를 제공한다. 한국을 대표하는 럭셔리 호텔로서 '일상이 최고의 순간이 되는 곳'이라는 콘셉트를 새롭게 선보이며 휴식은 물론 고급 식문화, 예술, 뷰티, 쇼핑, 웨딩, 엔터테인먼트 등 고객의 고품격 라이프스타일을 제안하는 공간으로 거듭나고 있다.

서울 신라호텔은 LHW(Leading Hotels of the World)의 멤버 호텔로서 세계 럭셔리 호텔들과 어깨를 나란히 하는 전 세계에서 인정받는 럭셔리호텔이다. 또한, 일본 오쿠라 호텔과도 제휴를 맺고 교류하고 있다. 외교행사가 개최될 때마다 세계 각국의 정상들이 방문하여 머무는 호텔로 유명하며, Travel & Leisure, Euromoney, Zagat, Institutional Investor, Forbes Travel Guide, Michelin Guide 등 권위 있는 해외 매체로부터 매년 한국 혹은 세계의 최고 호텔로 선정되고 있다. 서울시 중구 장충동에 있으며, 본관(23층)과 영빈관, 면세점의 3개 건물로 구성되어 있으며 객실 수는 총 464실(스위트룸 38실 포함)이다.

2) 제주 신라호텔(The Shilla Jeju) "An Exclusive Gateway"

출처 : www.shilla.net/jeju

휴양지에서의 품격 있는 리조트 호텔문화를 정착시키기 위해 연중 문화 및 엔터테인먼트 프로그램을 상설해 고객들에게 제공하고 있는 제주 신라호텔은 레저 전문 직원인 G.A.O(Guest Activity Organizer), 항공예약부터 여행의 풀 서비스를 제공하는 T.P.O (Travel Plan Office) 등 소프트웨어 부분의 혁신과 문라이트 스위밍, 글램핑, 와이러니 투어 등 다양한 프로그램을 국내 최초로 운영하여 사계절 체제형 리조트로서의 트렌드를 이끌고 있다.

1990년에 개관하였으며 1998년에 증축동을 다시 개관하였다. 제주특별자치도 서귀포시 중문관광로에 있으며 객실은 총 429개이다. 인도 오꾸라호텔 및 인도 Taj호텔과 제휴를 맺고 있다.

UPSCALE

3) 신라 모노그램(Shilla Monogram) "Signature Sophistication"

출처 : www.shillamonogram.com

신라 모노그램은 2020년 6월에 오픈하였으며 신라의 이름을 걸고 해외로 진출한 첫 번째 호텔이다. 신라 모노그램은 THE SHILLA 브랜드의 시그니처 요소와 로컬 라이프스타일이 어우러져 차별화된 경험을 제공하는 호텔 브랜드이다. 베트남 다낭에 위치하며 다낭 국제공항에서 택시로 약 30분 소요되는 거리에 있다. 논누억 해변(Non Nuoc Beach)에 위치해 현지문화를 보다 세련되게 경험할 수 있는 라이프스타일 리조트이며, 객실은 총 309실을 보유하고 있다.

4) 신라스테이(Shilla Stay) "Smarter Stay"

출처 : www.shillastay.com

신라스테이는 호텔신라가 새롭게 선보인 비즈니스 호텔로, 호텔신라의 가치 위에 고객이 원하는 서비스와 상품, 새로운 감성을 더하여 제공한다는 목표로 만들어졌다.

2013년 신라스테이 동탄 오픈을 시작으로 2014년에는 신라스테이 법인이 호텔신라 자회사로 설립되었으며 이후 서울, 울산, 천안, 부산, 제주 등 전국에 총 13개의 신라스테이가 오픈하였다(2021년 기준). 운영형태는 위탁경영방식(management contract)이며, 신라스테이가 단기간 내에 많은 호텔을 신라스테이라는 이름으로 운영할 수 있게 되었던 비결이기도 하다. 신라스테이는 합리적인 가격에 신라호텔의 가치를 경험할 수 있는

비즈니스 호텔로, '스마터 스테이(smarter stay)'를 신라스테이 브랜드 전반의 운영방식
(철학)이자 차별화된 브랜드 언어(Brand Language)로 내세우고 있다.

① 브랜드 비전(vision)

> 우리는 합리적 가격으로 편안하고 즐거운 Hotel experience를 희망하는 고객의 가치
> 에 부합하는 차별화된 상품과 서비스를 제공하여 궁극적으로 최상의 가치를 고객에게 선
> 사하는 세계 최고의 업스케일 호텔 브랜드가 되도록 합니다.
>
> 출처 : www.shillastay.com

② 브랜드 가치(Value)

실용성 (Practicality)	비즈니스 호텔 상품과 서비스모델 창출로 고부가 가치 창출
진취성 (Progressive Spirit)	적극적이고 혁신적인 태도로 진취적 입장을 취하여 항상 진일보적인 비즈니스 결과를 지향
수용 (Receptivity)	유연한 입장, 다양성을 존중하며 넓은 포용력으로 관대한 팀워크 분위기 창출, 고객의 소리를 열린 마음으로 수용하여 모두에게 긍정적 가치 창출
신뢰 (Reliability)	겸손한 자세로 사람들을 신뢰를 가지고 대하며 고객들 또한 신뢰감 있게 우리를 대할 수 있는 분위기를 조성

출처 : www.shillastay.com

⑩ Kensington Hotels & Resorts

(1) 탄생 및 역사

이랜드 그룹은 1980년 이화여대 앞 2평 남짓한 패션
로드샵에서부터 시작하였다. ㈜이랜드파크 '켄싱턴호텔
&리조트'는 1996년 설악산입구 '켄싱턴호텔 설악'에서부터 시작하였으며 이후 2004년에
는 여의도, 2005년에는 켄싱턴호텔 평창을 오픈하게 된다. 또한, 2006년부터는 콘도를
인수하면서 리조트사업을 시작하였다. 2014년에는 (구)켄싱턴호텔제주를 오픈하였는데

KENSINGTON
HOTELS & RESORTS

이랜드파크는 여기에서 멈추지 않고 해외로도 호텔 및 리조트사업을 확장해 나가게 되었다. 그 결과 2016년에는 켄싱턴호텔 사이판을 오픈하게 된다. 이후 2018년에는 사이판의 패밀리 워터파크 리조트 'PIC'와 골프리조트 'COR', 중국 계림 '쉐라톤호텔'까지 추가 오픈하면서 호텔과 리조트사업의 글로벌사업 확장을 이어나가고 있다.

□ 켄싱턴㈜ 이랜드파크의 연혁

연도	내용
1980	이랜드 패션로드샵으로 출발
1996	이랜드파크 '켄싱턴호텔설악'에서 시작
2004	'켄싱턴호텔여의도' 개관
2005	'켄싱턴호텔평창' 개관
2006	하일라콘도 인수
2009	대한민국 최초의 콘도인 '한국콘도' 인수로 리조트사업 본격화
2014	(구)'켄싱턴호텔제주' 개관
2016	'켄싱턴호텔 사이판' 개관 켄트호텔 광안리 바이 켄싱턴 개관 남원예촌 바이 켄싱턴 개관
2018	사이판 패밀리 워터파크리조트 'PIC사이판' 개관 골프리조트 '사이판 코럴오션 골프 리조트(COR)' 개관 중국 '계림 쉐라톤 호텔' 개관
2019	'힐링 포레스트 인 리틀 스위스' 콘셉트의 단독형 고급 리조트 '켄싱턴리조트 설악밸리' 오픈
2020	켄싱턴리조트 설악비치 '고객맞춤형 오션뷰 객실 리뉴얼'

출처 : https://elandpark.recruiter.co.kr/

(2) 호텔 분포현황 및 발전

켄싱턴호텔&리조트는 ㈜이랜드파크의 호텔레저브랜드로 국내 특급호텔 5곳(한옥호텔 1곳 포함)과 리조트 13곳을 운영하고 있으며, 해외에는 4곳(사이판에 호텔 1곳, 리조트 2곳, 중국에 호텔 1곳)을 직접 운영 혹은 협업 운영하고 있다(2021년 기준).

〈표 4-147〉 켄싱턴호텔 국내외 체인 현황

지역		호텔이름	비고
국내호텔	서울 여의도	켄싱턴호텔 여의도	
	부산 광안리	켄트호텔 광안리 by 켄싱턴	
	강원도 평창	켄싱턴호텔 평창	
	강원도 설악	켄싱턴호텔 설악	
	전라도 남원	남원예촌 by켄싱턴	한옥호텔
해외호텔	미국 사이판	켄싱턴호텔 사이판	
	중국 계림	계림 쉐라톤 호텔	연계호텔

출처 : www.kensington.co.kr

(3) 켄싱턴호텔 & 리조트의 경영철학

1) 비전(VISION)

모두가 꿈꾸고 누리는 라이프스타일 휴미락(休美樂) 선도 기업

출처 : https://elandpark.recruiter.co.kr/

2) 기업사명(MISSION)

최고의 브랜드, 콘텐츠, 감동 서비스를 통해 고객에게 잊지 못할 추석을 선사하고, 모두가 누리는 건전한 레저문화를 만듭니다.

출처 : https://elandpark.recruiter.co.kr/

3) 핵심가치(Core Value)

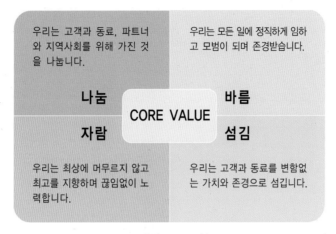

우리는 고객과 동료, 파트너와 지역사회를 위해 가진 것을 나눕니다.

우리는 모든 일에 정직하게 임하고 모범이 되며 존경받습니다.

나눔

CORE VALUE

바름

자람

섬김

우리는 최상에 머무르지 않고 최고를 지향하며 끊임없이 노력합니다.

우리는 고객과 동료를 변함없는 가치와 존경으로 섬깁니다.

출처 : https://elandpark.recruiter.co.kr/

(4) 켄싱턴호텔 & 리조트 브랜드 계열 및 현황

켄싱턴호텔 & 리조트는 켄싱턴호텔과 켄트호텔 바이 켄싱턴, 남원예촌 바이 켄싱턴, 켄싱턴리조트 이렇게 4가지로 구성된다. 이 4가지 브랜드 중에서 해외에서도 켄싱턴 이름으로 운영되는 브랜드는 켄싱턴호텔 1개뿐이다. 켄싱턴호텔은 럭셔리 4, 5성급 풀서비스호텔이며, 켄트호텔 바이 켄싱턴은 부티크 호텔 콘셉트, 남원예촌은 한옥호텔로 모두 다른 콘셉트를 가지고 있다. 켄싱턴호텔 & 리조트는 서울 여의도 켄싱턴호텔 1곳을 제외한 다른 호텔 및 리조트가 모두 지방에 있어서 다른 국내 호텔그룹에 비해 상대적으로 인지도가 낮다고도 볼 수 있다.

[그림 4-55] 켄싱턴 호텔앤리조트 브랜드 포트폴리오

1) 켄싱턴호텔 여의도(Kensington Hotel Yeouido)

출처 : https://kensington.co.kr/chain/

　2004년 개관한 켄싱턴의 유일한 서울에 위치한 호텔이다. 뉴욕 감성의 모던 클래식한 분위기를 느낄 수 있는 호텔로 서울 시내의 화려한 야경과 한강을 한눈에 조망할 수 있다. 객실은 총 223실을 보유하고 있다. 켄싱턴호텔 브랜드는 전국에 총 3개가 있으며 그중 1개는 서울 여의도, 나머지 2개는 각각 강원도 평창과 속초시(설악산)에 위치한다.

2) 켄싱턴호텔 평창(Kensington Hotel Pyeongchang)

출처 : https://kensington.co.kr/chain/

　2005년 개관한 전 세계 동계 스포츠의 역사를 담은 강원도 유일의 '박물관 호텔'이다. 또한, 키즈 전용 객실 및 라운지를 갖춘 특징을 가지고 있다. 67,000㎡(약 2만여 평) 면적으로 국내 최대 프랑스식 정원, 럭셔리 글램핑 등 다양한 콘텐츠를 즐길 수 있다. 총

306개의 객실을 보유하고 있다.

3) 켄싱턴호텔 설악(Kensington Hotel Seorak)

스타들의 사진 및 소장품들로 장식된 객실층 복도(스타즈 박물관)

사진과 소장품으로 전시된 스타즈 박물관(채시라 · 이문세)

1996년 켄싱턴호텔이 처음 시작된 유서 깊은 호텔이다. 정통 영국 스타일의 품격 있는 인테리어와 국내외 유명 스타들의 소장품을 감상할 수 있으며, 전 객실에서 설악산 전망을 바라볼 수 있는 호텔이다. 설악산 입구 바로 앞에 위치하며 총 108개 객실을 보유하고 있다. 호텔 내부 전 층 복도에 각종 스타들(스포츠, 탤런트, 가수, 영화배우, 각국

대사들 등)의 소장품과 친필사인 등을 전시하고 있어 호텔 전체가 마치 하나의 박물관을 연상시키기도 한다. 그래서 호텔 이름도 켄싱턴 스타즈 호텔이다. 국내 유일 스타들의 소장품 박물관 호텔이라는 점에서 이색적인 호텔이다.

4) 켄트호텔 바이 켄싱턴(Kent Hotel by Kensington)

레스토랑 및 스카이데크 풋스파

부산 광한리 바다 앞에 위치한 켄트호텔 바이 켄싱턴

2016년 오픈한 호텔 브랜드로 부산 광안리 바다와 화려한 광안대교를 한눈에 감상할 수 있는 부산 최초의 '마린 부티크' 콘셉트 호텔이다. 루프탑에서 즐길 수 있는 족욕(스카이데크 풋스파)과 주류 무제한 스파티(Spa+Party의 합성어), 전망 없는 객실을 넷플릭스

무제한 시네마룸으로 기획한 객실테마, 합리적인 가격과 트렌디한 호텔콘셉트 등은 젊은 2030세대들에게 매력적인 켄트호텔만의 강점이라고 할 수 있다. 총 89개의 객실을 보유하고 있다. 켄트호텔바이 켄싱턴은 켄싱턴호텔 & 리조트 체인 중 전국에 1곳 부산 광안리에 있다.

5) 남원예촌 바이 켄싱턴

출처 : https://kensington.co.kr/chain/

2016년 전북 남원시에 오픈한 독채형 한옥 호텔이다. 유네스코 인류무형문화유산에 등재된 한옥 명장 최기영 대목장이 순수 고건축 방식을 그대로 재현해 시멘트와 스티로폼 등을 일절 사용하지 않고 직접 자연에서 얻은 재료(황토, 대나무, 해초풀 등)를 사용해 전통방식으로 지어낸 것이 특징이다. 한복문화도시인 남원의 특징 및 전통한옥의 특성을 살려 호텔 내에서 다양한 전통 문화체험 서비스(한복체험, 부채 만들기, 꽃고무신 만들기, 판소리, 서당체험, 도예체험 등)를 체험할 수 있다. 또한, 객실 난방을 구들장방식으로 하는데, 구들장 온도조절을 위한 장작 패기 시범을 보여주기도 한다. 객실은 온돌방 22개, 침대방 2개 등 총 24실 규모이다. 24개의 객실이 모여 총 7개의 동을 이루는

데, 각 객실 동은 삼국시대부터 조선시대까지 시대별 콘셉트를 적용해 스토리가 있는 볼거리를 제공하고 있다.

[그림 4-56] 켄싱턴 호텔앤리조트 국내 분포현황(2021년 기준)

6) 켄싱턴호텔 사이판(Kensington Sipan)

출처 : www.kensingtonsaipan.com/kr/

프리미엄 올인클루시브(All inclusive) 콘셉트를 지향하는 호텔로 사이판에 2016년 7월에 개장했다. 이랜드가 사이판 파우파우(PauPau) 해변에 있던 일본계 팜스 리조트를 인수한 후 건물 뼈대만 남기고 거의 모든 것을 바꾸다시피 전면 개보수를 진행하였으며 한국인들에게 적합한 시설과 서비스를 제공하기 위한 최상급 호텔을 지향하며 최고급 호텔로 리모델링을 완성했다.

'올인클루시브' 콘셉트란 객실투숙은 물론 호텔 내 레스토랑에서의 하루 3식 식사, 수영장, 인피니티 풀, 프라이빗비치 이용 및 패들보트, 카야킹, 스노클링 등 해양스포츠와 같은 각종 액티비티 프로그램 참여 및 장비대여, 코코몽 캠프(어린이 프로그램) 등이 모두 무료로 제공되는 형태의 객실상품을 판매하는 것이다. PIC(Pacific Islands Club)와도 유사한 개념이라고 보면 된다. 고객들은 '켄싱턴 패스포트'라고 하는 여권처럼 생긴 수첩을 체크인 시 받게 되는데 이것을 가지고 있으면 호텔 내 전 시설을 추가비용 없이 모두 이용할 수 있게 된다.

켄싱턴 사이판은 15층 높이 건물에 총 313개 객실을 구비하고 있으며 전 객실 오션뷰, 대형 워터슬라이드와 다양한 테마의 트로피컬 수영장, 프라이빗 해변, 스타일리시한 레스토랑 및 바 등 각종 편의시설을 갖추고 있다.

부록

이색호텔

① 세계의 이색호텔

(1) 중국 채석장호텔 : 인터컨티넨탈 상하이 원더랜드(InterContinental Shanghai Wonderland, China)

출처 : https://www.ihg.com/intercontinental/

중국 상하이 지하 16층 채석장의 입면(立面)을 폭포로 활용해 투숙객 모두 거대한 폭포를 감상할 수 있도록 만든 호텔이다. 버려졌던 채석장을 호텔로 탈바꿈해 개장할 때부터 많은 화제를 모았으며, 관광명소로 자리 잡았다. 2018년 10월에 개관하였으며,

총 18개 층 중에 2개 층만 지상이며 나머지는 모두 지하층에 있다. 380개 객실을 보유하고 있으며 인공호수로 만들어졌으며 수중 객실도 여러 개 있다. 가장 아래층은 수영장이다.

(2) 탄자니아 수중호텔 : 만타 리조트(The Manta Resort, Tanzania)
"Privately. Perfectly. Pemba"

출처 : https://themantaresort.com/

탄자니아 펨바섬(Pemba Island)에 있는 리조트로 수중객실(Underwater Room)이 이색적이다. 2021년 기준 공시가격은 1박 더블룸 객실이 $1,840이며 (한화로 약 220만 원) 최소 3박 이상을 예약해야 투숙이 가능하다. 바다 한가운데 2층 구조로 된 객실 한 채가 떠 있는 모습이며 객실이 수심 4m 수중에 있어 바닷속을 볼 수 있다.

(3) 케냐 기린호텔 : 지라프 매너(Giraffe Manor, Kenya)

케냐 나이로비에 있는 고급 부티크 호텔인 이곳은 앞마당에 기린을 풀어놓고 키우는데 기린이 수시로 얼굴을 건물 안으로 들이민다고 한다. 야생동물을 가까이서 보고 식사도 할 수 있다고 해서 유명해졌으며 숙박료는 출도착 교통서비스를 모두 포함해서 $875부터 시작한다(한화 약 100만 원).

출처 : www.thesafaricollection.com

(4) 프랑스 버블호텔 : 어트랩 리브(Attrap Reves, France)

　　프랑스 마르세유 중심지에서 자동차로 약 30분 정도 거리에 버블모양의 텐트형 호텔이 있다. 각 버블텐트마다 모두 다른 디자인으로 되어 있으며, 숲속에 설치되는 것이기 때문에 장소, 계절, 날씨에 따라 모두 다른 매력을 느낄 수 있는 형태의 호텔이다. 버블텐트 내에 샤워실과 화장실, 침실 등 각종 편의시설이 모두 준비되어 있다. 투명한 텐트이기 때문에 텐트 안에서 밖의 풍경을 감상할 수 있는 것이 매우 이색적이다. 텐트는 구조물이 없이 신선한 공기를 연속적으로 유입되도록 하는 자동 송풍기 장치에 의해 동그란 모양이 유지되는 원리이며, 공기가 주입되지 않으면 수축된다.

출처 : www.attrap-reves.com

(5) 스웨덴 얼음호텔 : 아이스호텔(Ice Hotel, Sweden)

스웨덴 북부의 작은 마을 유카스야르비의 아이스호텔(Ice Hotel)은 매년 12월에 독특한 디자인으로 지어졌다가 4월에는 사라지는 매우 이색적인 호텔이다. 작은 이글루에서 시작했지만, 호텔은 매년 색다른 디자인의 모습으로 진화하게 되었고 매년 심사를 거쳐 선발된 아티스트들이 디자인한 얼음 객실을 선보이는 호텔로 성장하게 되었다. 매년 다른 모습의 호텔이 생긴다는 점에서 그 어떤 호텔보다 이색적이라고 할 수 있겠다.

출처 : https://www.icehotel.com/

(6) 스웨덴 비행기 호텔 : 점보스테이(Jumbo Stay, Sweden)

점보스테이는 1976년부터 사용된 점보제트 모델 747-212B 기종을 개조해 만든 최초의 비행기호텔이다. 원래 싱가포르 항공용으로 제작된 항공기였지만 새롭고 현대적인 인테리어 장식으로 이색적인 호텔로 재탄생하게 되었다. 어린이 동반 가족, 출장객들에게 인기가 좋은 호텔이며 실제 알란다 공항 입구에 위치한다. 객실은 총 33개가 있으며 침대는 76개이며, 객실당 침대 수는 1~4개까지 다양한 형태의 객실이 있다.

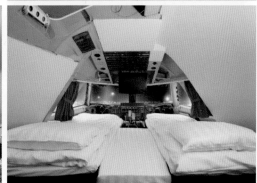

출처 : www.jumbostay.com

(7) 페루 절벽호텔 : 내츄라 바이브 스카이롯지 어드벤처 스위트(Natura Vive Skylodge Adventure Suites, Peru)

페루에 있는 절벽호텔인데, 이 호텔은 체크인을 하려면 강철 케이블로 몸을 묶고 암벽등반을 해야만 한다. 깎아내리는 듯한 절벽 위에 자리 잡고 있는데, 내츄라 바이브는 122m 높이의 절벽 위에 철제 조형물로 객실을 만들어 매달아놓은 듯한 모습을 하고 있어 매우 독특한 호텔이다. 전 세계적으로 익스트림 스포츠 마니아들 사이에서는 꼭 한번 가보고 싶은 호텔로 손꼽힌다고 한다.

객실은 철제 프레임과 통유리로 제작된 캐빈 형태를 띠고 있으며 높이 2.4m, 길이 7.3m 호텔은 300도 뷰를 자랑하며 태양전지 패널을 사용하여 운영된다고 한다.

출처 : https://naturavive.com/web/skylodge-cusco-peru/

(8) 중국 반지호텔 : 쉐라톤 후조우 핫 스프링 리조트(Sheraton Huzhou Hot Spring Resort, China)

중국 후저우에 있는 호텔로 호텔 외관의 모습이 매우 이색적이다. 커다란 도넛 모양 같기도 하고, 말발굽 모양 같기도 하고, 어린 시절 많이 가지고 놀던 무지개 모양의 스프링 장난감 같기도 한 이 호텔의 하이라이트는 역시 외관 디자인이다. 후저우는 중국 저장성에 자리 잡은 도시인데, 이곳에 중국 유명 건축가 마얀송(Yansong Ma)이 반지모양을 본떠서 디자인한 중국 최대 규모의 온천리조트를 지은 것이다. 호텔은 지상 90m, 총 27층으로 이루어져 있다. 이 호텔은 난징과 상사이 사이의 타이호수에 있으며, 321개의 객실, 37개의 빌라, 40개 스위트룸 및 4개의 레스토랑과 어린이 수영장, 테라스가 있는 객실 등을 보유하고 있다.

쉐라톤호텔 & 리조트의 프랜차이즈 호텔로 운영되고 있으며 건물은 2013년에 완공되었다.

출처 : marriott.com

(9) 캐나다 감옥호텔 : 하이 오타와 제일 호스텔(HI Ottawa Jail Hostel, Canada)

캐나다의 수도 오타와에는 실제 감옥을 개조해 만든 호스텔이 있다. 유명 가이드북에도 대부분 실려 있는 이 숙소는 과거 교도소로 쓰였던 건물을 배낭여행객들을 위한 유스호스텔로 개조한 것이다.

출처 : https://hihostels.ca/destinations/ontario/hi-ottawa#

(10) 네덜란드 크레인호텔 : 파랄다 크레인 호텔 암스테르담(Faralda Crane Hotel Amsterdam, Netherland)

네덜란드의 수도 암스테르담에 있는 호텔이다. 안네 프랑크 집 근처(8km)에 위치한 5성급 호텔로 예전에 사용되다가 조선소가 폐업하면서 방치된 크레인을 예술가들이 개조하여 만든 호텔이다. 스위트룸은 인더스트리얼 스타일 혹은 보헤미안 스타일로 꾸며져 있다. 360도 뷰와 번지점프를 즐길 수 있다는 점이 이용고객들에게 매력으로 다가오는 호텔이다.

출처 : https://faralda.com/

(11) 영국 요새호텔 : 노 맨스 포트 & 스핏뱅크 포트(No Man's Fort & Spitbank Fort, U.K.)

19세기 영국 남부 해상의 군사기지를 개조해 만든 호텔로 바다 한가운데 둥둥 떠다니는 곳에서 숙박할 수 있는 호텔이다. 멋진 연회, 결혼식 또는 하우스 파티를 열기도 하며, 아름다운 바다 경치를 즐기며 탁 트인 전망과 함께 멋진 투숙을 할 수 있는 이색적인 호텔이다. 이러한 요새호텔에는 대표적으로 노 맨스 포트(2015년 4월 개관)와 스핏뱅크 포트(2002년 개관)가 있으며 현재는 모두 이색적인 럭셔리호텔로 운영되고 있다.

출처 : www.walesonline.co.uk

출처 : www.visitportsmouth.co.uk

출처 : www.walesonline.co.uk

　이 건축물은 사실 포츠머스 항구를 프랑스의 침략으로부터 보호하기 위해 1859년 당시의 영국 파운드로 약 2억 5천만 원이라는 비용을 들여 지어진 군사시설이다. 세계 2차 대전 당시 이 기지는 심각한 피해를 입고 1982년 영국 국방부에 의해 폐기 조치되었다. 폐기가 확실시되면서 이 요새는 매각이 진행되었는데, 그때 영국의 부호 기업가에 의해 매입되어 약 53억 원이라는 비용을 들여 기지에 있던 급수탑을 개인 주택으로 바꾸고 전화박스를 태양열 충전소로 바꾸는 등의 오래된 시설들을 개보수하여 럭셔리한 호텔로 탈바꿈하였다.

출처: www.walesonline.co.uk

출처: https://solentforts.com

이러한 요새호텔들이 바다 위에 있기에 여행객들은 보트와 헬리콥터를 타고 호텔로 입장할 수 있으며 투숙객들은 다른 호텔과 달리 역사적으로나 독특함으로나 이색적인 체험을 할 수 있게 된다. 바다 위에서 마치 무인도에 있는 듯 휴양을 즐길 수 있고 각종 럭셔리한 서비스를 받을 수 있다. 그리고 무엇보다도 기지라는 요소를 잘 살린 빈티지한 외관이 인상적이다.

스핏뱅크 포트 호텔은 9개, 노 맨스 포트는 23개의 럭셔리한 침실을 가지고 있으며 모두 야외의 일광욕 테라스, 사우나, 와인 저장고 심지어 바다를 바라보는 수영장 등의 화려한 부대시설을 가지고 있다. 현재는 휴양목적보다는 결혼식, 기업행사 및 개인 파티를 위한 목적으로 이 호텔을 많이 방문하고 있으며, 스파 및 힐링 서비스를 즐기거나 뷔페식의 호화로운 코스식사를 즐길 수 있다.

외관과 달리 내부는 굉장히 감각적이면서 고급스러운 인테리어가 돋보인다. 내부 객실 또한 역사적인 유물이나 장소의 특징을 그대로 살려 각기 다른 고급스러운 인테리어로 꾸며져 있다.

출처 : https://solentforts.com/

저렴한 비용이 아님에도 불구하고 영국의 많은 부호들이 이 호텔에 방문하여 각종 행사를 즐기거나 파티를 즐기고 있다. 오래된 건축물의 감성과 럭셔리한 조화가 인상적인 스핏뱅크 포트는 현재의 건축물 트렌드도 잘 어울리며 역사와 이색적인 분위기가 조화로운 호텔 중 하나이다.

(12) 볼리비아 소금호텔 : 팔라시오 데 살(Palacio de Sal, Bolivia)

출처 : https://palaciodesal.com.bo/

볼리비아 남부의 Palacio de Sal은 1998년에 소금으로 호텔을 만들겠다는 어떤 한 사람의 독창적인 아이디어에서 탄생하게 되었다. 2004년에는 염전 내부에 있던 호텔을 해안으로 옮기기로 결정하였으며, 4,500㎡의 부지에 고급스럽고, 편안하며 실용성을 갖춘 지금의 소금호텔을 건설하게 되었다. 약 12,000㎢의 면적과 볼리비아의 남서부에 위치한 살라르 드 우유니(Salar de Uyuni)는 세계에서 가장 큰 소금사막이다. 해발 약 3,700m의 높이에 무한한 흰색 평원처럼 펼쳐져 있어 장마철에는 거울이 되어 땅에 하늘이 반사되어 세계에서 가장 아름다운 자연경관을 선사한다. 소금호텔은 바로 이곳에 위치한다. 객실 내부에 소금 돔이 있는 것이 특징이다.

(13) 영국 풍차호텔 : 클레이 윈드밀(Cley Windmill, U.K)

18세기에 건설된 영국의 노퍽(Norfolk)에 있는 클레이 풍차(Cley Windmill)는 1980년대에 호텔로 개조되었다. 풍차에는 6개의 객실이 있으며 12명까지 수용할 수 있다. 또한, 별도의 Boat House, Long House 및 취사시설을 갖춘 도브코트(Dovecote)에서 8명을 추가로 수용할 수 있다. 숙박은 물론 결혼식파티, 하우스 파티 장소로 인기가 좋은 이색적인 호텔이다.

출처 : www.cleywindmill.co.uk

(14) 스웨덴 나무호텔 : 트리호텔(Tree hotel, Sweden)

스웨덴의 하라드(Harad)에 있는 나무호텔은 UFO 원형과 거울로 덮인 벽이 있는 큐브, 새 둥지 모양, 캐빈 모양 등 다양한 종류의 객실을 나무 위에 매달아 놓은 형태로 꾸며져 있다.

출처 : www.treehotel.se/en/

(15) 네덜란드 오크통호텔 : 호텔 데 브루웨 반 스타보렌(Hotel de Vrouwe van Stavoren, Netherland)

네덜란드에 있는 호텔 데 브루웨 반 스타보렌(Hotel de Vrouwe van Stavoren)은 호텔 방으로 개조된 와인통에 머물 수 있는 옵션을 손님들에게 제공하고 있다.

출처 : https://hotel-vrouwevanstavoren.nl/

(16) 멕시코 투우경기장호텔 : 퀸타 레알 사카테카스(Quinta Real Zacatecas, Mexico)

멕시코의 사카테카스(Zacatecas)에 있는 퀸타 레알(Quinta Real)은 19세기부터 복구된 산 페드로 투우경기장에 지어진 이색적인 호텔이다. 사카테카스 국제공항으로도 알려진 레오바르도 C. 루이즈(General Leobardo C. Ruiz) 국제공항에서 단 30분 거리, 6km(3.7마일) 떨어져 있다.

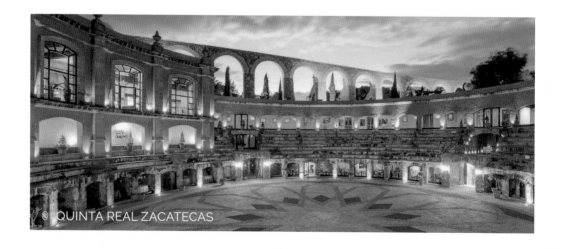

(17) 미국 동굴호텔 : 코코펠리스의 동굴호텔(Kokopelli's Cave Bed & Breakfast, U.S)

출처 : https://kokoscave.us/

코코펠리스의 동굴호텔은 미국 메사 베르데 국립 기념물(Mesa Verde National Monument) 근처, 뉴멕시코의 파밍턴(Farmington) 북쪽 절벽에 위치한다. 아름다운 남아메리카의 라플라타강(La Plata River) 계곡과 애리조나(Arizona), 뉴멕시코(New Mexico), 유타(Utah), 콜로라도(Colorado)의 4개 주에서 펼쳐지는 멋진 남서부 일몰을 감상할 수 있다. 동굴은 원래 지질학 컨설팅 전문가인 소유자의 사무실로 의도하고 만들려 했지만, 계획대로 진행되지 않아 B&B(Bed & Breakfast) 숙박시설로 만들어지게 되었다.

(18) 칠레 바오밥 호텔 : 우일로 우일로 노토파구스 호텔 & 스파(Huilo Huilo Nothofagus Hotel & Spa, Chille)

바오밥 호텔은 마치 숲속에 심어진 호텔과 같은 모습을 하고 있다. 마치 솔방울 같은 모습의 이 호텔은 자연스럽게 자연과 어우러져 숲의 일부가 되고 있다. 친환경 목재로 만들어진 솔방울 모습 건물 속으로 들어가면, 하늘까지 시원하게 뚫린 중정과 나선형 복도가 새 둥지를 연상시킨다. 가격은 1박에 30만 원 정도로 남미 물가를 생각하면 다소 비싼 편이다. 건물 전체 및 테라스와 식당도 모두 나무로 지었으며 나무로 만든 호텔치고는 규모가 무척 큰 편이다. 화려하고 고급스럽지는 않지만, 은은한 멋이 풍기는 곳이다. 또한 특징 중 하나는 건물에 엘리베이터가 없다. 로비 가운데서 진짜 나무가 자라고 있고 위로는 뻥 뚫린 천장이 시원한 개방감을 더해 이색적인 분위기를 자아낸다. 옥상을 개방하는 저녁이면 밤하늘의 아름다운 별을 감상하기 위해 사람들이 찾아오기도 한다. 세계에서 별을 보기 가장 좋은 곳으로도 알려져 있다.

(19) 미국 보스턴 감옥호텔 : 더 리버티 호텔 보스턴(The Liberty Hotel Boston, U.S.)

더 리버티 호텔(The Liberty Hotel)은 원래 1848~1851년 사이에 건축된 찰스 스트리트 교도소(Charles Street Jail=the Suffolk County Jail)를 개조한 건물이다. 이 건물은 1990년까지 감옥으로 사용하다가 매사추세츠 종합병원(Massachusetts General Hospital)이 소유하게 되었다. 그 후 개보수를 거쳐 마침내 2007년 298개 객실을 갖춘 럭셔리호텔로 거듭나게 되었다.

출처 : www.marriott.co.kr

찰스강과 도시의 스카이라인이 내려다보이는 보스턴의 역사적 명소인 비컨 힐(Beacon Hill) 아래 자리한 리버티 호텔은 과거 향수를 불러일으키는 디자인 요소로 가득하다. 원래 감방으로 사용하던 공간을 식사를 즐길 수 있는 '클링크(CLINK)'라는 이름의 레스토랑으로 개조하였는데 그래서 내부 모습이 감옥을 연상시켜 매우 인상적이다. 이 호텔은 4개의 레스토랑과 1,231㎡ 규모의 회의실 및 행사장, 피트니스센터 등을 갖췄다. 현재는 메리어트 체인의 브랜드 중 하나인 더 럭셔리 컬렉션(The Luxury Collection) 브랜드로 운영되고 있다.

(20) 핀란드 이글루 호텔 : 아틱 스노우 호텔 & 글래스 이글루(Artic Snow Hotel & Glass Igloos, Finland)

아틱 스노우 호텔 & 글래스 이글루는 핀란드(Finland) 라플란드(Lapland)주 로바니에미(Rovaniemi)에 위치한 호텔이다. 매년 눈으로 지어진 스노우 호텔과 유리 이글루를 모두 이용할 수 있다는 점이 가장 큰 특징이다. 아틱 스노우 호텔 & 글래스 이글루는 산타클로스의 고향으로 여겨지는 마을로 유명한 핀란드의 로바니에미(Rovaniemi) 지역에 있다. 호텔 주변에는 드넓은 호수와 전나무숲 전망을 볼 수 있으며 공기도 맑고 깨끗해서 핀란드 청정자연을 즐기기에 아주 좋은 곳이기도 하다.

출처 : https://arcticsnowhotel.fi

아틱 스노우 호텔 & 글래스 이글루는 스노우 호텔과 글래스 이글루 두 종류의 객실을 가지고 있다. 먼저, '스노우 호텔'의 스위트룸은 스노우 호텔답게 매년 내린 눈으로 새롭게 만들어지는 것이 특징이다. 매년 12월 중순 이후부터 이듬해 3월 말까지 운영하고 있다. 객실 내부의 온도는 0~5℃ 정도로 실내온도를 생각하면 매우 추운 편이지만, 순록털로 이루어진 슬리핑 백(sleeping bag) 덕분에 생각보다 그리 춥게 느껴지지는 않는다고 한다. 하지만 홈페이지 객실 안내에 보면, 5세 이하의 아이들에게는 숙박을 권장하지 않으며, 따뜻한 모자, 긴팔 셔츠, 긴바지, 울 양말을 준비하라고 쓰여 있는 것을 보면 이 호텔에서 투숙하기 위해서는 추위에 단단히 대비해야 하는 것은 분명하다.

출처 : https://arcticsnowhotel.fi/

한편, '글래스 이글루'는 지붕 전체가 유리로 이루어진 것이 가장 큰 특징이다. 특히, 객실 내부에는 오로라 알람 기능이 장착되어 있어서 오로라가 하늘에 뜨면 즉시 알람으로 알려주기까지 한다. 또한, 야외 자쿠지를 이용할 수 있어서 북유럽 감성을 몸소 느낄 수 있는 객실이기도 하다. 스노우 호텔의 아이스 레스토랑과 바는 모두 눈과 얼음으로 이루어져 있다. 특히, 아이스 바에서는 얼음으로 만들어진 잔에 음료를 제공하는데, 오직 핀란드 스노우 호텔에서만 즐길 수 있는 색다른 경험이다. 스카이바에서는 멋진 오로라 모습을 감상할 수도 있다.

출처 : https://arcticsnowhotel.fi/

출처 : https://arcticsnowhotel.fi/

아틱 스노우 호텔 & 글래스 이글루만의 매력 포인트 중 하나는 바로, 스노우 사우나와 야외 자쿠지라고 할 수 있다. 공간 전체가 눈과 얼음으로 이루어진 스노우 사우나는 난로의 뜨거운 증기에도 녹지 않는 것이 특징인데, 전통 핀란드식 사우나와는 또 다른 매력을 느낄 수 있다고 한다. 야외 자쿠지에서는 눈 쌓인 핀란드 주변 전망을 보며 칵테일도 즐길 수 있으며, 스노우 슈 하이킹, 눈 조각 만들기, 얼음낚시 등 북유럽에서만 즐길 수 있는 다양한 체험도 가능하다.

(21) 두바이 수중호텔 : 아틀란티스 더 팜(Atlantis, The Palm, Dubai)

두바이에 있는 수중 호텔은 '아틀란티스 더 팜' 호텔로 두바이의 인공 섬인 팜 주메이라에 지어진 첫 번째 리조트이다. 팜 주메이라 인공 섬은 2000년대 두바이 왕이 직접 지휘해 바다를 메우고 야자수 모양 땅을 만드는 대규모 프로젝트를 거치면서 탄생하였는데 전 세계에 두바이의 이름을 알리는 데 많이 많은 공을 세운 섬이기도 하다. 이 섬에는 유명한 할리우드 스타들과 세계 최고의 부자들이 자신들의 별장을 마련해 놓은 곳으로도 유명하다.

출처 : www.atlantis.com/dubai

출처 : www.visitdubai.com

아틀란티스 더 팜 호텔은 1,539개 객실과 익스클루시브 스위트, 슈퍼 스위트, 최고급 수중객실을 자랑하고 있다. 물론 호텔 규모도 크지만, 호텔 내에 있는 아쿠아리움과 워터파크의 규모가 역대급으로 크기 때문에 더욱 유명하기도 하다. 또한, 호텔 내부에서 만나볼 수 있는 아쿠아리움으로는 단연 세계 최대 크기를 자랑하고 있는데, 통유리로 이루어진 건물 3~4층 높이 수족관에 수백여 종의 해양생물 65,000여 마리를 보유하고 있다. 호텔 로비에서도 아쿠아리움의 일부는 감상할 수 있으나 전체적으로 감상하기 위해서는 복도를 지나 '로스트 체임버 아쿠아리움(the Lost Chambers Aquarium)' 입구에 들어서야 한다. 이곳 아쿠아리움에서는 상어 사파리(Shark Safari)가 있어서 10세 이상이면 누구나 특수 헬멧을 쓰고 직접 수족관 안으로 들어가 상어를 포함한 놀라운 해양동물들을 바로 눈앞에서 만나볼 수 있는 이색적인 경험도 할 수 있다.

출처 : www.atlantis.com/dubai

호텔 내 레스토랑 중에 '오시아노(Ossiano)'는 수중 레스토랑으로 훌륭한 식사와 함께 멋진 바닷속 뷰를 감상할 수 있다. 호텔 자체에서 운영하는 워터파크도 있는데 세계에서 가장 큰 워터파크로 105개의 슬라이드와 어트랙션을 보유하고 있다. 대규모 인공 파도 풀만 3개 이상이며 물줄기를 따라 워터파크 전체를 도는 유수풀은 무려 40분이나 소요된다고 한다.

출처 : www.atlantis.com/dubai

아틀란티스 더 팜의 가장 큰 화제는 다름 아닌 '언더워터 스위트룸'이다. 이는 수중 스위트룸으로 총 3층인데 1층은 한쪽 벽면 전체가 통유리로 되어 있어 다양한 물고기들의 모습을 관찰할 수 있도록 설계됐다. 천장부터 바닥까지 창이 이어져 있어 실제로 물 속에 들어온 듯한 착각을 불러일으킨다. 투숙객은 이런 해저 풍경을 바라보며 잠들거나 욕조에서 휴식을 취할 수 있다.

출처 : www.atlantis.com/dubai

② 국내의 이색호텔

(1) 양평 일본식 호텔 : 길조(吉兆)호텔

출처 : http://giljo.co.kr/

경기도 양평에 있는 길조호텔은 일본식 전통 료칸을 모티브로 한 이색숙소이다. 객실은 2층부터 4층까지 총 6개의 객실이 있으며, 객실마다 다다미방과 편백나무(히노끼)탕이 설치되어 있다. 또한, 일본 전통복장인 유카타를 호텔에서 대여하여 입어볼 수 있다. 이러한 점이 일본에 온 듯한 착각을 불러일으키기 때문에 색다른 경험과 재미를 즐기기 위한 고객들에게 인기가 좋다. 서울 근교 드라이브나 호캉스, 펜션을 이용하는 관광객들에게 유명한 장소이기도 하다.

(2) 강릉 미술관 호텔 : 하슬라 뮤지엄 호텔(Haslla Museum Hotel)

출처 : http://www.haslla.kr/

강릉 정동진에 있는 하슬라아트월드는 총 10만여 평에 조성된 예술공간으로서 한 조각가 부부가 2003년부터 오픈하여 운영해 온 복합 문화예술 공간이다. 이곳은 작가들의 작품활동 공간이면서 다양한 현대미술작품이 전시된 공간이기도 하다. '하슬라'라는 이름은 고구려 때 불리던 강릉의 옛 이름으로 순우리말이라고 한다. 바다가 내려다보이는 멋진 전망이 있는 미술관 내에 호텔이 자리 잡고 있어 매우 이색적인 곳이기도 하다.

이 호텔에서는 로비와 복도에서부터 다른 호텔에서는 볼 수 없는 독특하고 색다른 디자인을 볼 수 있다. 전 객실이 모두 다르게 디자인되어 있어 호텔 객실이 갤러리이자 객실이기도 하다. 또한, 전 객실이 바다 전망이며 객실마다 침대부터 욕실까지 유명 작가들의 작품으로 채워져 있다. 따라서 호텔 객실 이용 시 작품 및 가구를 파손할 때는 법적 손해배상을 청구할 수 있다는 규정이 있기도 하다.

(3) 인천 한옥호텔 : 경원재 앰배서더(Gyeongwonjae Ambassador)

출처 : http://www.gyeongwonjae.com/

국제도시 인천 송도의 현대적인 빌딩 숲속에서 고풍스러운 전통미를 뽐내며 장관을 연출하는 경원재 앰배서더 인천은 국내에서 최초로 한옥호텔 5성급을 받은 호텔이기도 하다. 현재 경원재 앰배서더는 앰배서더호텔그룹과 아코르호텔그룹의 합작투자사(AAK: Accor-Ambassador Korea)가 운영하고 있다.

건물은 한옥인 만큼 2층 높이에 30개의 객실을 보유하고 있으며, 한국의 멋과 맛을 경험할 수 있는 한식당, 웅장한 한옥 느낌의 회의실 및 연회장 그리고 넓은 야외 마당을 갖추고 있다. 호텔 건축에는 대한민국을 대표하는 명장들이 참여하여 한옥의 완성도를 높였고 한복 입기, 전통놀이 체험 등 한국의 전통문화를 경험할 수 있는 다양한 서비스도 제공한다. 내부는 대리석이 깔린 바닥과 한옥 특유의 인테리어가 조화를 이루고 있으며 나무와 창문 무늬는 전통적인 느낌이 잘 살려 있어서 고급스러우면서도 고즈넉한 느낌을 준다. 인천국제공항에서 자동차로 약 1시간 거리에 있으며, 주변에는 송도 센트럴파크를 비롯한 쇼핑센터, 아울렛, 공연장 등 관광시설이 있다.

출처 : http://www.gyeongwonjae.com/

침구는 전통 한옥호텔답게 파란색과 빨간색 비단 원앙금침이 준비되어 있다.

출처 : http://www.gyeongwonjae.com/

야외에서는 한옥호텔에 걸맞은 놀이공간도 있어 활쏘기, 투호놀이, 윷놀이, 팽이놀이, 제기차기, 딱지치기 등의 다양한 전통놀이를 즐길 수 있다. 그리고 한복 입어보기 서비스가 있어 한복대여 후 호텔 내에서 한복을 입고 예쁜 사진을 남길 수가 있다.

출처 : http://www.gyeongwonjae.com/

    건물은 한옥의 기와지붕 구조를 그대로 살렸으며 대들보가 단단하게 지붕을 지지하고 있다. 이처럼 한옥의 건축 요소와 현대적인 호텔시설이 적절히 접목되어서 조화로운 모습을 느낄 수 있다. 또한, 연회장에서는 각종 회의, 결혼식, 가족 모임과 같은 각종 연회행사가 열리기도 한다. 이처럼 인천 경원재 앰배서더 호텔은 도심에 있는 한옥호텔만의 색다른 경험을 통한 숙박 및 연회행사, 전통놀이까지 즐길 수 있는 이색적인 추억을 남길 수 있는 호텔이다.

(4) 제주 초가호텔 : 포도호텔(PODO Hotel)

    제주의 오름과 초가집을 모티브로 설계된 포도호텔은 하늘에서 내려다본 모습이 한 송이의 포도 같다 하여 포도호텔로 이름 붙여졌다. 주변 자연경관과 어울릴 수 있도록 오직 단층으로만 구성된 고품격 부티크 호텔이다. 5성급 호텔인 포도호텔에는 객실이 단 26실밖에 없다. 덕분에 머무는 동안 고요하고 한적하게 개인적인 시간을 보낼 수 있는 여유를 선사한다.

출처 : www.thepinx.co.kr/podo/web/index.px

객실은 디럭스 한실&양실, 로얄 스위트 한실&양실, 프레시덴셜 스위트의 5개 타입으로 구성되어 있다. 한실은 한옥의 매력을 느낄 수 있는 인테리어를 더해 한층 고즈넉한 분위기를 느낄 수 있으며 카펫이 아닌 마룻바닥으로 되어 있는 것이 특징이다.

출처 : www.thepinx.co.kr/podo/web/index.px

포도호텔에는 전 객실에 욕조가 마련되어 있으며, '아라고나이트 심층 고온천수'를 투숙객이라면 누구나 객실 내에서 이용할 수 있다. 아라고나이트 온천은 국내에 유일한 우윳빛 온천수인데 온천수 성분이 숙성과정에서 변화되어 투명한 맑은 물이 우윳빛으로 변화된 것이라고 한다. 2001년 '제주도에는 온천부존 가능성이 없다'는 정설을 뒤집고 처음 발견되었고, 약 42℃의 고온 온천이다. 이것은 과거 당 현종과 양귀비가 목욕을 즐긴 서안 온천과 비슷한 성분을 갖춘 나트륨(칼슘, 마그네슘) 탄산천이다. 온천수는 약 알칼리성으로 목욕 후 한기가 적고 신진대사를 원활하도록 도와 질병을 예방하거나 치유하는 데도 탁월한 효능이 있다고 알려져 있다. 한실에는 편백나무(기소 희노끼)욕조가, 침대가 있는 양실에는 대리석욕조가 있어 객실에서 프라이빗한 온천욕을 즐길 수 있다.

출처 : www.thepinx.co.kr/podo/web/index.px

호텔 1층에는 조식부터 중식, 석식까지 모두 제공하는 레스토랑이 마련돼 있다. 제주산 식재료를 이용해 더욱 신선한 음식을 맛볼 수 있으며 조식의 경우 포도조찬, 아메리칸 브렉퍼스트, 성게미역국 정식 등 반상차림으로 제공된다. 시그니처 메뉴인 포도조찬에는 신선한 제철 주스와 온천 수란이 포함돼 있다.

출처 : www.thepinx.co.kr/podo/web/index.px

포도호텔은 주변을 천천히 거닐기만 해도 갤러리에 와 있는 듯한 기분을 느낄 수 있다. 호텔 외관에서도 알 수 있듯 건축물 곳곳에서 건축가인 이타미 준의 자연주의 철학과 예술정신이 녹아 있기 때문이다. 투숙객을 위한 건축예술 가이드 프로그램을 통해 호텔 내외부 디자인 요소와 건축의 미에 대해 이해할 수 있다.

출처 : www.thepinx.co.kr/podo/web/index.px

지하 1층에는 갤러리 '소이'가 있는데 시즌별로 다양한 예술작가들의 작품을 초청해 전시회를 열고 있으며, 제주를 표현한 다양한 작품을 무료로 감상할 수 있다. 이 밖에도 더 액티브한 힐링을 원하는 사람들을 위해 호텔에서 다양한 레저 프로그램도 제공하고 있는데, 럭셔리 요트 & 스파, 프라이빗 요트, 챌린저 골프 & 스파, 노블승마 & 힐링, 제주어부, 해피투게더(제주의 숲과 식물을 더 알아갈 수 있는 프로그램), 아트 & 힐링(건축문화투어), 제주 숲토리텔링 투어가 바로 그것이다.

출처 : www.thepinx.co.kr/podo/web/index.px

이처럼 제주 포도호텔은 제주 7대 건축물 중 하나로 손꼽히는 독특한 건축 인테리어 뿐만 아니라 객실 내에서 즐기는 온천, 프라이빗한 객실 공간, 제주 식재료를 활용한 퓨전 로컬 다이닝, 예술작품으로 가득한 문화공간, 호텔에서 진행하는 액티브한 레저 프로그램 등으로 방문객들에게 색다른 추억을 만들어주고 이색적인 경험을 느낄 수 있도록 한다.

(5) 통영 수변형 호텔 : 한산마리나 호텔 & 리조트(Hansan Marina Hotel & Resort)

출처 : http://www.hansanmarina.co.kr/

통영 한산마리나 호텔 & 리조트는 국내에선 보기 드물게 수변형(water side) 리조트로 조성되었다. 천편일률적인 형태의 국내 호텔, 리조트들과 달리 전통 가옥에서 모티브를 얻은 31개의 프라이빗한 객실과 통영 바다의 아름다운 자연을 배경으로 요트 투어,

스노클링, 카약, 섬 트레킹 등 다채로운 해양 레저 프로그램을 경험할 수 있는 곳이다. 세계적인 휴양지 발리를 떠올릴 만큼 이국적인 정취로 가득한 통영 한산마리나 호텔 & 리조트는 중앙에 넓은 야외 수영장이 조성되어 있어 마치 동남아의 전통 수상가옥을 연상시킨다.

출처 : http://www.hansanmarina.co.kr/

　이엉을 얹은 초가지붕은 제주 전통가옥에서 영감을 받은 것이라고 한다. 이엉 집을 현대적으로 해석한 단층구조의 건물은 야자수와 바다, 요트가 더해져 한국적인 분위기와 동시에 이국적인 분위기를 풍긴다. 수변형 리조트 특성상 밀물 때면 일부 객실은 물 위에 떠 있는 것처럼 테라스 아래가 바닷물에 잠기기도 한다. 야외 수영장과 가까운 객실은 아이가 있는 가족 단위 투숙객에게 특히 인기가 높다고 한다. 리조트를 길게 가로지르는 야외 수영장은 워싱턴야자, 종려나무 등 열대식물로 꾸며진 정원과 토속적인 이엉 집(짚·풀잎 등으로 엮어 만든 지붕을 의미함)이 이색적인 분위기를 자아낸다. 그리고 객실 내부는 서양식 앤티크 가구에 한옥의 전통적인 요소를 가미한 인테리어로 멋스러움을 자아낸다.

출처 : http://www.hansanmarina.co.kr/

한산마리나 호텔 & 리조트 내 요트 선착장에서는 다양한 요트 투어 프로그램을 선보이고 있다. 한산도 또는 통영항을 1시간 20분 코스로 돌아보는 요트 투어 프로그램 외에도 아름다운 섬들을 직접 트레킹하며, 수영과 스노클링 등을 즐기는 투어 프로그램도 운영한다. 이렇듯 한산마리나 호텔 & 리조트는 동남아에 있는 듯한 독특한 경험을 할 수 있는 곳으로 이색적인 분위기를 연출하며 다양한 투어 프로그램으로 색다른 추억을 만들 수 있다.

출처 : http://www.hansanmarina.co.kr

(6) 강릉 크루즈호텔 : 썬크루즈 호텔(Sun Cruise Hotel & Condo)

출처 : www.esuncruise.com

정동 포구 앞에 있는 4성급 호텔 '썬크루즈 호텔'은 특별히 주문하여 건조한 3만 톤급의 호화 유람선 2척을 개조하여 만들어졌다. 해발 60m 절벽 위에 자리하여 정동진을 여행하다 보면 자연스럽게 사람들의 눈길을 끌게 되는 건축물이기도 하다. 특별한 건축 방식 덕분에 2016년 CNN 선정 '세계에서 가장 특이한 호텔 12곳' 중 한 곳에 이름을 올리기도 하였다. 썬크루즈 호텔은 정동진 해변 바로 앞 해안 언덕에 자리해, 해변까지 도보 4분 거리에 있으며 정동진 기차역이 차로 7분 거리, 오죽헌이 35분 거리, 경포 해변이 40분 거리에 있어 관광 접근성이 매우 훌륭한 편이다.

정동진 천혜의 해안 절경 가운데 자리한 이곳에서는 국내에서 가장 아름다운 해돋이를 감상할 수 있다. 객실 대부분이 동해를 조망하며 매일 아침 객실 유리창을 통해 일출이 펼쳐진다. 또한, 인피니티 풀과 360도 회전식 전망대에서 멋진 동해 전망을 감상할 수도 있다. 바다에서는 요트투어와 해양스포츠를 즐길 수 있다.

썬크루즈 호텔은 호텔형, 콘도형, 특급형 세 가지 타입의 객실을 운영하며, '호텔형'은 객실에 따라 최대 4인까지 투숙 가능하며, '콘도형'은 취사시설과 조리도구를 갖추고 있다. '특급형' 객실은 기준 인원 4인으로 슈퍼 킹사이즈 침대가 들어간다. 특히 썬크루즈 스위트는 거실에서 정동진 바다가 멋지게 펼쳐져 환상적인 바다 전망을 만끽할 수 있다.

(7) 제주 전통호텔 : 더 씨에스 호텔(The Seaes Hotel & Resort)

제주도 서귀포 중문에 자리한 씨에스 호텔은 해외 리조트 같은 이국적인 풍경을 품은 호텔이다. 100년 전통의 어촌마을을 계승한, 국내 최초·제주 유일의 5성급 전통호텔이며 전 객실 29개가 단독 독채형으로 이루어져 있다.

출처 : https://seaes.co.kr

이곳의 시그니처인 '황모지붕'은 제주 유일의 황모장인의 정성이 깃든 지붕이라고 한다. 현무암으로 쌓아 올린 돌담은 이국적인 분위기와 함께 제주의 전통적인 아름다움을 표현하고 있다. 위치적으로는 제주 중문에 위치하여 주상절리 절벽, 색달 해변까지 도보 10여 분 거리에 있다. 모든 객실이 바다 전망은 아니지만, 호텔 내 정원과 산책로를 따라 제주 바다를 만날 수 있고, 정원과 조경이 매우 잘 가꿔져 있다.

출처 : https://seaes.co.kr

　객실은 크게 현대식과 전통식으로 구분되어 있으며, 현대식 객실은 유럽풍 인테리어와 우아함을 자랑하고 있으며 신혼부부들이 자주 찾는 '로맨틱캐노피스위트'에는 야외탕과 캐노피 침대가 비치돼 있다. 한편, 전통식 객실은 초당, 고당, 해당, 미당/별당 총 4채를 운영하고 있다. 전통식 객실은 고즈넉한 초가의 전통이 어우러지고, 현대식보다 독채 간 간격이 더 넓어 프라이빗한 낭만을 선사한다.

　씨에스 호텔은 드라마〈시크릿가든〉의 촬영지로 드라마 남녀 주인공이 키스를 한 나무 밑 벤치가 있는데 이곳에서 드라마 주인공을 따라 기념사진을 촬영하는 명소가 되기도 하였다.

이 밖에 '카노푸스 카페'는 제주의 푸른 바다를 바라보며 여유로운 시간을 즐길 수 있는 오션카페이며, '카노푸스 다이닝'은 푸른 바다를 바라보는 오션다이닝 공간이다. 실내 22석(바 4석), 야외 22석의 공간이 제공되며 야자수가 드리워진 제주의 아름다운 풍경을 조망할 수 있다. 부대시설인 천제연 스파 & 사우나는 사전예약제로 운영되는 프라이빗 스파이다. 이처럼 제주 씨에스 호텔은 발리에 온 듯한 이국적인 분위기와 함께 푸른 바다가 펼쳐지는 아름다운 정원을 느낄 수 있는 곳이다. 독특한 콘셉트의 다이닝 & 카페와 자연 속에서 즐기는 프라이빗 스파는 방문객들에게 이색적인 경험을 제공하기에 충분하다.

(8) 서울 프랑스 부티크 호텔 : 레스케이프(L'ESCAPE)

서울 지하철 4호선 회현역 바로 앞에 있는 '레스케이프 호텔'은 2018년 8월에 신세계 그룹에서 프랑스 파리를 모티브로 그랜드 오픈한 4성급의 부티크 호텔이다. 호텔명 '레스케이프'는 프랑스어 정관사 '르(Le)'와 '탈출'을 의미하는 '이스케이프(Escape)'의 합성어로, '일상으로부터의 달콤한 탈출'을 의미한다. 잠시 답답한 일상에서 벗어나 호텔의 슬로건(A Parisian Escape in the Heart of Seoul)처럼 프랑스 파리에서 파리지앵의 라이프를 즐겨볼 수 있는 이색적인 곳이다. 19세기 벨 에포크 시대 프랑스 문화의 우아함과 섬세함을 담은 공간인 레스케이프 호텔에서는 프렌치 감성의 인테리어와 앤틱 가구들을 곳곳에서 찾아볼 수 있다. 이국적인 호텔 분위기에 드라마나 화보 촬영장으로도 손색이 없어 실제로 이탈리아를 배경으로 한 드라마 〈빈센조〉 촬영을 이곳에서 한 바 있으며, 각종 화보 촬영의 배경으로도 인기가 좋다.

객실은 총 204실, 19세기 프렌치 스타일의 고풍스럽고 화려한 인테리어가 특징이다. 객실타입은 미니 디럭스 킹베드룸, 아모르 디럭스 킹베드룸, 시크릿 디럭스룸, 아틀리에 디럭스룸, 아틀리에 스위트룸 등이 있다.

레스케이프의 또 다른 특징은 최근 늘어나고 있는 반려견 인구, 즉 펫팸족(Pet+Family 의 합성어)을 타깃으로 하여 애완동물과 함께 투숙이 가능한 펫 프렌들리(Pet-friendly) 전용층 및 전용객실을 운영하는 것이다. 호텔은 보통 반려견 출입을 엄격하게 금지하고 있는 것이 일반적이다. 하지만 레스케이프는 호텔업계 최초로 반려견 출입은 물론 반려 견과 객실을 같이 사용할 수 있는 객실, 반려견을 동반해 식사할 수 있는 레스토랑(팔레 드신: Palais de Chine)을 선보였다. 반려견을 위한 유모차 대여서비스를 도입해 운영하 고 있기도 하다. 호텔 9층에 펫 프렌들리 전용객실을 운영하고 있으며 객실은 디럭스, 그랜드 디럭스, 스위트의 총 7가지 객실타입 중에서 선택이 가능하다. 레스케이프의 이 러한 펫 프렌들리 마케팅 전략은 대한민국 인구 4명 중 1명이 반려동물과 산다는, 반려 동물 인구 1,500만 명의 시대를 살아가는 현시대에 발 빠르게 대처한 전략이라고 볼 수 있다.

출처 : www.lescapehotel.com

한마디로 정리하자면 레스케이프 호텔은 호텔 곳곳에 박물관에 온 듯한 액자와 함께 눈을 사로잡는 다양한 조명들이 분위기를 완성해 주는 개성 넘치는 호텔이며, 잠시 현실 에서 벗어나 프랑스 파리로 시간여행을 떠날 수 있으며, 반려견과 함께 휴가를 즐길 수 있는 이색적인 호텔이다.

ACCOR Brand Fact Sheet(2021.3)

ACCOR Careers, https://careers.accor.com/kr/ko/who-we-are

ACCOR Global Hotel Development, Why invest in Banyan Tree

ACCOR Hotel Brand Portfolio as of December 31, 2020

ACCOR Integrated report(2020)

ACCOR Our Brand, https://group.accor.com/en/hotel-development/brands/compare-our-brands

ACCOR Overview(2021.2)

Best Western Brand Download, www.bestwesterndevelopers.com/downloads

Best Western Brand Portfolio, www.bestwesterndevelopers.com/portfolio/https://www.bestwes
        tern.com/en_US/hotels/destinations.html

Best Western Development, member-owner benefits, www.bestwesterndevelopers.com/owning
        -a-best-western/member-owner-benefits.php

Best Western Development, www.bestwesterndevelopers.com

Best Western Featured Destination, www.bestwestern.com/en_US/hotels/destinations.html

Best Western International, Inc. Annual Report 2018.8.10, www.sec.gov/Archives/edgar/data/17
        33381/000119312518246188/d560524ds1.htm

Best Western Korea, https://www.bestwestern.co.kr,

Best Western Timeline and Story, www.bestwestern.com/en_US/about/press-media/best-wester
        n-timeline-and-story.html

Hilton Annual Report 2020, www.corporatereport.com

Hilton newsroom, https://newsroom.hilton.com/

Hilton World Wide Corporate fact sheet(At-a-glance)(2021.3.31), https://newsroom.hilton.com/
        corporate/page/media-kit-consolidated

Hospitalitynet, Hotel Brands, www.hospitalitynet.org/list/1-10/hotel-brands.html

http://m.hotelavia.net/news/articleView.html?idxno=2620

huilohuilo nothofagus homepage, https://huilohuilo.com/en/where-to-stay/hotels/nothofagus/

Hyatt Annual Report 2020, http://investors.hyatt.com/investor-relations/financial-reporting/annu
        al-reports/default.aspx

Hyatt Investor fact book, Q1 2021, http://s2.q4cdn.com/278413729/files/doc_downloads/factbo
        ok/2021/05/TOC-1Q'21-fact-book.pdf

Hyatt Investor Presentation, 2021.5, http://s2.q4cdn.com/278413729/files/doc_presentations/2021/05/May-2021-Investor-Presentation-FINAL.pdf

IHG Annual Report and Form 20-F 2020, https://www.ihgplc.com/en/investors/annual-report

IHG Group 소개, www.ihgplc.com/en/about-us/our-history#

IHG Introducing IHG, www.ihgplc.com/en/investors/introducing-ihg

IHG 브랜드별 세부 분포현황, https://development.ihg.com/en/americas/home/our-brands

KT, 새로운 경영방침 'Olleh(올레)' 발표, 아이뉴스24, 2009.7.9일자

Lotte Hotel Magazine, 롯데뉴욕팰리스, www.lottehotelmagazine.com/ko/travel_detail?no=251

LXR Hotels & Resorts Fact Sheet(2021.3.31), https://newsroom.hilton.com/assets/LXR/docs/Fact-Sheet/LXR-Fact-Sheet.pdf

Marriott Annual Report 2020, https://marriott.gcs-web.com/static-files/b82978a6-9d28-4e38-9855-fc4ae2cebe11

Marriott International Development Overview, www.marriottdevelopment.com

Reference for Business, www.referenceforbusiness.com/history2/38/Global-Hyatt-Corporation.html

Smith Travel Research, https://str.com/industries/hotels

The New Airbnb Logo: Learning from the Controversy, Jason Forrest, www.dgtlnk.com/blog/airbnb-logo

The Shilla 사업성과보고서(2021, 2분기), www.hotelshilla.net

Wyndham Development Our Brands, https://development.wyndhamhotels.com/our-brands

Wyndham Hotels & Resorts Annual Report 2020(2020.2.13), https://annualreport.stocklight.com/NYSE/WH/20611134.pdf

Wyndham Hotels & Resorts Annual Report 2021(2021.2.12), https://annualreport.stocklight.com/NYSE/WH/21625068.pdf

Wyndham Hotels & Resorts Debuts 21st Brand, Registry Collection Hotels, With Grand Residences Riviera Cancun, hospitalitynet 2021.6.2일자, https://www.hospitalitynet.org/news/4104720.html

Wyndham Hotels & Resorts Fact Sheet(2021년도 2분기), https://corporate.wyndhamhotels.com/news-media/media-fact-sheet/

Wyndham Hotels & Resorts Investor Presentation(2021.7.28)

게리 암스트롱·필립 코틀러(2021), 14판 Kotler의 마케팅 입문, 교문사

곽준식(2012), 브랜드, 행동경제학을 만나다: 소비자의 지갑을 여는 브랜드의 비밀, 갈매나무

구자영(2021), 잘 팔리는 브랜드의 법칙, 더퀘스트

김경환(2021), 세계화와 호텔체인 경영, 백산출판사

김덕용(2021), 브랜드 개념과 실제, 박영사

김동훈(2020), 브랜드 인문학, 민음사

디자인 호텔스, www.designhotels.com

로렌스 빈센트(2006), 전설이 되는 브랜드 만들기, 다리미디어

"마늘 못먹어요"… 미국 호텔서 말했는데 한국서도 빼주네? 한경뉴스, 2012.5.3일자

메리어트·스타우드 인수합병, 호텔&레스토랑, 2016.12.30일자

미국자동차협회(AAA) 홈페이지, www.aaa.com/diamonds

버거킹과 헝그리잭스, 한호일보, 2016.10.6일자

스콧 데이비스·마이클 던(2003), 브랜드 비즈니스를 움직이는 힘, 청림출판

아코르호텔그룹, 새로운 라이프스타일 로열티 프로그램 '올 ALL' 공개, pressman, 2019.3.4일자

위키백과, https://wikipedia.org

이유재(2018), 서비스마케팅(6판), 학현사

이장우·조연심(2012), 퍼스널 브랜드로 승부하라, Book21 Publishing Group

정규엽(2017), 호텔·외식·관광 마케팅, 센게이지

정용길(2016), 서비스마케팅, 이프레스

제로로 제로하자 #2 '제로'의 기원부터 현재까지, 코카-콜라 제로의 역사, Coca Cola Journey,
        2021.6.9일자

조셉 미첼리(2010), 리츠칼튼 꿈의 서비스, 비전과리더십

최원주(2014), 브랜드 커뮤니케이션, 커뮤니케이션북스

포브스 트레블 가이드, www.forbestravelguide.com

한동철·황순귀·김경호 공저(2016), 마케팅 전략과 사례, 이프레스

저자
소개

권봉헌

현) 백석대학교 관광학부 교수

세종대학교 호텔 · 관광대학 석사, 박사학위 취득
제주대학교 관광경영학과 졸업
세종대학교 호텔 · 관광대학 겸임교수
경희대학교 관광대학 강사
상지대학교 관광학부 강사

매종글래드 호텔(구 제주그랜드호텔, 마케팅부서)
제주 컨트리 관광호텔(현관 객실부서)
하이웨이 여행사(Outbound)

한국호텔&리조트학회 회장
한국호텔관광학회 부회장
(사)한국호텔관광외식경영학회 사무국장
한국외식경영학회 부회장
한국관광연구학회 부회장

호텔등급평가위원(한국관광공사)
보세판매장 특허심사위원(관세청)
천안시청 문화관광해설사 심사위원(천안시청)
충청북도 문화관광해설사 심사위원(충청북도)
평택시청 관광개발평가위원(평택시청)
보령시청 보령머드축제평가위원(보령시청)

호텔관리사(한국관광공사)
국외여행인솔자(문화체육관광부)
진로지도사 1급(한국능률협회)

노선희

현) 백석대학교 관광학부 교수

세종대학교 호텔관광대학원 호텔관광경영학 전공
(호텔관광경영학 박사)
Florida International University, School of Hospitality
Management(Master of Science in Hospitality
Management)

세종대학교 외래교수
㈜호텔신라 서울, 객실부
The Fairmont Turnberry Isle Resort & Club
(Florida, USA)
Room's Division Hyatt Regency Pier 66(Florida, USA)
Front Office Department
그랜드 인터컨티넨탈호텔 서울, 식음료부
(사)한국호텔관광외식경영학회(KHTA) 이사

와인소믈리에 1급, 한국직업능력진흥원(2021)

『Real English for Hotel Staff 실무편』, 다락원, 2016
호텔기업의 펀 리더십이 서비스성과에 미치는 영향
(박사학위논문)

글로벌 호텔 브랜드의 이해

2022년 3월 5일 초판 1쇄 인쇄
2022년 3월 10일 초판 1쇄 발행

지은이 권봉헌 · 노선희
펴낸이 진욱상
펴낸곳 (주)백산출판사
교 정 성인숙
본문디자인 구효숙
표지디자인 오정은

등 록 2017년 5월 29일 제406-2017-000058호
주 소 경기도 파주시 회동길 370(백산빌딩 3층)
전 화 02-914-1621(代)
팩 스 031-955-9911
이메일 edit@ibaeksan.kr
홈페이지 www.ibaeksan.kr

ISBN 979-11-6567-451-9 93980
값 35,000원